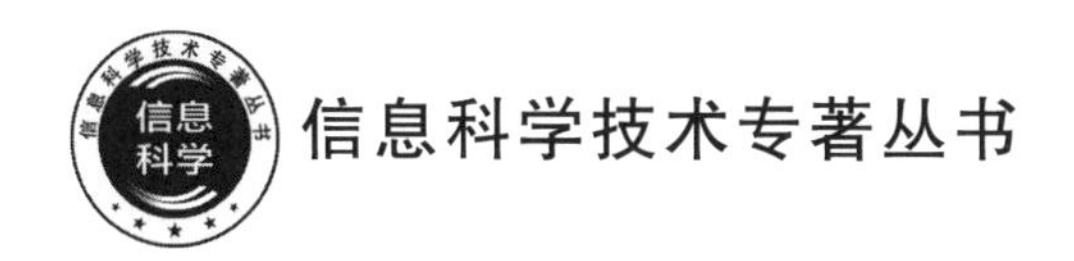

网络化系统分布式状态自适应估计理论及其应用

杨树杰　郝　昊　陈星延　编著

北京邮电大学出版社
www.buptpress.com

内容简介

近十年里，信息技术的迅猛发展极大地影响着控制系统的结构，随着控制对象规模的不断扩大，分布式的网络化系统作为计算机网络未来发展的趋势已经受到越来越广泛的关注。本书面向计算机相关专业本科生、研究生，系统介绍了网络化系统分布式状态自适应估计理论及其实用案例。本书从理论分析到实际应用，从传统算法的改进到人工智能方法的引入，为读者提供多维度的理论介绍和应用展示。

本书共分 8 章。第 1、2 章对网络化系统、分布式状态估计算法理论与卡尔曼滤波分布式理论进行了初步介绍；第 3～5 章正式提出了一系列新的算法，并将它们分别应用到了动态拓扑、可量化和含约束集的网络化系统实例中；第 6～8 章引入了人工智能的方法，使读者对网络化系统分布式状态估计算法的未来发展有更深刻的理解。

本书可以作为计算机相关专业本科生、研究生的参考资料，也可供相关领域的研究学者参阅。

图书在版编目(CIP)数据

网络化系统分布式状态自适应估计理论及其应用 / 杨树杰，郝昊，陈星延编著．-- 北京：北京邮电大学出版社，2022.8

ISBN 978-7-5635-6696-9

Ⅰ．①网… Ⅱ．①杨… ②郝… ③陈… Ⅲ．①分布型网络—自适应性—研究 Ⅳ．①TP393

中国版本图书馆 CIP 数据核字(2022)第 141839 号

策划编辑：姚顺　刘纳新　**责任编辑**：王晓丹　耿　欢　**责任校对**：张会良　**封面设计**：七星博纳

出版发行：北京邮电大学出版社
社　　址：北京市海淀区西土城路 10 号
邮政编码：100876
发 行 部：电话：010-62282185　传真：010-62283578
E-mail：publish@bupt.edu.cn
经　　销：各地新华书店
印　　刷：唐山玺诚印务有限公司
开　　本：787 mm×1 092 mm　1/16
印　　张：11.25
字　　数：210 千字
版　　次：2022 年 8 月第 1 版
印　　次：2022 年 8 月第 1 次印刷

ISBN 978-7-5635-6696-9　　定　价：48.00 元

前　　言

网络化系统作为计算机网络未来发展的趋势已经受到越来越广泛的关注。所谓网络化系统即指具备如下特征的系统：第一，大规模的网络化系统可以被划分为许多子模块，各模块间能够按照特定的网络通信模型进行互联；第二，个体间能够相互协作，整个网络拓扑呈现分布式或者半分布式结构。我们日常生活中的大多数网络都可以看作网络化系统中的一种，如车联网、无线传感网、移动数据网以及工业互联网等。当前，面向全分布式的网络化系统已有大量的研究，其中，大多数研究主要集中在相对应的分布式算法上。所谓分布式算法，即各个网络节点仅通过自身与周围节点的信息交互来共同解决网络中存在的问题。与传统的集中式算法不同，在分布式算法中，往往不需要控制中心节点，网络中每个节点的地位都是等价的。分布式算法能够有效避免单点失效、关键节点负载过大等问题，鲁棒性、实时性高。但同时分布式算法会增加整个网络的通信量，带宽消耗巨大，且对网络中的拓扑有一定的要求。

现有面向网络化系统的分布式算法研究中，大多数都对网络环境进行了过于理想的假设，导致它们在实际问题分析中不能得到有效的应用。另外，传统网络化系统分布式状态估计理论较为单一，仅重点研究提升分布式算法的效率和鲁棒性，缺乏与其他专业领域的交叉结合。本书作为一本网络化系统理论与实际应用交叉结合的学术专著，将基于网络化系统在动态链路、非约束和含约束集场景的性能提升方法，进一步引入最新的人工智能理论，并辅以边缘计算、分布式视频转码等具体的运用场景，拓宽读者的视野。

由于网络化系统和分布式算法种类繁多，本书提出的所有算法及应用都只是提供了一种研究问题的思想和方法，因此本书的研究具有很高的可扩展性。在具体研究过程中，本书通过对相关工作进行调研，并通过理论建模、算法设计、算法分析以及实验仿真验证等一系列方法对相关问题进行了深入研究，对所提算法的优越性以及实用性进行了验证。本书取得的研究成果对网络化系统分布式状态估计算法的研究与发展具有很好的借鉴意义。

由衷感谢博士研究生马云霄、吴忠辉、季翔、黄子聪以及硕士研究生叶子瑞、邢小林、陈雅馨、贾永璞。同时感谢北京邮电大学研究生院以及计算机学院教学科领导老师们的大力支持与帮助。

本书得到国家科技委项目的资助，特此致谢！本书在编写过程中，参考了大量国内外相关技术资料，在此向相关作者表示感谢。由于水平有限，书中有不妥之处，欢迎广大读者批评指正。

杨树杰

北京邮电大学

目　　录

第1章
网络化系统分布式状态估计简介

在过去的30年里,计算机网络得到了快速发展,并不断向大型化、复杂化系统演进。这些系统往往具备自优化、自组织等特点,并具有信息管理、决策等多种功能,统称为网络化系统。随着计算机网络的不断进步,各种各样的网络化系统应运而生,如城市交通网、大型电力网、无线传感网、移动群智感知网络,甚至未来的网络结构体系(如5G网络、内容中心网络等),都可以被看成一个网络化系统。

1.1 网络化系统介绍

作为计算机网络未来发展的趋势,网络化系统受到越来越广泛的关注,一个大规模的网络化系统可以被视为多个子模块的组合,每个子模块都有各自的本地目标函数及约束条件。各个子模块通过这些约束条件彼此耦合,而全网系统的目标函数由各个本地目标函数共同结合而成。该全局目标的目的是在满足各个子系统约束条件的前提下最小化由各个子系统目标函数结合的和。这类问题最初主要由以下问题产生:工业生产系统的进度安排问题、电力体系的流控制问题以及网络系统中的共享资源管理问题等。

由多处理器组成的网络化系统可以通过处理器间的合作提供强大的计算能力。在系统中如果任何处理器出现故障,系统都可以通过彼此间的快速合作对该错误进行修复,即容错性。通过容错性,当任何一个处理器出现问题时,网络化系统仍能保证运算结果的准确性。

控制系统是指用控制回路管理和控制另一个设备或系统的系统。小到配合专门机能及设备的小型控制器,大到用于工业流程中的工业控制系统,都属于控制系统的范畴。

随着科技的不断发展,流程工业、离散制造等场景下的控制任务变得越发复杂,同时对控制系统也提出了更高的要求,简单、独立的控制系统逐渐无法满足控制需求。因此,作为网络化系统的重要组成部分,网络化控制系统的概念被提出并迅速得到发展。

网络化控制系统(Networked Control System),是由广泛分布的感知和执行部件、负责数据传输的共享网络和能量有限的系统节点构成的自主控制(作业系统),其控制回路的元件透过通信网络以封包的方式来交换命令和反馈等资料。典型的网络化控制系统的功能由以下四种基本组件构成:传感器,用于获取资讯;控制器,用于提供决策和命令;执行器,用于执行控制命令;通信网络,用于进行信息交换。

网络化控制系统相较于传统控制系统,最主要的特征是借助了网络空间长距离的传播能力,使控制系统拥有了远程执行任务的能力。此外,网络化控制系统的命令传播媒介是通用的网络线材,在减少系统复杂度的同时也降低了设计及架设系统的成本。网络化控制系统的最大特点是各控制器可以高效地分享资讯,因此可以在大尺度的物理空间上整合个体资讯,做出更优化的决策。综合来看,网络化控制系统的优势可以体现在安装方便、布局简单、可扩展性强等方面。

网络化控制系统的应用领域因为网络化的关系而相当广泛,如太空/陆地勘探、危险区域作业、工厂自动化、远程故障排除等。根据不同应用场景,网络化控制系统可以采取不同的通信网络,包括现场总线、以太网、无线网络(如蓝牙、ZigBee 等,这类系统也被称为无线网络控制系统)等。

关于分布式优化算法的研究可以追溯到 20 世纪 60 年代,早期的研究主要集中在利用问题本身特有的结构来提高计算效率。随着传感技术、计算能力、通信性能等的发展,分布式控制、优化方法已经得到了广泛应用。分布式优化问题可以划分为多目标优化和单目标优化两个问题。在多目标优化问题中,每一个子模块都有自己的目标。各子模块间通过彼此间相互合作来对各自的目标函数进行优化。这种优化的结果往往是帕累托最优解或者纳什均衡解中的一个。对于单目标最优化问题,各子系统通过相互协作完成一个共同的目标。这类问题无论在军用还是民用领域都得到了成熟而广泛的研究与应用,包括用于机器人导航、目标跟踪和监视、源定位、天气预报以及医疗监控等。

1.2 分布式状态估计

作为网络化系统研究中的关键问题之一,状态估计问题旨在从一系列受噪声干扰的观测信号中获取目标的真实状态，从而助力决策中心或者控制中心做出明智的决策或者精准的控制。状态估计是通过“融合”数学模型和输入/输出数据测量来确定系统内部状态的过程。状态估计算法是许多分析、监控和管理任务的基础。了解系统的状态对于解决许多系统和控制问题是必要的。一个天真的工程师可能会建议在任何地方、任何物体上安装传感器，但在大多数应用中，给整个系统安装传感器是不切实际的：这可能是昂贵的，难以管理的，对原始设计的妥协等等。因此，我们可以提出一个问题：是否有可能通过有限的测量数量来确定系统的内部状态？在许多情况下，答案都是肯定的。但有时候，答案是否定的，因为完整的状态并不总是可以观察得到的。状态估计采用可以看到的所有数据，并利用它来确定系统在任何时间点的基本行为。

状态估计有两个部分：建模和算法。状态估计的总体方法是使用一个模型来预测系统在特定状态下的行为，然后将该行为与系统的实际遥测数据进行比较，以确定哪种或哪几种状态最有可能产生观察到的系统行为。状态估计是至关重要的，准确的状态估计使控制更容易，并允许选择更好的控制行动。此外，状态估计是诊断的一个超集，因此可以检测到故障和不良状态，以便采取补救措施。状态估计还可以提供预知信息，确定可能很快就会失效的部件或系统，并进行维修或更换。

状态估计的一个关键方面是，它很少是确定的。从一个系统收到的传感器数据不可避免地存在一些模糊性，有一个明确表示这种不确定性的状态估计非常必要。这其中的主要原因如下：首先，代表不确定性的概率分布可以总结状态估计器收到的所有数据，从而使状态估计更容易保持更新；其次，这种概率表示法在决策中是有用的，因为它允许在具有低概率但可能是灾难性结果的状态下评估计划的未来行动的效果，而不是只在最可能的状态下评估；最后，概率信息可用于预测和维护，提供可能发生故障或已退化但尚未发生故障的部件的信息。

近年来，在控制和信号处理领域，分布式状态估计问题逐渐得到广泛的关注。在分布式状态估计中，各节点通过与相邻节点交互信息来共同估计一个全局目标值，这些交互的信息包含本地的随机噪声信息、观测信息等。典型的分布式状态估计过程如下：首先，每一个节点获取邻居节点的观测噪声数据以及一个随机回归变量，该变量来自一个带有全局回归参数的线性回归模型；然后，分布式网络中每一个节点通过一定的算法来估计出该回归参数(感兴趣参数)的准确值。目前，分布式状态估计被广泛运用到大量网络系统中，如无线传感网、移动自组织网络、物联网等。分布式状态估计主要由分布式网络及分布式算法两部分构成，其中分布式网络为分布式状态估计及分布式算法提供了基础条件,而分布式算法是分布式状态估计的核心组成部分。因此,分布式状态估计就是指在分布式网络环境中,各个节点通过采用不同的分布式算法,利用彼此间的信息交互共同对一感兴趣的参数进行估计的过程。

分布式状态估计是近20年最为高效的估计策略之一,其充分利用传感器网络对数据的收集、处理与传输的综合能力,它通过原始传感器的测量值,计算出动态系统的状态信息。分布式状态估计的发展离不开传感器网络技术的飞速提升,但同时也受制于传感器网络的诸多本质缺陷。

虽然分布式的概念应用非常广泛,但是目前并没有关于分布式状态估计的一个确切而统一的定义。这其中主要的问题涉及保持可扩展性和扩大通信量两个方面:一方面在于是否允许利用全网整体信息来设计分布式滤波器;另一方面在于每个采样周期中间是否允许超过一次的通信。从上述分析来看,分布式状态估计可以分为部分分布式状态估计和完全分布式状态估计两类。

1.2.1 部分分布式状态估计

部分分布式状态估计是指状态估计算法中每个传感器都具有绝大多数分布式算法的特性,唯独两个特性不符合分布式算法特性,其一是可能利用了全网整体信息来进行估计器的设计,其二是可能每个采样周期中间进行了超过一次的通信。根据这两个不同的非分布式条件,可以将部分分布式状态估计进一步分成两个子类。

(1) 全局信息设计的部分分布式状态估计

为了追求最优的估计性能,最直接的方法之一是以分布式方式进行全局卡尔曼滤波,这通常在全局信息的帮助下进行,以便设计出最优的滤波增益。如果整个网络规模不是很大,而且是一次性的,即统一设计,然后不再改变,那么全局信息设计是可以接受的。然而,当网络规模很大时,相应的全局状态的维度也会变得很大,随后全局状态估计的误差、协方差矩阵的大小也会大得惊人。此外,一旦这样的网络被设计和确定,就不能再增加或减少传感器或改变网络拓扑结构,这在某些方面会对网络化状态估计系统的应用和可扩展性产生比较大的限制。

(2) 多次通信的部分分布式状态估计

当系统所关注的状态不是一组恒定的参数,而是不断更新的变量(动态模型)时,为了对变化的状态进行跟踪估计,一些研究人员希望能够在两个样本之间进行多次通信。

最早的想法是在状态更新之前通过估计恒定的状态参数(静态模型)来完成动态估计。因为即使状态是恒定的,每个传感器也需要运行几次迭代来获得其估计值,所以面对不断变化的状态,需要在采样期间多次通信来完成此时的状态迭代估计。这在直观上并不复杂,但却增加了信道流量和处理器计算量,考虑到无线连接在网络化大规模系统中的普及,沉重的流量负担会增加无线信道传输的不确定性(丢包率、误码率和延迟增加)。同时,计算量的增加也要求每个传感器具有更强大的处理能力,这不仅增加了硬件成本,也增加了传感器的能量消耗,缩短了一些不可充电的传感器网络的寿命。

1.2.2 完全分布式状态估计

对于完全分布式状态估计会有更严格的要求,主要包括:传感器只能与它直接连接的传感器的信息进行交互;在样本之间,传感器之间只允许进行一次通信;每个传感器都携带完全相同的算法;该设计不需要任何全局信息。

完全分布式状态估计允许网络拓扑结构的改变和节点数量的增加或减少,当网络需要扩展时,配备相同标准化算法的传感器可以直接加入网络,而无须对其他传感器进行任何改变。由于这些明显的良好特性,完全分布式状态估计越来越受到学术界和工业界的关注。

参考文献

[1] 杨树杰. 面向网络化系统的分布式估计及优化算法研究[D]. 北京:北京邮电大学,2017.

[2] SHAH N,SAHARIDIS G K D,JIA Z,et al. Centralized-decentralized optimization for refinery scheduling[J]. Computers & Chemical Engineering,2009,33(12):2091-2105.

[3] HUANG A,JOO S-K,SONG K-B,et al. Asynchronous decentralized method for interconnected electricity markets[J]. International Journal of Electrical Power & Energy Systems,2008,30(4):283-290.

[4] YANG Y-C E,CAI X,STIPANOVIĆ D M. A decentralized optimization algorithm for multiagent system-based watershed management[J]. Water resources research,2009,45(8).

[5] 隋天举. 网络化线性系统状态估计问题研究[D]. 杭州:浙江大学,2017.

[6] 李军毅. 网络化非线性系统的分布式状态估计与同步控制研究[D]. 广州:广东工业大学,2021.

[7] 王艳. 异步采样和网络诱导特征的多传感网络化系统分布式融合估计[D]. 太原:山西大学,2019.

第2章
分布式状态估计算法理论

近年来,在控制和信号处理领域,分布式状态估计问题逐渐得到广泛的关注。在分布式状态估计中,各节点通过与相邻节点交互信息来共同估计一个全局目标值,这些交互的信息包含本地的随机噪声信息、观测信息等。典型的分布式状态估计过程如下:首先,每一个节点获取邻居节点的观测噪声数据以及一个随机回归变量,该变量来自一个带有全局回归参数的线性回归模型;然后,分布式网络中每一个节点通过一定的算法来估计出该回归参数(感兴趣参数)的准确值。

目前,分布式状态估计被广泛运用到大量网络系统中,如无线传感网、移动自组织网络、物联网等。分布式状态估计主要由分布式网络及分布式状态估计算法两部分构成,其中分布式网络为分布式状态估计及分布式状态估计算法提供了基础条件,而分布式状态估计算法是分布式状态估计的核心组成部分。因此,分布式状态估计就是指在分布式网络环境中,各个节点通过采用不同的分布式算法,利用彼此间的信息交互共同对一感兴趣的参数进行估计的过程。

2.1 分布式状态估计算法研究现状

分布式计算最早是在计算机科学领域中提出来的,对于分布式计算(及存储)系统并没有一个十分精准的定义,目前普遍接受的宽泛定义是,分布式计算系统由众多计算单元(计算单元可以是一台单机、一个计算集群或者一个计算中心)组成,它们各自拥有其私有内存,这些计算单元由网络连接,成为网络中的节点。随着通信技术的飞速发展、无线传感器技术的成熟和大数据研究的兴起,分布式计算特别是分布式状态估计问题在无线传感器网络上得到了更广泛的应用。

分布式状态估计算法主要包括以下三种方式：基于一致性策略的分布式、基于增量策略的分布式和基于扩散策略的分布式。基于一致性策略的分布式通常需要两个时间尺度，其中测量的时间尺度较慢，测量间处理迭代的时间尺度较快。基于一致性策略分布式算法的结构限制了参数的更新以及追踪数据实时变化的统计特性。基于一致性策略的分布式的一个非常重要的特点是：源节点的邻居节点集合被直接约束收敛到相同值，从而使得整个网络达成一致的稳定状态。基于增量策略的分布式由增量协作方式发展而来，它是指每个节点按照顺序方式，将数据信息发送到与其相邻的节点。虽然增量策略拥有较小的通信量，但对网络的拓扑结构却有着较高的要求，必须在网络内部节点间才能形成一个环形的循环结构。如果网络中出现某些传感器节点通信失败的情况，必须重新建立一个新的回路。基于增量策略的分布式算法中，通常采用汉密尔顿循环的方法确定循环路径，但是该方法往往是个 NP 难问题。尤其对于大规模网络而言，基于增量策略的分布式算法无法实现实时自适应。基于扩散策略的分布式算法中，每个节点与其周围的邻居节点集合进行通信，实现数据信息交换，通过相互协作的方式来估计目标参数。由于扩散分布式策略不再要求网络具有一个环形的循环结构，不需要约束每个节点与周围邻居节点收敛到相同值，因此扩散分布式策略具有更好的灵活性、更强的鲁棒性且在大规模网络上能实现实时自适应的更新。考虑到扩散分布式策略的以上优点，本书主要针对扩散分布式策略进行研究。

在分布式状态估计问题中，需要求解全局最优化问题，在以分布式的方法求解全局代价函数过程中，全局代价函数被分解成多个局部代价函数。在基于扩散策略的分布式算法中，网络中的节点与所有的邻居节点集合相互交换算法定义的中间估计量，以合作的方式从噪声环境中估计目标参数值。基于扩散策略的分布式算法易于实现、灵活性高、鲁棒性强、通信量低，并且可以实现与中心式方法极其接近的估计精度。

在国际上，大量的研究者对分布式状态估计算法进行了研究。Lopes 等人提出了基于增量策略的分布式 LMS 算法，此算法通过在整个节点所构成的网络结构内部寻找一个环形循环结构，每个节点按照顺序方式，将数据信息发送到与其相邻的节点，并利用上个节点的信息来更新估计值，并把更新后得到的估计值传递给下一个节点。Azam Khalili 等人考虑了噪声对节点间传输的影响，并结合最小二乘法与分布式增量策略，提出了基于增量策略的分布式 RLS 算法，该算法有效加快了收敛速度。Li 等人基于仿射投影算法，提出了一种增量策略 LMS 算法，相比传统的 LMS 方法，这种算法不仅提高了收敛速度还提高了稳态性能。

进一步，考虑到分布式状态估计算法的一致性，Schizas 等人提出了基于一致性策略的分布式 LMS 算法，用来进行网络内部的自适应处理。Mateos 等人对该算法进行了性能分析，并验证了其稳定情况下的稳定性。Mateos 等人还将一致性策略扩展到了 RLS 算法。

在分布式状态估计算法中，网络拓扑结构会对算法的性能产生重大影响。Vahid 等人研究了不同复杂网络结构(规则网络、小世界网络、随机网络和 BA 无标度网络)下 DLMS 的估计性能。研究结果表明，估计性能在很大程度上取决于网络的拓扑性质(如平均路径长度、聚类系数和度分布)，这表明网络拓扑在分布式状态估计中的确起着重要作用。从网络设计角度，Vahid 等人还提供了一些关于如何设计网络的准则，以便优化算法估计性能。Kong 等人提出了利用多组合步骤的扩散最小均方算法，该算法通过利用网络中每个节点的多跳邻居信息来求解全局代价函数。该算法主要由自适应和多组合步骤组成，通过多重组合，每个节点可以在每个时刻使用来自非直接相邻节点的信息，从而提高性能。

在信息理论和信号处理领域，针对分布式状态估计算法的研究历史悠久。与集中式算法不同，分布式状态估计算法能够将网络节点中的信息更好地进行分散，从而提高信息传递的准确性与全面性。与集中式算法相比，分布式状态估计算法主要具有如下特点。

(1) 空间分布性。在网络空间中，分布式状态估计算法仅仅通过网络节点间的相互协作来共同完成对目标值的估计及优化。分布式状态估计算法中所需要的所有信息都来自网络中一个或几个节点，并不需要同时获取全网信息。而在集中式算法中，则需要获取全网所有节点的信息，并将这些信息汇聚到控制器中来对目标进行估计优化。因此，分布式状态估计算法的鲁棒性要更高，各个节点也不需要提前获知整个网络系统的信息。

(2) 时间分布性。在分布式状态估计算法中，每一个时刻内各个节点的迭代更新都是独立完成的，因此，更有利于实时环境下对目标估计优化的实现。而集中式算法需要在获取全网的信息后才能进行对目标的估计优化，在这个过程中，从各个节点获取信息的时间往往是不同的，因而不能满足实时性的需求。

(3) 节点独立性。在分布式状态估计算法中，每个节点都是独立运行算法的，一个节点的损坏并不会带来整个算法的失效，且由于每个节点上运行的程序是独立的，因此，分布式状态估计算法能够更灵活地应对网络化系统中的各种复杂场景。相对而言，在集中式算法中，程序是相对固定的，控制器一旦失效，往往会导致整个系统的瘫痪。

在一个分布式网络中，一个好的分布式状态估计算法可以更有效地解决各种分布式状态估计优化问题。在分布式状态估计算法的早期研究中，主要有遍历算法、波动算法等。目前，基于自适应的分布式算法已经得到了广泛关注与应用，主要包含自适应滤波算法、基于一致性策略的分布式算法、基于扩散性策略的分布式算法等。本章接下来将对这些算法进行详细介绍。

2.2 分布式网络

2.2.1 分布式网络分类

在单一的感知环境中，可以通过收集单个节点上的信息来对目标进行估计，这方面有许多相关的算法，如 LMS 算法、q-LMS 算法、最优非线性误差算法等。在集中式网络中，所有的估计都是在单处理器中通过与中心单元共享数据来实现的(其中需要拥有通信量大即大功耗的处理器)。而与集中式网络不同，在分布式网络中，每一个节点都有其各自的估计值，并通过特定的方式(如更新、扩散等)将该估计值与其邻居节点进行交互，因此在分布式网络中，需要最少的数据通信和最低的功耗以节省资源消耗。分布式网络能够对实时系统进行响应，并且其在变化的环境中的鲁棒性很高，且网络中每一个节点的价值都是相同的。

在分布式网络中，节点间通过获取相邻节点的各种信息增强了整个网络的鲁棒性以及对感兴趣参数估计的准确性。其中各节点间的信息传递方式由分布式网络的通信模式决定。目前主要有三种分布网络间的通信模式，分别为递增式、扩散式和概率扩散式，如图 2-1 所示。其中，图 2-1(a)为递增式，在该模式中，网络拓扑往往构成一个环，保证信息的循环传递。在图 2-1(b)所示的扩散式信息交互模式中，网络间的节点同周围所有的邻居节点进行通信，将本地信息向网络中进行扩散，这样可以极大增加信息交互量，但与此同时，网络通信消耗也较大。图 2-1(c)为概率扩散式信息交互模式，各个节点间通过一定的概率实现彼此的信息交互。

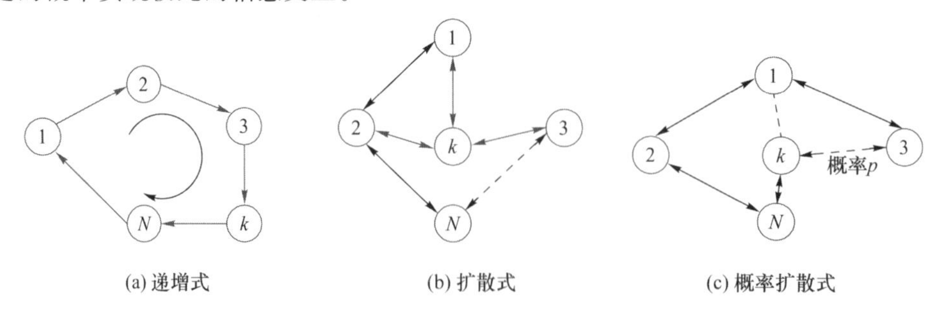

图 2-1 分布式网络的三种通信模式

2.2.2　自适应分布式网络

通过对网络化系统的含义进行分析，可以将其看作一类自适应分布式网络。该类自适应分布式网络包含以下几个特点。

(1) 自学习。网络中的节点具有处理数据和学习能力。

(2) 自组织。网络中的节点是全分布式的，只通过与相邻节点的通信来进行系统的组织。

(3) 自优化。分布式节点仅通过与相邻节点交换彼此的信息来完成对周围环境的探测并能够达到全网一致性。

前两个特点是网络化系统本身具备的，而第三个特点则需要相应的分布式状态估计算法来完成。基于此，一致性策略的分布式算法和扩散性策略的分布式算法在过去的研究中得到了学术界的广泛关注，这两种算法主要利用自适应网络中网络节点自学习、自组织的特点，仅通过网络中相邻节点间的信息交互来实现对各种问题的自优化估计与预测。

近年来，基于扩散性策略的分布式算法由于其良好的算法性能表现得到了极为广泛的应用，尤其在网络化系统分布式状态估计、分布式优化等问题中。在对扩散性策略进行介绍前，先对一致性策略进行简单的介绍。一致性的广义定义为：一个团体的独立个体通过与其他成员交互个体当前状态的相关信息来使得全体成员对某一观点达成一致。基于 Tsitsiklis 等人的早期工作，近几年一致性的算法应用已经得到了极大的发展，并被应用到各种各样的领域，如车辆管理、轨迹跟踪、数据融合以及分布式推理等。

一致性算法是一种分布式自适应迭代算法。在一致性算法网络拓扑的设计中，需要关注以下两个问题。

(1) 邻居节点选择问题。在信息交互过程中，网络中每一个节点应该与哪些节点进行信息交互，即哪些节点可以定义为其邻居节点。

(2) 权重系数选择问题。即每一个节点在获取邻居节点的信息时要给定一个相应的权重以反映相应的邻居节点信息的重要程度。

第一个问题主要由网络中的拓扑决定，Aldosari 等人考虑了不同拓扑对一致性算法收敛速度的影响，这些拓扑包括常规拓扑、随机拓扑以及小世界拓扑。而第二个问题是网络化系统的自适应算法必须考虑的问题，Lin 等人考虑了固定拓扑下权重系数的设计问题。

除此之外，针对一致性算法本身，收敛性和鲁棒性是衡量一个算法优劣的重要标准。Bamieh 等人对一致性算法的收敛问题进行了详细研究，重点讨论了在不同网络拓扑维度下算法的收敛速率。Kar 等人通过通信噪声和随机数据包的模拟对一致性算法的鲁棒性进行了研究。

本书主要针对基于扩散性策略的分布式算法进行研究，与一致性算法相同，该算法也是一种分布式自适应迭代算法。基于扩散性策略的分布式算法由 Sayed 提出，该算法通过节点间的信息交流和相互协作，使节点能够很好地适应流数据和各种网络条件下对目标值的观测估计。同时，与非协作算法相比，该算法能够更好地提升自适应网络的性能以及节点间的学习能力。

基于扩散性策略的分布式算法主要由两大步组成：数据修正步骤和数据扩散步骤。在数据修正步骤中，首先，网络中各个节点通过有线或无线的方式与相连接的邻居节点进行信息的交流，该信息包含各节点在该时刻对目标的观测信息以及自身状态信息；其次，各个节点通过一定的权值系数对从邻居节点收集的信息进行融合处理；最后，各个节点根据线性状态方程来修正其下一时刻对目标信息的估计值。这个过程是网络中所有节点同时进行的。在数据扩散步骤中，各节点把其上一步中修正后的值扩散给邻居节点，邻居节点再将该值进行融合，从而估计出此时刻的估计值，通过这样不停地迭代，估计出目标真实值在每一时刻的近似值。

在过去的研究中，有大量的文献已经分析了基于扩散性策略的分布式算法在各个方面的优良性能表现。Zhao 等人将扩散性策略与集中式的区块 LMS 算法进行了对比，并通过优化权重系数证明了扩散性策略的优越性。同样，与无协作的分布式滤波算法相比，扩散性策略也有着卓越的性能。Tu 等人将扩散性策略与一致性策略进行了对比，发现扩散性策略在算法的收敛速度上有着更显著的表现，并且能够达到更低的均方误差（即稳定状态均方误差），且其对权重系数的选择也比一致性策略更加宽泛。

需要注意的是，本章对扩散性策略的性能分析同一致性策略的一样，采用了独立性假设，即仅仅限制在误差噪声和回归状态量在时间和空间上都彼此独立的前提下。

2.3 自适应滤波算法

2.3.1 经典自适应滤波算法

本节先列出几种常用的滤波算法，通过对其存在的不足进行分析，进而引出卡尔曼滤波算法。

1. LMS 算法

最小均方误差算法，即 LMS(Least Mean Square)算法，最早由 Widrow 等人提出，其采用最速下降法来实现算法的迭代，计算量小，易于实现，是最经典的一种自适应滤波算法。LMS 算法是固定步长的线性自适应滤波算法，它根据有用信号和实际输出信号的误差均方值协调步长，从而调整滤波器参数。由于每次步长是一个固定值，因此该算法也被称为固定步长算法。LMS 算法的主要步骤如下。

(1) 算法的初始化，即

$$W(n) = 0 \tag{2-1}$$

(2) 过滤实际输入信号 $x(n)$，得到输出信号 $y(n)$：

$$y(n) = \sum_{k=0}^{m-1} w_k(n)x(n-k) = W(n)X(n) \tag{2-2}$$

(3) 通过将预期信号与输出信号进行比较，得到误差：

$$e(n) = d(n) - y(n) \tag{2-3}$$

(4) 通过误差调整 $W(n)$：

$$W(n+1) = W(n) + 2\mu X(n)e(n) \tag{2-4}$$

(5) 重复步骤(2)～(4)，直到误差 $e(n)$趋近于 0 且平稳。

其中，$x(n)$为有用信号和噪声迭代的信号；$y(n)$为自适应滤波器输出的信号；$d(n)$为原始预期信号；$e(n)$是误差信号；$W(n)$是自适应参数；μ 是步长因子，是一个固定不变的量，并且它的收敛范围是 $0<\mu<1/\lambda_{\max}$，$1/\lambda_{\max}$是输入信号的方差矩阵的最大特征值，μ 主要用于控制收敛速度和稳态误差。

2. RLS 算法

递归最小二乘算法，即 RLS(Recursive Least Square)算法，是最小二乘法的一类快速算法，该算法的最小化目标函数是确定的，它基于最小二乘准则，不断迭代获得 i 时刻之前所有误差的最小加权平方和。即使输入信号相关矩阵的特征值扩展比较大，RLS 算法也能较好地实现快速收敛。RLS 算法常应用于动态系统辨识、在线估计以及离线估计领域。RLS 算法的大致流程如下。

(1) 设置系统参数矢量 $\boldsymbol{W}_0$，加权因子 λ，其中 $\boldsymbol{W}_0$ 为 $M\times 1$ 维的列向量。

(2) 数据系统输入 $\boldsymbol{u}_i$，期望输出 $\boldsymbol{d}_i$。

(3) 初始化系统参数估计值 $\hat{w}_0$，系统输入自相关矩阵之逆 $\boldsymbol{P}_0=\delta\times\boldsymbol{I}$，$\delta$ 是一个小的

正常数。

(4) 在每个时刻 i,循环迭代更新以下方程:

$$\boldsymbol{h}_i = \frac{\lambda^{-1}\boldsymbol{P}_{i-1}\boldsymbol{u}_i}{1+\lambda^{-1}\boldsymbol{u}_i^{\mathrm{T}}\boldsymbol{P}_{i-1}\boldsymbol{u}_i} \tag{2-5}$$

$$\hat{\boldsymbol{W}}_i = \hat{\boldsymbol{W}}_{i-1} + \boldsymbol{h}_i(\boldsymbol{d}_i - \boldsymbol{u}_i^{\mathrm{T}}\hat{\boldsymbol{W}}_{i-1}) \tag{2-6}$$

$$\boldsymbol{P}_i = \lambda^{-1}\boldsymbol{P}_{i-1} - \lambda^{-1}\boldsymbol{h}_i\boldsymbol{u}_i^{\mathrm{T}}\boldsymbol{P}_{i-1} \tag{2-7}$$

(5) 在每个时刻 i,依据收集到的测量数据 $\boldsymbol{P}_i$、$\boldsymbol{h}_i$ 以及 $i-1$ 时刻的估计值来获得 i 时刻的估计值。当得到的数据开始收敛后,结束迭代,获得最终的系统参数估计值。

3. 变换域算法

变换域自适应滤波将时域信号转变为其他变换域上的信号,以方便进行处理。该滤波算法最早由 Dentino 等人提出,该算法的一般步骤为:通过正交变换将时域信号转为某变换域中的信号;将变换后的信号进行归一化处理;采用其他自适应滤波算法进行求解。具体流程如下。

首先,对于输入向量 $\boldsymbol{X}_N$,通过正交变换 $\boldsymbol{Z}_n=\boldsymbol{W}\boldsymbol{X}_n$ 将其转换为另一个向量 $\boldsymbol{Z}_n$,$\boldsymbol{Z}_n=(z_{n0},z_{n1},\cdots,z_{n(N-1)})^{\mathrm{T}}$。其中,$\boldsymbol{W}$ 是一个 N 阶的单位矩阵,即 $\boldsymbol{W}\boldsymbol{W}^{\mathrm{T}}=\boldsymbol{I}$。

然后,将向量 $\boldsymbol{Z}_n$ 乘以变换域权重向量 $\boldsymbol{B}_n=(b_{n0},b_{n1},\cdots,b_{n(N-1)})^{\mathrm{T}}$ 后形成自适应滤波的输出信号。输出信号以及误差信号分别为 $y_n=\boldsymbol{Z}_n^{\mathrm{T}}\boldsymbol{B}_n$ 和 $\varepsilon_n=d_n-y_n$,权重修正过程为

$$b_{(n+1)i} = b_{ni} + 2\mu_i\varepsilon_n z_{ni}, \quad i=0,1,\cdots,N-1 \tag{2-8}$$

其中,

$$\mu_i = \frac{\mu}{Ez_{ni}^2}, \quad i=1,2,\cdots,N \tag{2-9}$$

是第 i 个变量变换分量的自适应步长,μ 是衡量收敛速度的正常数。令 $\boldsymbol{\Lambda}^2$ 为 $N\times N$ 维的对角矩阵,其中第(i,i)个元素为对 z_{ni} 的功率估计值。因此,矩阵形式的权重向量方程为

$$\boldsymbol{B}_{n+1} = \boldsymbol{B}_n + 2\mu\boldsymbol{\Lambda}^{-2}\varepsilon_n\boldsymbol{Z}_n \tag{2-10}$$

只要数据自相关矩阵为正定矩阵,就存在矩阵 $\boldsymbol{\Lambda}^2$ 的逆。由此可以看出,如果选择合适的 μ,权重向量就会收敛到变换域最优解。

4. 仿射投影算法

仿射投影算法是能量归一化最小均方误差(Normalized Least Mean Square,NLMS)

算法的推广，最早由 Erdol 等人提出，仿射投影算法的性能介于 LMS 算法和 RLS 算法之间，其计算复杂度比 RLS 算法低。

在仿射投影算法中，系统量为输入量 $\boldsymbol{x}_n$ 和相应的观测输出量 $\boldsymbol{d}_n$，并带有测量噪声误差 $\boldsymbol{\varepsilon}_n$。该算法的目标是估计一个 n 维权重向量 $\boldsymbol{w}_n$。输入量可以利用该权重向量得到输出向量估计值 $\hat{\boldsymbol{d}}_n$，具体如下。

$$\hat{\boldsymbol{d}}_n = \boldsymbol{w}_n^* \boldsymbol{x}_n \tag{2-11}$$

其中，$\boldsymbol{x}_n=(x_n, x_{n-1}, \cdots, x_{n-N+1})^{\mathrm{T}}$ 是第 n 个时刻的输入向量，该算法的目的就是使得估计值 $\hat{\boldsymbol{d}}_n$ 尽可能通过均衡误差接近测量输出 $\boldsymbol{d}_n$。该算法本身就是估计这些权重的迭代过程，其权重修正的方式有很多种，这里介绍一种最通用的 NLMS-OCF 算法权重修正方式。已知前 $M+1$ 个估计值后的权重修正过程如下所示：

$$\boldsymbol{w}_{n+1} = \boldsymbol{w}_n + \mu_0 \boldsymbol{x}_n + \mu_1 \boldsymbol{x}_n^1 + \cdots + \mu_M \boldsymbol{x}_n^M \tag{2-12}$$

其中，$\boldsymbol{x}_n$ 是第 n 个时刻的输入向量；$\boldsymbol{x}_n^k$ 是 $\boldsymbol{x}_{n-k}$ 中的一部分，其中 $k=1,2,\cdots,M$；$\boldsymbol{x}_{n-k}$ 与其他输入量 $\boldsymbol{x}_n$、$\boldsymbol{x}_{n-1}$、$\boldsymbol{x}_{n-2}$、…、$\boldsymbol{x}_{n-(k-1)}$ 全部正交。μ_k 的表达式如下：

$$\mu_k = \begin{cases} \dfrac{\boldsymbol{e}_n}{\boldsymbol{x}_n^{\mathrm{T}} \boldsymbol{x}_n}, & k=0, \| x_n \| \neq 0, \\ \dfrac{\boldsymbol{e}_n^k}{(\boldsymbol{x}_n^k)^{\mathrm{T}} \boldsymbol{x}_n^k}, & k=1,2,\cdots,M, \| x_n^k \| \neq 0, \\ 0, & \text{其他} \end{cases} \tag{2-13}$$

其中，

$$\begin{aligned} \boldsymbol{e}_n &= \boldsymbol{d}_n - \boldsymbol{x}_n^{\mathrm{T}} \boldsymbol{w}_n \\ \boldsymbol{e}_n^k &= \boldsymbol{d}_{n-k} - \boldsymbol{x}_{n-k}^{\mathrm{T}} \boldsymbol{w}_n^k, \quad k=1,2,\cdots,M \\ \boldsymbol{w}_n^k &= \boldsymbol{w}_n + \mu_0 \boldsymbol{x}_n + \mu_1 \boldsymbol{x}_n^1 + \cdots + \mu_{k-1} \boldsymbol{x}_n^{k-1} \end{aligned} \tag{2-14}$$

由仿射投影算法生成的权重修正等同于由 NLMS-OCF 算法生成的权重修正的特殊情况，即 $D=1$。除此之外，自适应滤波算法还有基于共轭梯度法、子带分解的自适应滤波算法等，这里不再展开介绍。

虽然上述滤波算法都有着各自的优点，并被应用到许多分布式场景中，但是由于这些滤波算法本身的局限性，其不能对移动目标进行准确测量。同时，上述滤波算法都属于维纳滤波(Wiener Filter)，众所周知，维纳滤波需要信号和噪声都必须是一个平稳的过程，这极大限制了其应用范围。与此相比，基于状态预测的自适应分布式估计算法(如卡尔曼滤波算法)则能够突破信号噪声给维纳滤波算法所带来的限制，在救灾管理、环境监测、目标定位与追踪等多个领域都有着良好的表现。

5. 卡尔曼滤波算法

卡尔曼滤波(Kalman Filter,KF)算法从其1960年首次被提出到现在已经有60多年,但如今仍然是最重要、最普遍的数据融合算法之一。它以Rudolf Emil Kalman命名,卡尔曼滤波算法最大的成功在于小的计算量、完美的递归属性以及它对具有高斯误差统计的一维线性系统的良好预测。卡尔曼滤波算法的典型用法包括平滑噪声数据和提供参数估计,相关应用包括全球定位系统接收机、无线电设备中的锁相环、笔记本计算机触摸板的平滑输出以及许多其他应用。从理论的角度来看,卡尔曼滤波算法符合贝叶斯模型,且能为符合高斯分布线性动态系统的观察参数提供准确推导的算法。

卡尔曼滤波算法包括它的一些扩展形式是信息处理领域中最流行的数据融合算法,其最早、最著名的应用是在阿波罗导航计算机中,它使阿姆斯特朗登上了月球并将他顺利带回了地球。卡尔曼滤波算法在许多领域都得到了广泛的应用,如导航、信号处理、控制系统与信息融合等。

在给出卡尔曼滤波算法之前,先给出系统状态值和测量值的表达式。

在卡尔曼滤波算法中,假设t时刻的系统状态值可以用$t-1$时刻的系统状态值推导出来,具体如下:

$$\boldsymbol{x}_t = \boldsymbol{F}_t\boldsymbol{x}_{t-1} + \boldsymbol{G}_t\boldsymbol{u}_t + \boldsymbol{w}_t \tag{2-15}$$

其中,$\boldsymbol{x}_t$是状态向量,包括t时刻的系统参数(如位置、速度、方向);$\boldsymbol{u}_t$是一个向量,它包括所有的控制输入(包括转向角、制动力);$\boldsymbol{F}_t$是状态转换矩阵,它描述系统在$t-1$时刻的参数对系统t时刻的影响(如系统$t-1$时刻的位置、速度都会影响系统t时刻的位置);$\boldsymbol{G}_t$是输入控制矩阵,它将向量$\boldsymbol{u}_t$中的输入控制参数映射成对状态向量的影响(如油门调定对系统速度和位置的影响);$\boldsymbol{w}_t$是一个向量,它包括状态向量中所有参数的状态噪声。该状态噪声是符合均值为0、协方差矩阵为$\boldsymbol{Q}_t$的高斯分布。

系统的测量值可以根据以下公式推导出来:

$$\boldsymbol{z}_t = \boldsymbol{H}_t\boldsymbol{x}_t + \boldsymbol{v}_t \tag{2-16}$$

其中,$\boldsymbol{z}_t$是测量向量;$\boldsymbol{H}_t$是转换矩阵,它将状态向量中参数转换到测量值域中;$\boldsymbol{v}_t$是一个向量,它包括测量向量中所有观察值的测量误差。就像状态误差一样,测量误差也是符合均值为0、协方差为R_t的高斯分布。

基于式(2-15)、式(2-16),卡尔曼滤波算法分为预测修正和测量修正两大步骤进行。

卡尔曼滤波算法在预测修正步骤标准的表达式如下所示:

$$\hat{\boldsymbol{x}}_{t|t-1}=\boldsymbol{F}_t\hat{\boldsymbol{x}}_{t-1|t-1}+\boldsymbol{G}_t\boldsymbol{u}_t \tag{2-17}$$

$$\boldsymbol{P}_{t|t-1}=\boldsymbol{F}_t\boldsymbol{P}_{t-1|t-1}\boldsymbol{F}_t^{\mathrm{T}}+\boldsymbol{Q}_t \tag{2-18}$$

其中，$\boldsymbol{Q}_t$ 是过程噪声的协方差矩阵。

卡尔曼滤波算法在测量修正步骤的表达式如下所示：

$$\hat{\boldsymbol{x}}_{t|t} = \hat{\boldsymbol{x}}_{t|t-1}+\boldsymbol{K}_t(\boldsymbol{z}_t-\boldsymbol{H}_t\hat{\boldsymbol{x}}_{t|t-1}) \tag{2-19}$$

$$\boldsymbol{P}_{t|t} = \boldsymbol{P}_{t|t-1}-\boldsymbol{K}_t\boldsymbol{H}_t\boldsymbol{P}_{t|t-1} \tag{2-20}$$

其中，

$$\boldsymbol{K}_t = \boldsymbol{P}_{t|t-1}\boldsymbol{H}_t^{\mathrm{T}}(\boldsymbol{H}_t\boldsymbol{P}_{t|t-1}\boldsymbol{H}_t^{\mathrm{T}}+\boldsymbol{R}_t)^{-1} \tag{2-21}$$

为卡尔曼增益，代表测量仪器测到的偏差的可信度。

式(2-17)～式(2-21)是卡尔曼滤波算法的五个经典方程。$\boldsymbol{P}_{t|j}$ 表示状态估计误差 $\tilde{\boldsymbol{x}}_{t|j}$ 的协方差，其中 $\tilde{\boldsymbol{x}}_{t|j}=\boldsymbol{x}_i-\hat{\boldsymbol{x}}_{i|j}$，因此有

$$\boldsymbol{P}_{t|j} = E(\boldsymbol{x}_t-\hat{\boldsymbol{x}}_{t|j})(\boldsymbol{x}_t-\hat{\boldsymbol{x}}_{t|j})^* \tag{2-22}$$

其中，* 表示共轭转置。

2.3.2 基于一致性策略的自适应滤波算法

近几年出现了许多新的分布式状态估计算法，然而已开发的分布式状态估计算法仅应用于无线电、机器人和传感器网络。这些算法的性能分析在白噪声假设下开发，不适用于大多数应用程序。这里展开分析一些基于有色噪声假设的一致性策略的分布式 LMS 算法。

性能分析(收敛和均方误差测量)在两种情况下进行：固定增益(即短存储器)或消失增益(即长存储器)。因为自适应算法并不能跟踪变化的参数，所以它在绝大部分的应用中没有效果，因此本书针对固定增益算法进行讨论。

需要注意的是，长记忆算法的性能分析与短记忆算法的非常相似，这一点值得我们进一步研究。基于固定增益条件下，性能分析只出现于回归元和测量误差的白噪声假设条件下。虽然这是开始分析复杂算法的一个有用的地方，但它不是一个合适的结束位置，因为几乎所有的应用程序都有彩色噪声和回归器。在本节中，我们开始在有色过程假设下开发性能分析，这是一个相当具有挑战性的任务。因此本节将局限于一类分布式算法，即一致性策略算法。

在介绍基于一致性策略的自适应滤波算法的具体形式之前，我们先给出网络模型的建立以及相应的假设。

考虑一个由 N 个节点组成的网络。节点 k 的邻居节点被表示为 N_k，即这些表示为 k 的节点可以与表示为 N_k 的节点集交换信息。在每个时刻 t，每个节点 $k=1,\cdots,N$ 接收一组噪声测量值 $\boldsymbol{y}_{k,t}$ 以及无噪声 d 维回归量 $\boldsymbol{x}_{k,t}$。这些变量是线性相关的，具体如下：

$$\boldsymbol{y}_{k,t}=\boldsymbol{x}_{k,t}^{\mathrm{T}}\boldsymbol{w}_{*}+\boldsymbol{\varepsilon}_{k,t} \tag{2-23}$$

其中，$\boldsymbol{w}_*$ 是未知参数或兴趣的权重向量；$\boldsymbol{\varepsilon}_{k,t}$ 是节点方向的噪声参数。

每个节点的目标是估计 $\boldsymbol{w}_*$，并且以各种方式共享它们的估计。

在自适应信号处理研究中，通常将 $\boldsymbol{w}_*$ 称为权重向量，而不是参数向量，因此研究者通常使用符号 w。但是在这个分布式设置中，我们将遇到一组完全不同的权重，即应用于节点间链接的权重。为了避免混淆，我们此后称 w 为参数而不是权重。

这个模型中经常忽略的一点是缩放问题。这时观察到 $\boldsymbol{y}_{k,t}$ 和乘积 $\overline{\boldsymbol{x}_{k,t}^{\mathrm{T}}\boldsymbol{w}_*}$ 都有与噪声相同的单位。下面介绍白色和彩色噪声假设，WN 表示白噪声，CN 表示彩色噪声。

假设一：ε 的白噪声假设。$\boldsymbol{\varepsilon}_{k,t}$ 独立于节点方向，拥有零平均值，是独立于时间的白噪声，所以 $\operatorname{cov}(\boldsymbol{\varepsilon}_{k,t},\boldsymbol{\varepsilon}_{l,s})=\delta_{k,l}\delta_{t,s}\sigma_k^2$。此外，白色噪声与回归量无关。

假设二：ε 的彩色噪声假设。$\boldsymbol{\varepsilon}_{k,t}$ 独立于节点方向，拥有零平均值，在时间上是严格平稳的，具有方差 $\operatorname{cov}(\boldsymbol{\varepsilon}_{k,t},\boldsymbol{\varepsilon}_{l,s})=\delta_{k,l}\gamma_{\varepsilon,k,t-s}$，$\gamma_{\varepsilon,k,0}=\sigma_k^2$。此外，彩色噪声与回归量无关。

假设三：x 的白噪声假设。$\boldsymbol{x}_{k,t}$ 平均值为零意味着节点独立和时间独立，因此 $\operatorname{cov}(\boldsymbol{x}_{k,t},\boldsymbol{x}_{l,s})=\delta_{k,l}\delta_{t,s}\boldsymbol{R}_{x,k}$。其中，$\boldsymbol{R}_{x,k}$ 是节点 k 的自方差矩阵。

假设四：x 的彩色噪声假设。$\boldsymbol{x}_{k,t}$ 平均值为零意味着节点独立和时间独立，因此 $\operatorname{cov}(\boldsymbol{x}_{k,t},\boldsymbol{x}_{l,s})=\delta_{k,l}\boldsymbol{\Gamma}_{x,k,t-s}$。其中 $\boldsymbol{\Gamma}_{x,k,u}=E(\boldsymbol{x}_{k,t}\boldsymbol{x}_{k,t+u}^{\mathrm{T}})$ 是节点 k 滞后于 u 的自方差矩阵。

基于以上铺垫，我们现在描述一致性分布式参数估计策略。

这里的更新有两个组成部分，分别是自身观测误差更新、邻居节点的误差校正更新。如在非合作情况下，误差校正项也是邻域项，其通过邻域参数与感兴趣节点处的参数的偏差的加权平均值来调整参数，具体如下：

$$\begin{aligned} w_{k,t}&=w_{k,t-1}+\mu\boldsymbol{x}_{k,t}\boldsymbol{e}_{k,t}+\mu\sum_{l\in N_k,l\neq k}c_{l,k}(w_{l,t-1}-w_{k,t-1})\\ \boldsymbol{e}_{k,t}&=\boldsymbol{y}_{k,t}-\boldsymbol{x}_{k,t}^{\mathrm{T}}w_{k,t-1} \end{aligned} \tag{2-24}$$

其中，$c_{l,k}(l\neq k)$ 是对称的正邻域权重。注意，此处 $c_{k,k}$ 未经定义，现将其设为 0。

为了下一步操作更方便，我们将一致性策略算法放在向量形式中，这也使得邻域平均值的图结构正规化。

将所有的节点参数估计叠加成一个 d 维的参数向量 $\boldsymbol{w}_t$，将网络权重收集到一个 $N\times N$ 网络或加权图拉普拉斯矩阵 $\boldsymbol{L}$ 中。引入行和 $d_k=\sum_{l\in N_k}c_{l,k}$，定义 $\boldsymbol{L}=\boldsymbol{D}-\boldsymbol{C}^{\mathrm{T}}$，并且 $\boldsymbol{D}=$

$\mathrm{diag}(d_k)$，$d=\boldsymbol{C}^{\mathrm{T}}\mathbf{1}$，$\boldsymbol{C}=[c_{l,k}]$。

我们现在陈述众所周知的图拉普拉斯性质。

(1) $\boldsymbol{L}\mathbf{1}=0$，其中 $\mathbf{1}$ 是 N 维向量。

(2) 如果 $\boldsymbol{L}$ 只有一个零特征值，那么邻域图是连通的。

(3) $\lambda_{\max}(\boldsymbol{L})\leqslant 2d_{\max}=\max\limits_{k} d_k$

2.3.3 基于扩散性策略的自适应滤波算法

考虑一个由 N 个节点组成的网络。节点 k 的邻居节点被表示为 N_k，即这些表示为 k 的节点可以与表示为 N_k 的节点集交换信息。在每个时刻 t，每个节点 $k=1,2,\cdots,N$ 接收一组噪声测量值 $\boldsymbol{y}_{k,t}$ 以及无噪声 d 维回归量 $\boldsymbol{x}_{k,t}$，这些变量是线性相关的，如下所示：

$$\boldsymbol{y}_{k,t} = \boldsymbol{x}_{k,t}^{\mathrm{T}} w_* + \boldsymbol{\varepsilon}_{k,t} \tag{2-25}$$

其中，w_* 是一个未知的参数，也是式(2-25)中希望求得的一个参数；$\boldsymbol{\varepsilon}_{k,t}$ 是观测噪声。各个节点都对参数 w_* 进行单独估计，并且以不同的方式来共享它们的估计值。

除此之外，还需要给出相应的假设条件。

假设一：观测噪声假设。不同节点上的观测噪声 $\boldsymbol{\varepsilon}_{k,t}$ 是彼此独立的；所有噪声均值为零，并且是时间域上的严格白噪声，因此协方差 $\mathrm{cov}(\boldsymbol{\varepsilon}_{k,t},\boldsymbol{\varepsilon}_{l,s})=\delta_{k,l}\delta_{t,s}\boldsymbol{\sigma}_k^2$。另外，观测噪声与回归量独立。

假设二：回归状态值假设。回归值 $\boldsymbol{x}_{k,t}$ 是节点间独立的(即不同节点间的回归值彼此独立)，且为时域上严格的白噪声，即 $\mathrm{cov}(\boldsymbol{x}_{k,t},\boldsymbol{x}_{l,s})=\delta_{k,l}\delta_{t,s}\boldsymbol{R}_{x,k}$，其中 $\boldsymbol{R}_{x,k}$ 为其方差值。为了便于参考，将一些参数罗列如下：

$$\boldsymbol{n}_t = (\boldsymbol{x}_{1,l}^{\mathrm{T}}\boldsymbol{\varepsilon}_{1,l},\cdots,\boldsymbol{x}_{N,1}^{\mathrm{T}}\boldsymbol{\varepsilon}_{N,l})^{\mathrm{T}}$$

$$\boldsymbol{R}^{X,\sigma} = b\mathrm{diag}[\boldsymbol{\sigma}_k^2\boldsymbol{R}_{x,k}] = E[\boldsymbol{n}_t\boldsymbol{n}_t^{\mathrm{T}}]$$

$$\mathbf{1}_N = (1,\cdots,1)^{\mathrm{T}} \in \mathbb{R}^N$$

$$\boldsymbol{\sigma}_t^{xy} = (\boldsymbol{x}_{1,1}^{\mathrm{T}}\boldsymbol{y}_{1,t},\cdots,\boldsymbol{x}_{N,t}^{\mathrm{T}}\boldsymbol{y}_{N,t})^{\mathrm{T}}$$

$$\rho(\boldsymbol{A})=\max_i|\lambda_i|,\quad \lambda_i \text{ 是 } \boldsymbol{A} \text{ 的特征值} \tag{2-26}$$

基于以上的铺垫，下面对扩散性策略进行介绍。在这里先给出两种对比算法：无协作的 LMS 滤波算法(为了进行对比，在这里按照上述条件重新列出 LMS 算法)、基于一致性策略的算法。

无协作的 LMS 滤波算法具体如下：

$$\boldsymbol{w}_{k,t} = \boldsymbol{w}_{k,t-1} + u\boldsymbol{x}_{k,t}^{*}(\boldsymbol{y}_{k,t} - \boldsymbol{x}_{k,t}\boldsymbol{w}_{k,t-1}) \tag{2-27}$$

基于一致性策略的算法如下：

$$\boldsymbol{w}_{k,t}=\boldsymbol{w}_{k,t-1}+u\boldsymbol{x}_{k,t}\boldsymbol{e}_{k,t}+\mu\sum_{l\in N_k}c_{l,k}(\boldsymbol{w}_{l,t-1}-\boldsymbol{w}_{k,t-1})$$

$$\boldsymbol{e}_{k,t}=\boldsymbol{y}_{k,t}-\boldsymbol{x}_{k,t}^{*}\boldsymbol{w}_{k,t-1} \tag{2-28}$$

其中，N_k 为节点 k 的邻居集合；$c_{l,k}$是一致性矩阵 $\boldsymbol{C}$ 的元素；假定 $\boldsymbol{C}$ 中非对角线上的元素值均为正，对角线上的元素值都是零，并有 $\boldsymbol{C}\boldsymbol{1}_N=\boldsymbol{1}_N$，$\boldsymbol{C}^{\mathrm{T}}\boldsymbol{1}_N=\boldsymbol{1}_N$。

基于扩散性策略的算法主要分为两大类：ATC(Adapt-Then-Combine)算法和 CTA(Combine-Then-Adapt)算法。事实上，两类算法在本质上是一样的，均由两步组成，只是先后顺序有所不同，从而导致最后的收敛速度稍微不同。此处只对 ATC 算法进行详细说明，CTA 算法不再详细说明。ATC 算法具体如下：

$$\boldsymbol{\psi}_{k,t}=\boldsymbol{w}_{k,t-1}+\mu_k\sum_{l\in N_k}a_{l,k}\boldsymbol{x}_{l,t}^{*}(\boldsymbol{y}_{l,t}-\boldsymbol{x}_{l,t}\boldsymbol{w}_{k,t-1})$$

$$\boldsymbol{w}_{k,t}=\sum_{l\in N_k}d_{l,t}\boldsymbol{\psi}_{l,t} \tag{2-29}$$

以上是在线性方程(2-25)的基础上得来的。令

$$\boldsymbol{J}_k(w)=E\mid \boldsymbol{y}_{k,t}-\boldsymbol{x}_{k,t}\boldsymbol{w}\mid^2 \tag{2-30}$$

则式(2-29)可写为

$$\boldsymbol{\psi}_{k,t}=\boldsymbol{w}_{k,l-1}+\mu_k\sum_{l\in X_k}a_{l,k}\left(\nabla_w\hat{J}_l(\boldsymbol{w}_{k,t-1})\right)^{*}$$

$$\boldsymbol{w}'_{k,t}=\sum_{l\in N_k}d_{l,k}\boldsymbol{\psi}_{l,t} \tag{2-31}$$

其中，$\nabla_w\hat{J}_l$ 为函数 $\hat{J}_l$ 在 w 处的偏导形式。

式(2-31)为 ATC 算法更一般的形式，这里的 $\boldsymbol{J}_k(w)$可以表示为任何函数的形式，而不必为线性函数形式。另外，在扩散性策略算法中，扩散性系数 $\mathrm{a}_{\mathrm{l,k}}$、$\mathrm{d}_{\mathrm{l,k}}$是重要的参数，其与一致性策略的系数 $\mathrm{c}_{\mathrm{l,k}}$是不同的。若将 $\mathrm{a}_{\mathrm{l,k}}$、$\mathrm{d}_{\mathrm{l,k}}$分别作为矩阵 $\boldsymbol{A}$、$\boldsymbol{D}$ 中的元素，则具有如下属性：

$$a_{l,k}\geqslant 0,\boldsymbol{A}^{\mathrm{T}}\boldsymbol{1}=\boldsymbol{1},\text{且如果 } l\notin N_k,a_{l,k}=0 \tag{2-32}$$

$$d_{l,k}\geqslant 0,\boldsymbol{D}\boldsymbol{1}=\boldsymbol{1},\text{且如果 } l\notin N_k,d_{l,k}=0 \tag{2-33}$$

其中，矩阵 $\boldsymbol{A}$、$\boldsymbol{D}$ 是单随机矩阵，而一致性策略矩阵 $\boldsymbol{C}$ 是双随机矩阵，其要求更严格。这也体现了扩散性策略的优越性。

1. 扩散性卡尔曼滤波算法

卡尔曼滤波算法与扩散性策略结合形成的扩散性卡尔曼滤波(Diffusion Kalman

Filter,DKF)算法是扩散性分布式算法中实用的算法之一。

扩散性卡尔曼滤波算法属于分布式卡尔曼滤波算法的一种,它们都基于状态预测的空间模型来进行工作。状态预测空间模型如下所示:

$$\begin{aligned} \boldsymbol{x}_{t+1} &= \boldsymbol{F}_t \boldsymbol{x}_t + \boldsymbol{G}_t \boldsymbol{n}_t \\ \boldsymbol{y}_t &= \boldsymbol{H}_t \boldsymbol{x}_t + \boldsymbol{v}_t \end{aligned} \tag{2-34}$$

其中,$\boldsymbol{x}_t \in \mathbb{R}^M$、$\boldsymbol{y}_t \in \mathbb{R}^{MN}$ 分别表示系统在时刻 t 的状态值和测量值;$\boldsymbol{n}_t$ 和 $\boldsymbol{v}_t$ 分别表示状态噪声和观测噪声,假设其均值为零且为白噪声。协方差矩阵定义如下:

$$E\begin{pmatrix} \boldsymbol{n}_t \\ \boldsymbol{v}_t \end{pmatrix}\begin{pmatrix} \boldsymbol{n}_i \\ \boldsymbol{v}_i \end{pmatrix}^* = \begin{pmatrix} \boldsymbol{Q}_t & 0 \\ 0 & \boldsymbol{R}_t \end{pmatrix}\delta_{t,i} \tag{2-35}$$

基于上述分析,我们介绍两种不同形式的扩散性卡尔曼滤波算法。先介绍扩散性卡尔曼滤波算法的时间和测量修正形式。

算法 2-1 扩散性卡尔曼滤波算法(时间和测量修正形式)

根据方程(2-26),初始状态估计值和状态误差协方差值分别为 $\hat{x}_{k,0|-1} = Ex_0$,$P_{k,0|-1} = \Pi_0$。对于每一时刻 i,重复如下步骤。

步骤 1:迭代修正

$$\boldsymbol{\psi}_{k,t} \leftarrow \hat{\boldsymbol{x}}_{k,t|t-1}$$

$$\boldsymbol{P}_{k,t} \leftarrow \boldsymbol{P}_{k,t|t-1}$$

对于节点 k 的每一个邻居节点 $l \in N_k$,重复下列步骤:

$$\boldsymbol{R}_e \leftarrow \boldsymbol{R}_{l,t} + \boldsymbol{H}_{l,t}\boldsymbol{P}_{k,t}\boldsymbol{H}_{l,t}^*$$

$$\boldsymbol{\psi}_{k,t} \leftarrow \boldsymbol{\psi}_{k,t} + \boldsymbol{P}_{k,t}\boldsymbol{H}_{l,t}^*\boldsymbol{R}_e^{-1}[\boldsymbol{y}_{l,t} - \boldsymbol{H}_{l,t}\boldsymbol{\psi}_{k,t}]$$

$$\boldsymbol{P}_{k,t} \leftarrow \boldsymbol{P}_{k,t} - \boldsymbol{P}_{k,t}\boldsymbol{H}_{l,t}^*\boldsymbol{R}_e^{-1}\boldsymbol{H}_{l,t}\boldsymbol{R}_{k,t}$$

步骤 2:扩散修正

$$\hat{\boldsymbol{x}}_{k,t|t} \leftarrow \sum_{l \in N_k} c_{l,k}\boldsymbol{\psi}_{l,t}$$

$$\boldsymbol{P}_{k,t|t} \leftarrow \boldsymbol{P}_{k,t}$$

$$\hat{\boldsymbol{x}}_{k,t+1|t} = \boldsymbol{F}_t\hat{\boldsymbol{x}}_{k,t|t}$$

$$\boldsymbol{P}_{k,t+1|t} = \boldsymbol{F}_t\boldsymbol{P}_{k,t|t}\boldsymbol{F}_t^* + \boldsymbol{G}_t\boldsymbol{Q}_t\boldsymbol{G}_t^*$$

其中,$\boldsymbol{P}_{k,t}$ 为状态估计误差的协方差。在算法 2-1 中,在每一个时刻 t,节点都要通过步骤 1 与邻居节点交互各自的观测矩阵 $\boldsymbol{H}_{k,t}$、协方差矩阵 $\boldsymbol{R}_{k,t}$ 以及观测值 $\boldsymbol{y}_{k,t}$,通过步骤 2 与邻居交互各自的预估计值 $\boldsymbol{\psi}_{k,t}$。每一个节点每一次测量的通信复杂度为 $PM+M+$

$P^2/2+3P/2$，而且在每一次的迭代修正中还需要进行一次矩阵逆运算。扩散性卡尔曼滤波算法（时间和测量修正形式）图解如图 2-2 所示。

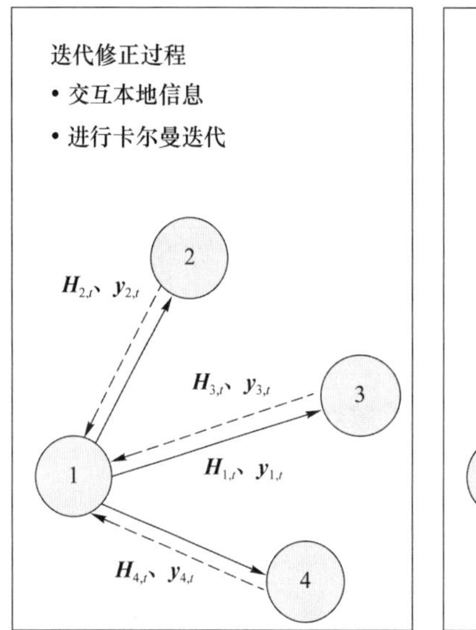

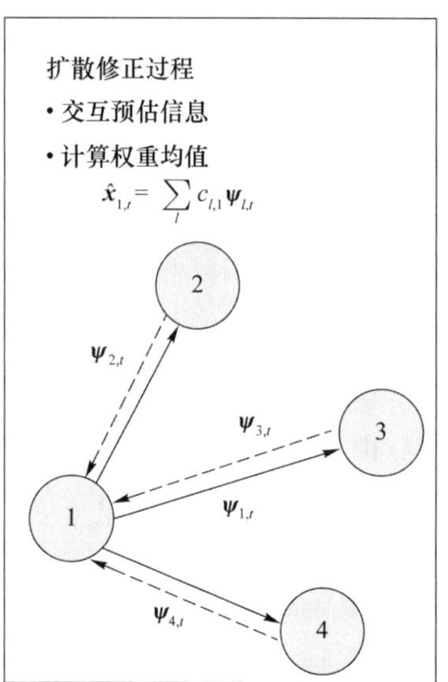

图 2-2　扩散卡尔曼滤波算法图解

下面考虑扩散性卡尔曼滤波算法的信息形式，对算法 2-1 进行适当变换，即可获得该算法。其中，迭代修正过程可以被 $\boldsymbol{H}_{l,t}^{*}\boldsymbol{R}_{l,t}^{-1}\boldsymbol{H}_{l,t}$ 和 $\boldsymbol{H}_{l,t}^{*}\boldsymbol{R}_{l,t}^{-1}\boldsymbol{y}_{l,t}$ 的形式替代。

算法 2-2　扩散性卡尔曼滤波算法（信息形式）

根据方程(2-26)，初始状态估计值和状态误差协方差值分别为 $\hat{x}_{k,0|-1}=Ex_0$，$P_{k,0|-1}=\Pi_0$。对于每一时刻 i，重复如下步骤。

步骤 1：迭代修正

$$\boldsymbol{S}_{k,t}=\sum_{l\in N_k}\boldsymbol{H}_{l,t}^{*}\boldsymbol{R}_{l,t}^{-1}\boldsymbol{H}_{l,t}$$

$$\boldsymbol{q}_{k,t}=\sum_{l\in N_k}\boldsymbol{H}_{l,t}^{*}\boldsymbol{R}_{l,t}^{-1}\boldsymbol{y}_{l,t}$$

$$\boldsymbol{P}_{k,t|t}^{-1}=\boldsymbol{P}_{k,t|t-1}^{-1}+\boldsymbol{S}_{k,t}$$

$$\boldsymbol{\psi}_{k,t}=\hat{\boldsymbol{x}}_{k,t|t-1}+\boldsymbol{P}_{k,t|t}(\boldsymbol{q}_{k,t}-\boldsymbol{S}_{k,t}\hat{\boldsymbol{x}}_{k,t|t-1})$$

步骤 2：扩散修正

$$\hat{\boldsymbol{x}}_{k,t|t}\leftarrow\sum_{l\in N_k}c_{l,k}\boldsymbol{\psi}_{l,t}$$

$$\hat{\boldsymbol{x}}_{k,t+1|t}=\boldsymbol{F}_t\hat{\boldsymbol{x}}_{k,t|t}$$

$$\boldsymbol{P}_{k,t+1|t}=\boldsymbol{F}_t\boldsymbol{P}_{k,t|t}\boldsymbol{F}_t^{*}+\boldsymbol{G}_t\boldsymbol{Q}_t\boldsymbol{G}_t^{*}$$

在算法 2-2 中,每一个节点在每一次测量中所需的通信复杂度为 $M^2/2+3M/2+P$,在迭代修正步骤中需要进行两次逆矩阵运算。

算法 2-1 和算法 2-2 在数学上是相等的,两种算法只是基于扩散策略的卡尔曼滤波算法的不同表现形式,其对目标值的估计都能够得到相同的结果。

虽然扩散策略与卡尔曼滤波算法相结合的扩散性卡尔曼滤波算法已经运用到各个领域,且在测量噪声背景下能够准确对运动物体轨迹进行估计,但是目前扩散性卡尔曼滤波算法适用条件的假设还是过于理想化,在许多实际系统环境下难以适用,为此有必要对其算法本身针对不同环境进行改进。

2. 扩散性仿射投影算法

扩散性仿射投影算法(Distributed Affine Projection Algorithm,DAPA)是对 DLMS 算法的一种改进算法。若输入信号为有色信号等相关性强的信号,DLMS 算法使用一维数据进行迭代更新,使其收敛速度减慢。而 DAPA 算法通过增加数据的维度,对数据进行重复利用来加快算法的收敛速度,但这样增加了算法的计算复杂度。

DAPA 算法中节点 n 的输入矩阵与期望向量分别表示为

$$\boldsymbol{U}_n(t)=[u_n(t),u_n(t-1),\cdots,u_n(t-M+1)] \tag{2-36}$$

$$\boldsymbol{d}_n(t)=\boldsymbol{U}_n^{\mathrm{T}}(t)w_0+\boldsymbol{\eta}_n(t),\quad n=1,2,\cdots,N \tag{2-37}$$

其中,$\boldsymbol{U}_n(t)=[u_n(t),u_n(t-1),\cdots,u_n(t-M+1)]^{\mathrm{T}}$ 表示节点 n 的输入向量;$\boldsymbol{\eta}_n(t)=[\eta_n(t),\eta_n(t-1),\cdots,\eta_n(t-M+1)]^{\mathrm{T}}$ 表示节点 n 的测量噪声向量;t 表示时间序列。

定义 DAPA 算法中节点 n 的误差向量为

$$\boldsymbol{e}_n(t)=\boldsymbol{d}_n(t)-\boldsymbol{U}_n^{\mathrm{T}}(t)w_0+\boldsymbol{\eta}_n(t),\quad n=1,2,\cdots,N \tag{2-38}$$

采用 ATC 策略,DAPA 算法的更新公式表示为

$$\begin{cases}\boldsymbol{\varphi}_n(t)=\boldsymbol{w}_n(t-1)+\mu_n\boldsymbol{U}_n(k)[\iota\boldsymbol{I}+\boldsymbol{U}_n(t)\boldsymbol{U}_n^{\mathrm{T}}(t)]^{-1}\boldsymbol{e}_n(t)\\ \boldsymbol{w}_n(t)=\sum\limits_{j\in N_n}c_{jn}\boldsymbol{\varphi}_j(t)\end{cases} \tag{2-39}$$

其中,$\boldsymbol{\varphi}_n(t)$表示节点 n 在k 时刻的w_0 中间估计向量;ι 是正则化因子;$\boldsymbol{I}$ 表示 $M\times M$ 的单位矩阵;$\iota\boldsymbol{I}$ 是为了避免对不满秩矩阵求逆而添加的一个对角矩阵。

2.3.4 一致性策略与扩散性策略的比较

基于扩散性策略的分布式算法与基于一致性策略的分布式算法都是两种完全的分

布式策略。尽管一致性策略在一些特殊的条件下能够有效解决一些优化问题,但是扩散性策略已经被证明在分布式状态估计和优化问题上有着更好的性能表现。我们主要从以下几方面说明扩散性策略的优越性。

(1) 更快的收敛速度

扩散性策略的收敛速度比一致性策略的更快,且能够获得一个更低的均方误差值。

(2) 相同的复杂度

这两种策略在复杂度上是一致的。令 n_k 表示节点 k 的度,M 为回归量 $x_{k,t}$ 的维度。扩散性策略算法与一致性策略算法的复杂度对比如表 2-1 所示。

表 2-1 扩散性策略算法与一致性策略算法的复杂度对比

	ATC 算法	CTA 算法	一致性策略算法
乘法运算	$(n_k+2)M$	$(n_k+2)M$	$(n_k+2)M$
加法运算	$(n_k+1)M$	$(n_k+1)M$	$(n_k+1)M$
向量交互	n_k	n_k	n_k

(3) 更好的稳定性

扩散性策略的稳定性不受扩散矩阵 $\boldsymbol{D}$ 的影响,相反,一致性策略的稳定性受一致性矩阵 $\boldsymbol{C}$ 的影响。因此,在扩散性策略中,网络中每一个节点都达到稳定性能够保证整个网络的稳定性。而由于一致性策略受其邻居节点权重系数的影响,因此,即使网络中所有的节点都达到稳定,整个网络仍有可能是不稳定的。

(4) 扩散更多的信息

扩散性策略采用固定的步长 μ_k,该步长不会随着迭代的次数增加而逐步消失,这意味着整个网络有着持续的学习能力。这与一致性策略恰恰相反,一致性策略的步长 $\mu_{k,t}$ 是与时间相关的值,当 $t\to\infty$ 时,有 $\mu_{k,t}\to 0$,因此其不具有持续的学习能力。从这一角度考虑,扩散性策略能够交互更多的信息。

2.3.5 稳定性原理

作为网络化系统研究中的关键问题之一,状态估计问题旨在从一系列受噪声干扰的观测信号中获取目标的真实状态,从而助力决策中心或者控制中心做出明智的决策或者精准的控制。而分布式状态估计则是近 20 年最为高效的估计策略之一,其充分利用传感器网络对数据的收集、处理与传输的综合能力,它通过原始传感器的测量值,计算出动态系统的状态信息。分布式状态估计的发展离不开传感器网络技术的飞速提升，但同时也受制于传感器网络的诸多本质缺陷。因此，下面我们将首先介绍传感器网络的研究现状，然后从降低网络受限影响的不同策略出发，介绍分布式状态估计的研究现状。

1. 传感器网络的研究现状

通信技术和电子技术的发展，带动了智能传感器的大规模生产，也为无线传感器网络（Wireless Sensor Networks，WSNs）的普及打开了大门。WSNs 由大量具有传感、计算和传输能力的传感器节点组成，这些节点之间相互协作，共同完成复杂的监测任务。

传感器节点一般由四个基本组件组成，包括感知单元、处理单元、传输单元和电源单元，如图 2-3 所示。面向不同的任务需求，传感器节点可能附有其他的组件，如位置查找系统等。电源单元作为传感器节点最重要的一个部分，主要负责电力的管理和对其他部件的供电，部分传感节点配有太阳能收集装置以维持节点的能量续航。感知单元通常由两个子单元组成：传感器和模数转换器（Analog-to-Digital Converters，ADC）。传感器将采集到的模拟信号由 ADC 转换为数字信号，然后送入处理单元。处理单元一般与一个小型存储单元相关联，管理传感器节点与其他节点协作执行分配的传感任务。传输单元将节点与网络连接起来，负责发送采集到的信息和接收其他节点的信息。传感器节点一般都密集地部署在观察目标的附近或直接在环境内部。因此，它们通常在偏远的地理区域工作，如原始森林内部、海洋深处、敌方战区、生物或化学污染区、大型机械的内部、大型建筑物内部等，无人维护和回收是 WSNs 通常要面临的困境。在整个传感器网络监测区域通常部署了数百到数千个节点，它们彼此之间的距离一般不会太远，节点密度可能高达每立方米 20 个节点，大规模节点如此密集地部署也使得拓扑维护成为必须关注的问题。

需要注意的是，传感器节点作为一种微电子设备，只能配备有限的电源（<0.5 Ah，1.2 V）。在上述应用场景中，电源的补充几乎不可能。因此，相较于其他因素，传感器节点的寿命主要依赖于电池的寿命。尤其在多跳的 ad hoc WSNs 中，每个节点都扮演着数据发送和路由的双重角色。少数节点的故障会引起重大的拓扑结构变化，可能需要对数据包进行重新路由和重组网络。因此，电源保护和电源管理就显得格外重要。研究成果显示，在传感器节点的感知、处理和传输单元中，传输单元对能量的消耗占据最大的比重。因此，传感器节点能量的约束严重制约着传感器节点发送功率的大小。

由于 WSNs 中节点的多功能性和节点之间的协作行为，其在电网、制造业交通、医疗等各个领域都有广泛的应用。在智能电网中，通过无线传感器网络，可以有效地采集和

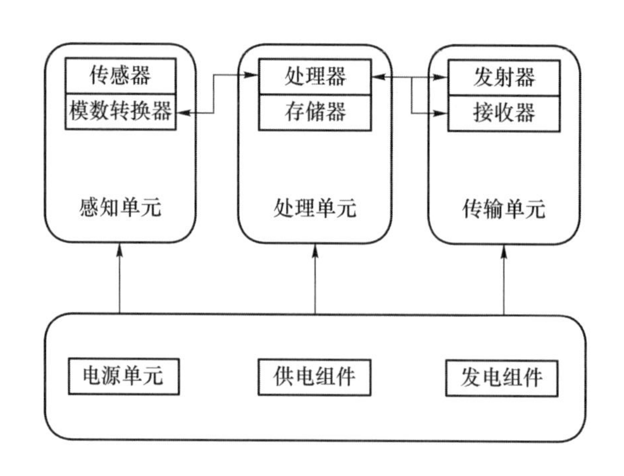

图 2-3 传感器节点的各个部件

分析用电、输电、发电等相关数据。根据分析结果,智能电网可以为电力公司和消费者提供预测性的电力信息(如抄表数据、月度收费、用电建议等)。此外,无线传感器网络还可以对电力干扰和停电事件进行诊断,从而减少设备故障和自然事故的发生。针对城市工业厂区高度集中、空气污染日益严重,但室外空气质量监测点数量不足的问题,通过部署无线传感器网络采集污染数据,然后准确分析本地监测信息,可以实现对工厂环境质量的监测,并在工厂中进行高动态快速响应。在智能交通系统中,通过使用 WSNs,可以建立一个完整动态的城市交通时空描述体系,此体系可用于指导司机找到空闲车位,并提出可调节的停车访问和定价政策。虽然 WSNs 已经有大量的应用,但目前 WSNs 的应用还面临着许多挑战,这些挑战包括但不限于信息处理、硬件限制和通信协议设计。为了进一步拓宽 WSNs 的应用范围,很多研究人员通过不懈努力,取得了丰硕的成果。

2. 网络受限下的分布式状态估计研究

考虑到传感器节点的能量、通信能力、数据处理能力等物理约束,如何将检测到的数据进行快速的本地处理,然后进行高效的传输以实现分布式的信息处理是基于传感器网络信息处理的关键问题。在众多的分布式信息处理方法中,分布式状态估计无疑是最典型、最有前景的信息处理方法。考虑到 WSNs 的通信能力,基于带宽受限网络的分布式状态估计受到了广泛的关注。现有的关于带宽受限方面的研究可根据降低通信负荷的策略分为两类:一类是通过减少单位时间的通信量来降低通信负荷;另一类是通过降低通信频率来提高通信资源的利用率。

(1) 减少单位时间的通信量

减少单位时间通信量方面的研究主要集中在设计有效的量化器和使用二进制传感

器两个方面。

量化过程就是设计一定的量化规则，使连续的数据在幅值上实现离散化，是一种信息的压缩映射过程。通过量化过程，原本连续取值的数据变成了给定区间内离散取值的有限个数值，进而减少了数据精度冗余对网络带宽的占用，实现了数据的压缩。但是这样的数据压缩会不可避免地造成量化误差。因此，大量的研究都在关注如何设计有效的量化器以及如何在减少通信量的同时克服量化误差对分布式状态估计的影响。针对带宽受限的无线网络，Kar 等人引入了多个有限量化等级的对数量化器对传输数据进行压缩，量化压缩后的数据通过无线网络发送给融合中心进行分布式 H_∞ 融合滤波，并借助于离散时间有界实引理，将分布式 H_∞ 融合滤波问题（即融合参数和量化参数的协同设计问题）转化成了融合参数和量化参数的凸优化问题。针对具有时变非线性的时变系统，Arastu 等人充分考虑了量化过程的四舍五入或者截断所产生的有界量化误差对分布式滤波的影响，通过递推算法设计了有限时间域分布式滤波器，保证了平均滤波性能。Schizas 等人设计了对数量化器作为量测数据传输之前的预处理过程，有效降低了传输数据包的大小，同时考虑了量测数据的量化效果和网络丢包现象，设计了全阶分布式滤波器，实现了离散切换线性系统的分布式滤波。Tu 等人从减少能量消耗的角度出发，针对量测值设计了一维传输协议，减少了单位时间内的信息传输量，并针对所选择的需要传输的数据设计了对数量化器，进一步降低了单位时间内的信息传输量。

二进制传感器实际上是一种特殊的量化方式，即通过 1 bit 的信号对采集的数据进行量化。用于目标跟踪的二进制传感器，只能检测到在其感应范围内的物体，并输出 1 bit 的信息。二进制传感器连续跟踪一个移动物体的观测结果，可以通过记录移动物体进入和离开传感器检测范围的瞬间的时间戳来分析得到。这可以让传感器以极少的能量（只需为每个通过传感器范围的物体记录两个时间戳）将它们的观测结果传达给估计器或者处理中心。基于二进制传感器的特殊形式，Alavi 等人研究了在已知方差的零均值加性高斯白噪声存在的情况下的平均位置参数估计问题，在估计器仅能接收到 1 bit 传感信息的情况下，设计了一类最大似然分布式估计器。该估计器在参数的动态范围较小或与噪声方差相当时，可以接近样本平均估计方差。进一步，针对具有未知概率密度函数噪声的传感器网络，Sun 等人推导出了基于二元观测值的分布式估计器，并分析了利用独立或有色二元观测值的估计器性能。

（2）降低通信频率

降低通信频率方面的研究主要集中在设计高效的通信调度机制，包括事件触发机制、周期调度机制和随机调度机制等。

事件触发机制的概念可以追溯到1959年，这种机制的原理是，只有当感兴趣信号的变化超过一定的阈值（静态或者动态）时，才会触发采样或者传输动作。因此，事件触发机制下的通信和计算资源只被间歇性地占用，这可极大地提高资源的利用率。为此，很多学者在分布式状态估计/滤波的研究中考虑用事件触发机制降低通信频率。Gerard研究了移动传感网络中分布式一致滤波的问题，通过考虑移动传感网络中每个传感器的传输均由事件触发，设计了基于传感器的采样数据和从其邻居接收到的传输数据的事件触发滤波器，并将分布式事件触发H_∞一致滤波问题转化为具有区间时变时滞误差系统的H_∞稳定性问题。武永卫等人研究了一类在传感器网络上的时变系统的分布式状态估计问题，并利用一种事件触发的通信方案（每个节点上的测量数据只有在特定的触发条件下才会被传送到估计器），在节省计算资源和网络带宽的同时保证了所需的性能。此外，为了提高数据传输服务的可靠性，武永卫等人假设传输过程中存在冗余通信通道。Saber等人在考虑传输时滞的同时，提出了一种新的分布式事件触发通信方案，以决定每个传感器的当前采样数据是否应该被广播和传输，从而便于设计滤波器，并进一步对通信资源利用率与加权平均H_∞性能进行了权衡分析。Kar等人针对一类具有基于事件的通信机制的离散时间时变系统研究了分布式递归滤波问题，其中每个智能传感器节点只有在本地信息违反了预定的Send-on-Delta数据传输条件时，才将数据传输给其邻居。

周期调度机制根据Round-Robin协议的思想，将通信网络的使用权限平均分配给需要传输信息的节点。这种传输方式是一种静态的调度机制，它按照提前设计好的规则，实现网络内节点的循环传输。由于这种调度机制设计简单，能够有效降低大规模网络中节点的数据冲突，因此，如何设计并嵌入这种机制也是基于传感器网络的分布式状态估计研究的一个重点方向。Nedic等人考虑使用两个传感器来测量一个离散时间线性系统的状态，每个传感器都有一个最大的占空比，由于通信带宽有限，每个时间点最多只能有一个传感器将最近的测量数据发送给估计器。针对上述问题，文献[13]提出了一个最优周期传感器调度的必要条件，并基于这个必要条件，构建了一个最优的周期调度机制，既最小化了估计误差，又满足了能量和通信带宽的约束条件。由于网络资源的限制，假设每个传感器在一个周期内可以被激活的次数是有限的。基于这种假设，Bertsekas提出了一种能够在估计精度和一个周期内传感器总激活次数之间取得平衡的算法。该算法建立了激活传感器和估计器增益的非零列的对应关系，并在最小化与估计器增益有关的误差协方差迹的同时对估计器增益的非零列的数量进行惩罚，实现了最优周期调度机制的求解。

随机调度机制是一种基于竞争的通信协议，所有节点都可以在任意时刻通过竞争的方式获取网络权限。当网络处于空闲状态时，率先获得网络权限的节点则可以进行数据传输；当其他准备接入网络的节点发现网络被占用时，会检测到冲突，然后尝试进入下一次的网络使用。作为一种主要的通信网络调度方式，随机调度机制在传感器网络中也被大量使用。为了降低传感器在通信中的能耗，Nedic 等人引入了一种随机传感器激活方案，在这种方案下，每个传感器都以一定的概率被激活。当传感器被激活时，它可以测量目标状态，并与邻居交换其对目标状态的估计；当传感器不被激活时，它只接收其邻居节点的估计信息。通过最小化每个传感器的均方估计误差，为每个传感器设计了最佳估计器并得到了估计误差协方差的上界和下界。Nedic 等人假设每个传感器的激活概率都是一样的，但这种假设在大多数情形下不切实际。因此，Rabbat 等人考虑了一种更具挑战性和实际性的情形，即每个传感器在功率约束下以不同的概率向其邻居传感器发送数据。在这种情形下，由于更多可行的激活方案变得可用，因此会带来更好的估计精度。

参考文献

[1] CATTIVELLI F S, SAYED A H. Diffusion LMS Strategies for Distributed Estimation [J]. IEEE Transactions on Signal Processing, 2010, 58(3): 1035-1048.

[2] KAR S, MOURA J M F, RAMANAN K. Distributed Parameter Estimation in Sensor Networks: Nonlinear Observation Models and Imperfect Communication [J]. IEEE Transactions on Information Theory, 2008, 58(6): 3575-3605.

[3] ARASTU S H, IQBAL N, SAEED M O B, et al. Diffusion PSO-LMS Adaptation over Networks[M]. Amsterdam: Elsevier, 2020.

[4] SCHIZAS I D, MATEOS G, GIANNAKIS G B. Distributed LMS for Consensus-Based In-Network Adaptive Processing [J]. IEEE Transactions on Signal Processing, 2009, 57(6): 2365-2382.

[5] TU S Y, SAYED A H. Diffusion Strategies Outperform Consensus Strategies for Distributed Estimation Over Adaptive Networks [J]. IEEE Transactions on Signal Processing, 2012, 60(12): 6217-6234.

[6] ALAVI S A, MEHRAN K, YANG H. Optimal Observer Synthesis for Microgrids With Adaptive Send-on-Delta Sampling Over IoT Communication Networks[J]. IEEE Transactions on Industrial Electronics, 2020, 68(11): 11318-11327.

[7] SUN X,COYLE E J. Optimal Distributed Estimation in Mobile Ad Hoc Sensor Networks [C]. International Conference on Advanced Intelligence and Awareness Internet. IET,2011:225-230.

[8] GUPTA S,SAHOO A K,SAHOO U K. Wireless Sensor Network-Based Distributed Approach to Identify Spatio-Temporal Volterra Model for Industrial Distributed Parameter Systems[J]. IEEE Transactions on Industrial Informatics,2020(99):1.

[9] Gerard T. 分布式算法导论[M]. 霍红卫,译. 北京:机械工业出版社,2003.

[10] 武永卫,秦中元,李振宇,等. 云计算与分布式系统:从并行处理到物联网[M]. 北京:机械工业出版社,2013.

[11] SABER R O,FAX J A,MURRAY R M. Consensus and Cooperation in Networked Multi-Agent Systems[J]. Proceedings of the IEEE,2007,95(1):215-233.

[12] KAR S,MOURA J M F. Distributed Consensus Algorithms in Sensor Networks: Link Failures and Channel Noise[J]. IEEE Transactions on Signal Processing, 2009,57(1):355-369.

[13] NEDIC A, OZDAGLAR A. Distributed Subgradient Methods for Multiagent Optimization[J]. IEEE Transactions on Automatic Control,2009,54(1):48-61.

[14] BERTSEKAS D P. A New Class of Incremental Gradient Methods for Least Squares Problems[J]. SIAM Journal on Optimization,1997,7(4):913-926.

[15] NEDIC A, BERTSEKAS D P. Incremental Subgradient Methods for Non-Differentiable Optimization[J]. SIAM Journal on Optimization,2001,12(1):109-138.

[16] RABBAT M G, NOWAK R D. Quantized Incremental Algorithms for Distributed Optimization[J]. IEEE Journal on Selected Areas in Communications, 2005, 23(4): 798-808.

[17] LOPES C G,SAYED A H. Incremental Adaptive Strategies Over Distributed Networks[J]. IEEE Transactions on Signal Processing,2007,48(8):223-229.

[18] LOPES C G, SAYED A H. Diffusion Least-Mean Squares Over Adaptive Networks: Formulation and Performance Analysis[J]. IEEE Transactions on Signal Processing,2008,56(7):3122-3136.

[19] Chen J,SAYED A H. Diffusion Adaptation Strategies for Distributed Optimization and Learning Over Networks[J]. IEEE Transactions on Signal Processing, 2012, 60(8):

4289-4305.

[20] Zhao X,SAYED A H. Performance Limits for Distributed Estimation Over LMS Adaptive Networks[J]. IEEE Transactions on Signal Processing,2012,60(10):5107-5124.

[21] SAYED A H. Diffusion Adaptation Over Networks[J]. Academic Pressing Library in Signal Processing,2012:323-454.

[22] KHALILI A,TINATI M A,RASTEGARNIA A. Analysis of Incremental RLS Adaptive Networks with Noisy Links. IEICE Electronics Express,2011,8(9):623-628.

[23] Li L,CHAMBERS J A. A New Incremental Affine Projection-Based Adaptive Algorithm for Distributed Networks[J]. IEEE Transactions on Signal Processing,2008,88(10):2599-2603.

[24] MATEOS G, SCHIZAS I D, GEORGIOS B, et al. Stability Analysis of the Consensus-Based Distributed LMS Algorithm[J]. ICASSP,2008:3289-3292.

[25] MATEOS G,SCHIZAS I D,GIANNAKIS G B. Distributed Recursive Least-Squares for Consensus-Based In-Network Adaptive Estimation [J]. IEEE Transactions on Signal Processing,2009,57(11):4583-4588.

[26] VAHIDPOUR V, RASTEGARNIA A, KHALILI A, et al. Partial Diffusion Kalman Filtering for Distributed State Estimation in Multiagent Networks[J]. IEEE Transactions on Neural Networks and Learning Systems,2019,30(12):3839-3846.

[27] Kong J T,Lee J W,Song W J. Diffusion LMS Algorithm With Multi-Combination for Distributed Estimation Over Networks[J]. Asilomar Conference on Signals. 2013:438-441.

[28] 胡淑婷. 鲁棒的分布式估计算法研究[D]. 苏州:苏州大学,2019.

[29] TAKAHASHI N, YAMADA I, SAYED A H. Diffusion Least-Mean Squares With Adaptive Combiners: Formulation and Performance Analysis [J]. IEEE Transactions on Signal Processing,2009,58(9):4795-4810.

[30] TSITSIKLIS J N. Problems in Decentralized Decision Making and Computation [J]. Problems in Decentralized Decision Making & Computation,1980,43(9):134-139.

[31] TSITSIKLIS J, BERTSEKAS D, ATHANS M. Distributed Asynchronous Deterministic and Stochastic Gradient Optimization Algorithms [J]. IEEE Transactions on Automatic Control,2003,31(9):803-812.

[32] JADBABAIE A, LIN J, MORSE A S. Coordination of Groups of Mobile Autonomous Agents Using Nearest Neighbor Rules [J]. IEEE Transactions on Automatic Control,2003,48(6):988-1001.

[33] OLFATI-SABER R, MURRAY R M, MURRAY R. Consensus Problems in Networks of Agents With Switching Topology and Time-Delays [J]. IEEE Transactions on Automatic Control,2004,49(9):1520-1533.

[34] FAX J A,MURRAY R M. Information Flow and Cooperative Control of Vehicle Formations [J]. 2004,35(1):115-120.

[35] BOYD S, GHOSH A,PRABHAKAR B,et al. Randomized Gossip Algorithms [J]. IEEE Trans. Inf. Theory,2006:2508-2530.

[36] SALIGRAMA V, CASTANON D A. Reliable Distributed Estimation With Intermittent Communications [C]. Decision and Control,2006,IEEE Conference on. IEEE,2006:6763-6768.

[37] KAR S,ALDOSARI S,MOURA J M F. Topology for Distributed Inference on Graphs [J]. IEEE Transactions on Signal Processing,2008,56(6):2609-2613.

[38] OLFATI-SABER R. Ultrafast Consensus in Small-World Networks [C]. American Control Conference,2005. Proceedings of the. IEEE,2005:2371-2378.

[39] Hu H X,Wen G,Zheng W X. Collective Behavior of Heterogeneous Agents in Uncertain Cooperation-Competition Networks: A Nussbaum-Type Function Based Approach[J]. IEEE Transactions on Control of Network Systems,2020,7(2):783-796.

[40] CATTIVELLI F S, LOPES C G, SAYED A H. Diffusion Recursive Least-Squares for Distributed Estimation Over Adaptive Networks [J]. IEEE Transactions on Signal Processing,2008,56(5):1865-1877.

[41] SHAMSI M, HAGHIGHI A M, BAGHERI N, et al. A Flexible Approach to Interference Cancellation in Distributed Sensor Networks[J]. IEEE Communications Letters,2021(99):1.

[42] KHALILI A,TINATI M A,RASTEGARNIA A,et al. Steady-State Analysis of

Diffusion LMS Adaptive Networks With Noisy Links [J]. IEEE Transactions on Signal Processing,2012,60(2):974-979.

[43] ZAYYANI H,JAVAHERI A. A Robust Generalized Proportionate Diffusion LMS Algorithm for Distributed Estimation[J]. Circuits and Systems Ⅱ:Express Briefs,IEEE Transactions on,2020(99):1.

[44] BOUCHARD M,QUEDNAU S. Multichannel Recursive-Least-Square Algorithms and Fast-Transversal-Filter Algorithms for Active Noise Control and Sound Reproduction Systems[J]. IEEE Transactions on Speech and Audio Processing,2000,8(5):606-618.

[45] DENTINO M,MCCOOL J,WIDROW B. Adaptive Filtering in the Frequency Domain [J]. Proceedings of the IEEE,2005,66(12):1658-1659.

[46] NARAYAN S,PETERSON A M,Narasimha M J. Transform Domain LMS Algorithm [J]. Acoustics Speech & Signal Processing IEEE Transactions on,1983,31(3):609-615.

[47] ERDOL N,BASBUG F. Wavelet Transform Based Adaptive Filters:Analysis and New Results [J]. IEEE Transactions on Signal Processing,1996,44(9):2163-2171.

[48] HESTENES M R,STIEFEL E. Methods of Conjugate Gradients for Solving Linear Systems [J]. Journal of Research of the National Bureau of Standards,1952,49(6):409-436.

第3章

动态拓扑的网络化系统下分布式状态估计

近年来，网络虚拟化越来越受关注。网络虚拟化技术与无线传感网络结合形成的虚拟传感网络可以大大提升传统无线传感网络的应用性，尤其在大数据分析和城市集群性分析方面。由于在虚拟传感网络中，其物理层的拓扑是动态配置的，因此需要一种有效的机制以保证在该动态拓扑下的传感器能够准确估计目标值。基于此，本章提出了一种基于动态拓扑的扩散性卡尔曼滤波算法。

上述问题实质上属于动态拓扑下的分布式状态估计问题，在网络化系统中，分布式状态估计问题是一个很受关注的问题，其中最根本的分布式状态估计问题是物体轨迹的实时跟踪。针对该类问题，研究人员过去提出了许多分布式卡尔曼滤波算法。然而，其中大多数算法都基于固定网络拓扑，即链路状态在整个过程中稳定不变。虚拟传感网络(Virtualized Sensing Networks，VSN)系统是一种无线的网络环境，在该网络环境下，用来跟踪物体轨迹的传感器被视为一个个网络节点，而相邻节点间的链路并不是稳定不变的。因此，本章提出了一种基于动态拓扑的扩散性卡尔曼滤波算法。为了更好地体现该算法的性能，本章从理论上分析了该算法的估计误差均值及估计误差均方值的性能表现。通过结果分析，证明了该算法是无偏且稳定的。最后，通过与无协作的卡尔曼滤波算法以及全协作的扩散性卡尔曼滤波算法进行对比，验证了本章所提分布式状态估计算法面向虚拟传感网络系统环境的优越性。

3.1 研究背景

随着大数据分析和智能城市概念的兴起，各种移动应用，如视频监控、环境监控、目标跟踪以及分布式数据存储,正在改变着人们的日常生活。在此背景下,各种基于无线环境的网络化系统受到学术界和工业界越来越多的关注。其中无线传感网络(Wireless Sensing Networks,WSN)系统的应用最为广泛。然而,传统的基于稳定传感器的无线传感网络系统不能够很好地支持大规模的感知覆盖以及相应的通信连通性。幸运的是,快速发展的网络虚拟化技术为其继续发展提供了相应的技术支持,从而虚拟传感网络系统应运而生。在VSN系统中,多种异构的WSN系统能够共享底层的物理设备资源,这些异构无线传感系统中包含了大量不同功能的异构传感器,如感知、事件侦测、计算以及无线通信等功能。正是由于该特点,VSN系统变得更加灵活且方便扩展,从而被逐步应用到各种大规模的感知任务中。尽管VSN系统有很好的应用前景,但是由于VSN中的节点往往是移动的传感器,传感器之间的连接极不稳定,而且该系统是一个没有中心控制的全分布系统,因此,在这种背景下,如何保证感知数据的精准性是一个极大的挑战。针对此问题,本章考虑采用扩散性卡尔曼滤波算法对其进行研究,采用该算法的主要原因在于扩散性策略以及卡尔曼滤波算法对该问题的适用性。

基于扩散性策略的分布式算法通过无线环境下网络化系统内大量分布的节点间的相互协作,共同完成对目标值的估计与预测。这些大量分布的节点可以是PC机、笔记本电脑、手机、无线传感器或者执行器等。其中,基于扩散性策略的分布式算法由两大步骤组成:迭代修正过程与扩散修正过程。在迭代修正过程中,节点利用各自收集的周围环境信息,根据一定的规则去修正自己对目标值的估计,并通过迭代完成对原有目标值的修正。在扩散修正过程中,各节点通过与周围邻居节点进行信息交互完成信息共享,并通过结合邻居节点和自己观测的信息对目标值进行进一步修正。

卡尔曼滤波算法在动态实时估计方面具有良好的表现,是动态估计算法中最流行的一种算法。作为一个递归式的算法,该算法对计算和存储空间需求很少,这使得其被广泛应用于实时系统中。自1960年被提出后,卡尔曼滤波算法已经被广泛应用于各个领域中,如航海、信号处理、控制系统以及信息融合领域。

现有大多数分布式算法都是在链路状态稳定的前提下进行的,但是考虑到VSN系统环境的特点,其物理层的链路连接状态并不稳定,这就需要考虑链路状态不稳定情况(即动态拓扑)下的分布式算法特性。在过去的研究中,大量学者对链路状态不稳定情况下的基于扩散性策略的分布式算法进行了研究。其中,Lopes等人研究了链路状态变化下的LMS算法,并对其稳定性进行了分析说明。Li等人提出了一种新颖的分布式仿射投影算法,并对其在动态拓扑下的收敛性和稳定性进行了分析。尽管这些算法在动态拓扑下有很好的性能表现,但是它们本质上都属于维纳滤波。众所周知,维纳滤波需要信号和噪声都是一个平稳的过程，并且要求得到近无限时间区间内的全部观察数据，这些极大限制了其应用范围。在实际问题中，维纳滤波的应用并不是很多。

鉴于此，本章提出了一种面向网络化系统的基于动态拓扑的扩散性卡尔曼滤波(Diffusion Kalman Filter with Dynamic Topology，DKFDT)算法。本部分采用的网络化系统为 WSN 系统。DKFDT 算法分析了动态拓扑模型下扩散性卡尔曼滤波算法的收敛特性及稳定特性，并分别通过理论推导和仿真实验证实了算法的可行性和优越性。

3.2 虚拟传感网络系统简介

在过去的几年中，无线传感网络系统已经在各个领域得到了应用(如温度检测、安全监控、轨迹跟踪等)，并得到了越来越广泛的关注。然而，由于无线传感网络系统中存有大量的异构传感节点，这些节点具有感知、计算及通信等不同的功能，因此，各异构传感器中不能进行有效的协同工作。这成为阻碍无线传感网络发展的主要问题之一，但虚拟化技术为此提出了有效的解决方案。

实际上，网络虚拟化并没有从技术能力和理论分析层面引入一些新的东西，但是其为传统无线传感网络提供了一种解决问题的方式，该方式可以解决过去许多由于各种网络资源限制或者资源过剩所带来的问题。目前，虚拟传感网络研究主要集中于 VSN 框架的设计和分析，完善的 VSN 框架是解决传感网络上各种问题的基础。为此，本节介绍了虚拟化网络架构，如图 3-1 所示。从图 3-1 中可以看出，虚拟化网络架构总共可以分为三层：物理层、虚拟层以及用户层。

(1) 物理层

物理层中包含了大量的异构传感器实体，这些传感器用来完成不同的环境感知任务，如温度感知、声音感知、湿度感知等。各个传感器会将自己的资源和感知信息通过可编程接口上传到虚拟层。

(2) 虚拟层

虚拟层通过整合物理层中各种各样的信息资源，形成一个个新的虚拟拓扑和虚拟传感节点组成的虚拟传感网络。该虚拟拓扑与物理层实际拓扑不同但基于实际拓扑，虚拟传感节点也是基于实际传感器的资源但并不全部包含。根据上层用户的各种需求，VSN 主要通过虚拟层各种各样的虚拟传感网络来提供各种服务。虚拟层还可以继续向上构建虚拟子层，该虚拟子层的资源全部来自对虚拟层资源的共享和划分。

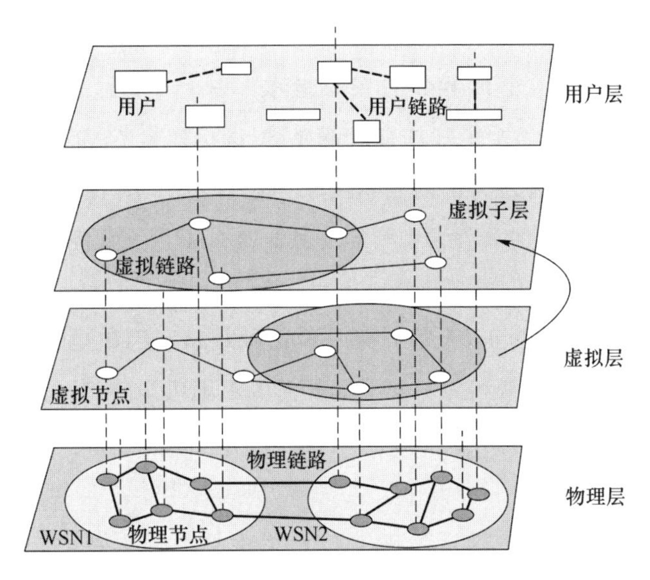

图 3-1　虚拟化网络架构

(3) 用户层

用户层与传统互联网中的应用层十分相似,该层分布着各种应用需求。用户利用虚拟层的各种资源和信息完成各种需求,与此同时,整个网络的服务质量也在该层完成。

通过上述分析可知,物理层主要负责提供不同的信息和资源,是整个虚拟传感网络系统的基础,物理层的链路状态不稳定性将直接决定网络的性能表现。另外,在虚拟层中,各个虚拟网络不是一成不变的,会随着时间发生相应改变,也可以将其看成一种拓扑不固定的情况。无论从哪方面考虑,都有必要对 VSN 系统下的动态拓扑环境问题进行深入研究。在本研究中,主要针对虚拟层中链路不稳定的情况进行场景模拟与问题讨论,详见第 3.3 节。

3.3　虚拟传感网络系统描述

3.3.1　网络及通信系统建模

1. 基础概念

(1) 简单图

在图论中,不含平行边、也不含环的图被称为简单图。

(2) 邻接矩阵

邻接矩阵是表示顶点之间相邻关系的矩阵。设 $\gamma=(\nu,\varepsilon)$是一个图，其中 $\nu=\{v_1, v_2,\cdots,v_N\}$。无向图 γ 的邻接矩阵具有以下性质：该矩阵为 N 阶方阵，且矩阵主对角线上的元素全为零，其他元素若为 1 则表示两点相连，若为 0 则表示两点之间没有链路连接。注意，在本书中，矩阵主对角线上元素全为 1 表示每个点都能与自己进行通信。

(3) 随机矩阵

假设一个矩阵元素均为正，若每一行元素的和为 1，则称该矩阵为随机矩阵，也称为左随机矩阵；若每一列的元素和为 1，则称该矩阵为右随机矩阵；若每行、每列的元素和都为 1，则称该矩阵为双随机矩阵。

(4) 堆向量

假设区块矩阵 $\boldsymbol{\Sigma}$ 为一个 $N\times N$ 的非负正定埃尔米特矩阵，且其中的每一个元素 $\{\Sigma_{l,k}\}$都为 $M\times M$ 的块。通过将 $\boldsymbol{\Sigma}$ 的每一列按照从上到下的顺序堆叠到一起，可以形成一个$(NM)^2\times 1$ 的向量 $\boldsymbol{\sigma}$，通常用 vec 表示堆向量。

2. 问题描述

为了体现 DKFDT 算法的性能，基于如下场景进行问题的讨论：在 VSN 系统的虚拟层中，各个虚拟无线传感节点通过相互协作对一运动物体（假设物体做规则的椭圆运动）的轨迹进行跟踪。根据第 3.2 节对 VSN 系统的介绍可知，其虚拟层中的链路连通状态是极不稳定的。因此，如何保证动态拓扑场景下各个节点间对物体轨迹的准确估计与预测是需要重点研究的问题。本章涉及的一些关键参数及定义如表 3-1 所示。

表 3-1 关键参数及定义

参 数	定 义
$\boldsymbol{x}_i$	i 时刻真实环境中的目标状态值
$\boldsymbol{y}_{k,i}$	i 时刻参与者 k 的观测值
$\boldsymbol{y}_i$	i 时刻全部观测值的集合
$\boldsymbol{F}_i$	i 时刻稀疏本地状态矩阵
$\boldsymbol{G}_i$	i 时刻状态噪声矩阵
$\boldsymbol{u}_i$	i 时刻状态噪声
N	网络中节点的总数
M	状态向量中参数的个数
b	状态参数向量中的第 b 个元素

续 表

参 数	定 义
$\boldsymbol{v}_{k,i}$	i 时刻参与者 k 的本地观测噪声
$\boldsymbol{v}_i$	i 时刻本地观测噪声
$\boldsymbol{R}_i$	i 时刻 $\boldsymbol{v}_i$ 的协方差
$\boldsymbol{Q}_i$	i 时刻 $\boldsymbol{u}_i$ 的协方差
$\boldsymbol{P}_{k,i\|j}$	在参与者 k 处前 j 次迭代后对 i 时刻的估计误差的协方差值
$\boldsymbol{H}_{k,i}$	i 时刻在观测者 k 处的观测矩阵
$\boldsymbol{H}_i$	i 时刻全局观测矩阵
$\boldsymbol{K}_i$	i 时刻的卡尔曼增益
$c_{l,k}(i)$	i 时刻参与者 l 和 k 之间的权重系数
$\boldsymbol{C}_i$	i 时刻权重系数 $c_{l,k}(i)$ 组成的矩阵
$p_{l,k}$	链路 l 和链路 k 能够维持稳定的概率
p_l	子图 l 出现的概率
$q_{l,k}$	链路 l 和链路 k 不稳定的概率
$\hat{\boldsymbol{x}}_{k,i\|i-1}$	参与者 k 在 $i-1$ 时刻对 i 时刻状态值的估计值
$\tilde{\boldsymbol{x}}_{k,i\|i-1}$	参与者 k 在 $i-1$ 时刻对 i 时刻状态值的估计误差
$\hat{\boldsymbol{\psi}}_{k,i\|i}$	第 i 次迭代时参与者 k 对状态值的中间估计值
$\tilde{\boldsymbol{\psi}}_{k,i\|i}$	第 i 次迭代时参与者 k 对状态值的中间估计误差
MSD	均方差
MSE	均方误差

3. 网络系统建模

令 x_i^b 表示在时刻 i 目标的状态值，其中 $b\in(1,2,\cdots,M)$ 表示目标状态中 M 个属性中的一个，这些属性值可以是位置坐标、速度、方向等。因此，卡尔曼滤波算法中的状态值 $\boldsymbol{x}_i=(x_i^1,\cdots,x_i^M)^{\mathrm{T}}$。为了便于讨论问题，重新给出如下卡尔曼的状态方程：

$$\boldsymbol{x}_{i+1}=\boldsymbol{F}_i\boldsymbol{x}_i+\boldsymbol{G}_i\boldsymbol{u}_i+w_i \tag{3-1}$$

其中，$\boldsymbol{F}_i\in\mathbb{R}^{M\times M}$是一个本地稀疏矩阵；$\boldsymbol{u}_i=(u_i^1,\cdots,u_i^M)^{\mathrm{T}}\in\mathbb{R}^M$表示状态噪声；$\boldsymbol{G}_i\in\mathbb{R}^{M\times M}$表示状态噪声矩阵；$w_i$ 表示系统的输入决策信号，在该问题中，该值为零。

另外，用 N 表示无线传感网中传感器的数量，因此第 k 个传感器的观测方程可以表示如下：

$$\boldsymbol{y}_{k,i}=\boldsymbol{H}_{k,i}\boldsymbol{x}_i+\boldsymbol{v}_{k,i},\quad k=1,\cdots,N \tag{3-2}$$

其中，$\boldsymbol{y}_{k,i}$表示在时刻 i 传感器 k 的观测值；$\boldsymbol{H}_{k,i}\in\mathbb{R}^M$表示观测矩阵；$\boldsymbol{v}_{k,i}\in\mathbb{R}^M$表示观测时

的观测噪声。有了这些定义以后，可以进一步通过式(3-1)对全局的观测量进行如下定义：

$$\boldsymbol{y}_i=\begin{pmatrix}\boldsymbol{y}_{1,i}\\ \vdots\\ \boldsymbol{y}_{N,i}\end{pmatrix},\quad \boldsymbol{H}_i=\begin{pmatrix}\boldsymbol{H}_{1,i}\\ \vdots\\ \boldsymbol{H}_{N,i}\end{pmatrix},\quad \boldsymbol{v}_i=\begin{pmatrix}\boldsymbol{v}_{1,i}\\ \vdots\\ \boldsymbol{v}_{N,i}\end{pmatrix} \tag{3-3}$$

因此，卡尔曼观测方程可以表示如下：

$$\boldsymbol{y}_i=\boldsymbol{H}_i\boldsymbol{x}_i+\boldsymbol{v}_i \tag{3-4}$$

下面给出两个假设。

假设一：状态方程(3-1)里的状态噪声向量 $\boldsymbol{u}_i$ 和观测方程(3-4)里的观测噪声向量 $\boldsymbol{v}_i$ 均为白噪声，且彼此间相互独立，即满足

$$E\begin{pmatrix}\boldsymbol{u}_i\\ \boldsymbol{v}_i\end{pmatrix}\begin{pmatrix}\boldsymbol{u}_j\\ \boldsymbol{v}_j\end{pmatrix}^*=\begin{pmatrix}\boldsymbol{Q}_i & 0\\ 0 & \boldsymbol{R}_i\end{pmatrix}\delta_{ij} \tag{3-5}$$

其中，符号 * 表示矩阵的共轭转置。

假设二：初始状态值 x_0 是一个均值为 0 的随机变量，且在时域和空域上与状态噪声向量 $\boldsymbol{u}_i$ 和观测噪声向量 $\boldsymbol{v}_i$ 彼此相互独立。

4. 通信模型的建立

首先将无线传感网络抽象为一个简单无向的连通图，即 $\gamma=(\nu,\varepsilon)$。其中，ν 表示无线传感器的集合，ε 表示所有传感器间能够进行通信的链路集合。与此同时，用 N_k 表示点 k 的邻居点集合。因此，图 γ 的邻接矩阵可以定义如下：

$$\boldsymbol{\Omega}=\{c_{k,l}\}=\begin{cases}1, & l\in N_k,\\ 0, & \text{其他}\end{cases} \tag{3-6}$$

由式(3-6)可知，矩阵对角线上的元素全部为 1，即每个传感器总是可以同自己通信的。

在实际过程中，节点间通过不停地获取邻居节点的观测信息来修正自己的估计值。但是每个传感器节点受到的环境噪声影响不同，故其所提供的信息质量也有所不同。因此，不能统一对待各个节点，否则会给整个系统带来很大的误差。这里将通过前面定义的扩散矩阵来区别各个节点的作用。扩散矩阵是一个左随机矩阵，该矩阵元素被称为扩散权重系数，其定义如下：

$$c_{l,k}\geqslant 0,\quad \sum_{l=1}^{N}c_{l,k}=1 \tag{3-7}$$

其中，对于任意 $k=1,2,\cdots,N$，如果 $l\notin N_k$，那么 $c_{l,k}=0$。

扩散矩阵在扩散算法中起着十分重要的作用，其值决定了扩散算法中各节点如何去利用它们邻居节点对目标的估计值。在过去的研究中，已经提出了许多特有的规则来实现该矩阵。此处主要采用 Metropolis 准则来定义 $c_{l,k}$：

$$c_{l,k}=\begin{cases}1/\max(n_l,n_k), & l\neq k \text{ 且相连},\\ 0, & l \text{ 与 } k \text{ 不相连},\\ 1-\sum\limits_{l\in N_k/k} c_{l,k}, & l=k\end{cases} \tag{3-8}$$

其中，n_k 表示矩阵的度。为了更好地理解式(3-8)，下面给出了扩散权重系数 $c_{l,k}$ 的取值示例，如图 3-2 所示。

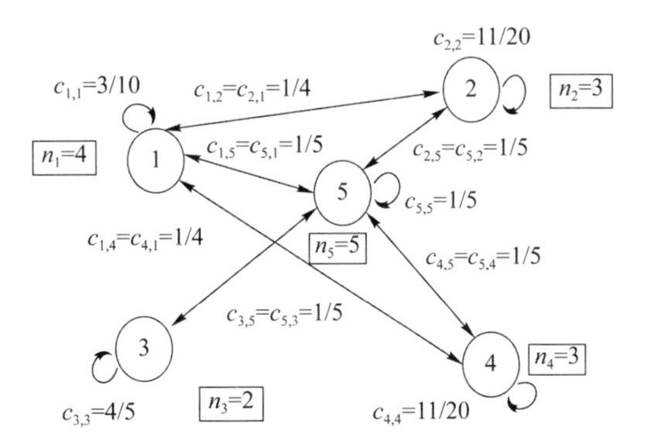

图 3-2 扩散权重系数 $c_{l,k}$ 取值示例

3.3.2 概率化的网络拓扑表征

由于无线环境下的链路状态是极其不稳定的，为了更好地表达所提算法，本节提出一种基于概率的动态拓扑的方案，旨在反映真实环境中通信链路不稳定的情况。

首先，假设在任意时刻 i，扩散权重系数表示为 $c_{l,k}(i)$。值得注意的是，此时的扩散权重系数是一个随时变化的量。在基于概率的动态拓扑方案中，对于任意一条通信链路，都假设其以一定的概率维持通信状态，因此扩散权重系数可以表示如下：

$$c_{l,k}(i)=\begin{cases}c_{l,k}, & p_{l,k}\\ 0, & q_{l,k}=1-p_{l,k}\end{cases} \tag{3-9}$$

其中，$p_{l,k}$ 表示链路能够维持稳定的概率；而 $q_{l,k}$ 表示链路不稳定的概率。由于假设网络拓扑图是一个无向图，因此 $c_{k,l}(i)=c_{l,k}(i)$。

为了方便起见，假设存在一个由固定的 N 个点和 m_l 条链路组成的拓扑 G_0，且该拓扑的链路链接不稳定。因此，该拓扑可以被分解为 2^{m_l} 个不同的子图 G_l，假定子图 G_l 存在的概率为 p_l。概率集合 $\{p_l\}$ 可以由概率集合 $\{p_{l,k}\}$ 获得。为了更好地理解该模型，我们给出了一个拥有三个节点、两条通信链路的拓扑图的各子图形式，如图 3-3 所示。由图 3-3 可知，各子图存在的概率 p_l 可以由链路稳定概率 $p_{l,k}$ 得出。例如，对于子图 G_2，可以得到 $p_2=p_{12}q_{23}$。

基于以上的分析，定义 $\boldsymbol{A}_i=\boldsymbol{C}_i\otimes\boldsymbol{I}_M$。其中 $\boldsymbol{C}_i=[c_{l,k}(i)]$；$\otimes$表示矩阵的张量运算；$\boldsymbol{I}_M$ 表示一个 $M\times M$ 维的单维矩阵。因此，定义网络平均拓扑矩阵 $\mathbf{A}=E\boldsymbol{A}_i$，即

$$\mathbf{A}=\sum_{l=1}^{2^{m_l}}p_l\boldsymbol{A}_l \tag{3-10}$$

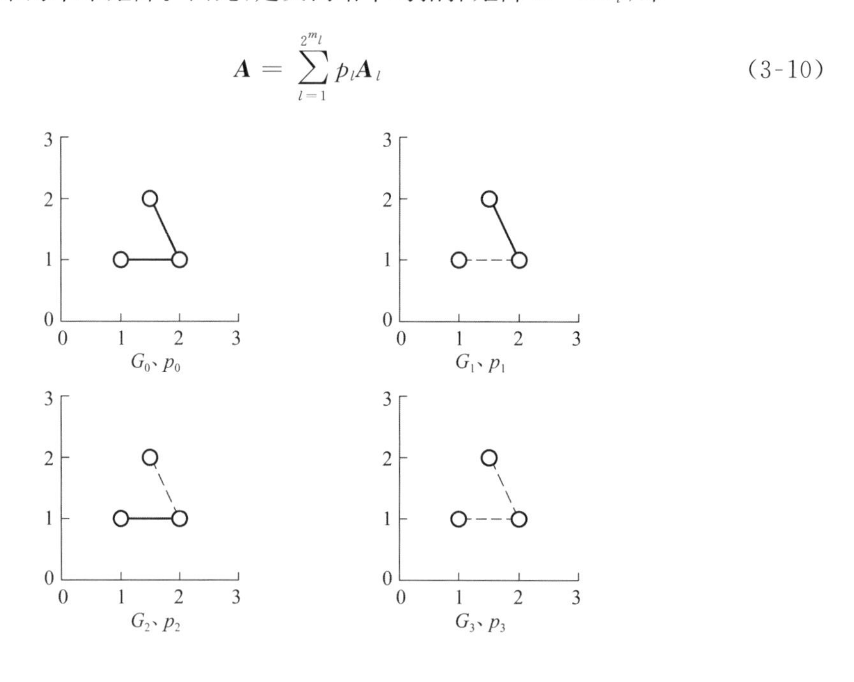

图 3-3 概率为 p_l 的子图 G_l

3.4 基于动态拓扑的扩散性卡尔曼滤波算法

基于上一节描述的场景及建立的模型，本节提出了基于动态拓扑的扩散性卡尔曼滤波算法，并分别从误差均值和均方值两方面对算法收敛性和稳定性进行了分析。

3.4.1 算法概述

与算法 2-1 中的扩散性卡尔曼滤波算法不同，考虑到动态拓扑模型，本章所提算

法是受时间变化影响的，即不同时刻链路的稳定性是不一样的。因此，节点 k 的邻居节点 N_k 现在是随时间变化的，表示为 $N_{k,i}$。同理，扩散权重系数 $c_{l,k}$ 也是随时间变化的，表示为 $c_{l,k}(i)$。

基于动态拓扑的扩散性卡尔曼滤波算法（DKFDT 算法）总共可以分为三大步，具体过程如下所述。

算法 3-1 基于动态拓扑的扩散性卡尔曼滤波算法（DKFDT 算法）

根据状态方程(3-1)，初始状态估计值和状态误差协方差值分别为 $\hat{x}_{k,0|-1}=Ex_0$，$P_{k,0|-1}=\Pi_0$。对于每一时刻 i，重复如下步骤。

步骤 1：迭代修正

$$\boldsymbol{K}_{l,i}=\boldsymbol{P}_{k,i|i-1}\boldsymbol{H}_{l,i}^{*}(\boldsymbol{R}_{l,i}+\boldsymbol{H}_{l,i}\boldsymbol{P}_{k,i|i-1}\boldsymbol{H}_{l,i}^{*})^{-1}$$

$$\hat{\boldsymbol{\psi}}_{k,i}=\hat{\boldsymbol{x}}_{k,i|i-1}+\sum_{l\in N_{k,i}}\boldsymbol{K}_{l,i}[\boldsymbol{y}_{l,i}-\boldsymbol{H}_{l,i}\hat{\boldsymbol{x}}_{k,i|i-1}]$$

$$\boldsymbol{P}_{k,i|i}=\boldsymbol{P}_{k,i|i-1}-\sum_{l\in N_{k,i}}\boldsymbol{K}_{l,i}\boldsymbol{H}_{l,i}\boldsymbol{P}_{k,i|i-1}$$

步骤 2：扩散修正

$$\hat{\boldsymbol{x}}_{k,i|i}=\sum_{l\in N_{k,i}}c_{l,k}(i)\hat{\boldsymbol{\psi}}_{l,i}$$

步骤 3：预测修正

$$\hat{\boldsymbol{x}}_{k,i+1|i}=\boldsymbol{F}_i\hat{\boldsymbol{x}}_{k,i|i}$$

$$\boldsymbol{P}_{k,i+1|i}=\boldsymbol{F}_i\boldsymbol{P}_{k,i|i}\boldsymbol{F}_i^{*}+\boldsymbol{G}_i\boldsymbol{Q}_i\boldsymbol{G}_i^{*}$$

---

(1) 迭代修正

首先，节点 k 从邻居节点获取相关的信息，主要包含观测信息 $\boldsymbol{y}_{l,i}$、观测矩阵 $\boldsymbol{H}_{l,i}$ 以及噪声协方差 $\boldsymbol{R}_{l,i}$，其中 $l\in N_{k,i}$。然后，节点 k 通过将获取的信息进行不停地迭代将其对目标的估计值从原有的 $\hat{\boldsymbol{x}}_{k,i|i-1}$ 修正为临时估计值 $\hat{\boldsymbol{\psi}}_{k,i}$。与此同时，网络中的其他节点都进行相同的工作，即都从各自的邻居节点收集信息对自己原有的估计值进行修正。注意在这一步中，状态误差协方差 $\boldsymbol{P}_{k,i|i-1}$ 也会利用邻居节点的信息进行迭代修正。

(2) 扩散修正

动态拓扑下扩散修正是扩散算法的核心，也是该算法重点实现的一步。所有节点都完成步骤 1 后，都会获得一个对目标的临时估计值。所谓的扩散过程，便是将各自的临时估计值按照对应的扩散权重系数扩散给各自的邻居节点，各节点通过将收集的邻居节点对目标的临时估计值进行有效整合来完成对目标状态的估计。值得注意的是，在动态拓扑环境下，网络拓扑会随着时间改变，扩散权重系数也是随时间变化的。

(3) 预测修正

在预测修正步骤中，主要目的是利用修正完的此时刻估计值对下一时刻的目标状态值进行预测，即获得目标状态估计值 $\hat{\boldsymbol{x}}_{k,i+1|i}$。该过程主要利用状态方程来完成。与此同时，状态估计误差协方差也由 $\boldsymbol{P}_{k,i|i}$ 修正为 $\boldsymbol{P}_{k,i+1|i}$。在获取了 $\hat{\boldsymbol{x}}_{k,i+1|i}$ 和 $\boldsymbol{P}_{k,i+1|i}$ 值之后，便可以再回到第一步开始进行下一时刻的一系列迭代扩散预测等操作。

在 DKFDT 算法中，将扩散性卡尔曼滤波算法与动态拓扑模型结合到一起，这样更加符合真实世界中的网络环境特点，即通信节点间的链接往往是不稳定的。另外，为了证明该算法的有效性，需要进一步讨论它的收敛性和稳定性，下面将进行具体讨论。

3.4.2 算法性能分析

本节将重点讨论 DKFDT 算法的性能表现，主要从估计误差均值和估计误差均方值两方面来完成对算法收敛性和稳定性的分析。

假设 x_i 是真实的目标轨迹状态值，定义 $\tilde{\boldsymbol{\psi}}_{k,i}=\boldsymbol{x}_i-\hat{\boldsymbol{\psi}}_{k,i}$ 表示迭代修正步骤结束后的估计误差，称为迭代误差。定义 $\tilde{\boldsymbol{x}}_{k,i|i-1}=\boldsymbol{x}_i-\hat{\boldsymbol{x}}_{k,i|i-1}$ 表示扩散修正步骤结束后的估计误差，称为扩散误差。利用算法 3-1 步骤 1 中的第 2 步，可以进一步推导迭代误差如下：

$$\begin{aligned}\tilde{\boldsymbol{\psi}}_{k,i}&=\boldsymbol{x}_i-\hat{\boldsymbol{x}}_{k,i|i-1}-\sum_{l\in N_{k,i}}\boldsymbol{K}_{l,i}(\boldsymbol{y}_{l,i}-\boldsymbol{H}_{l,i}\hat{\boldsymbol{x}}_{k,i|i-1})\\&=\tilde{\boldsymbol{x}}_{k,i|i-1}-\sum_{l\in N_{k,i}}\boldsymbol{K}_{l,i}(\boldsymbol{H}_{l,i}\tilde{\boldsymbol{x}}_{k,i|i-1}+\boldsymbol{v}_{l,i})\\&=\Big(\boldsymbol{I}-\sum_{l\in N_{k,i}}\boldsymbol{K}_{l,i}\boldsymbol{H}_{l,i}\Big)\tilde{\boldsymbol{x}}_{k,i|i-1}-\sum_{l\in N_{k,i}}\boldsymbol{K}_{l,i}\boldsymbol{v}_{l,i}\end{aligned}\tag{3-11}$$

其中，将式(3-2)代入第一个等号可使第二个等号成立。

与此同时，我们还可以得到如下等式：

$$\tilde{\boldsymbol{x}}_{k,i|i-1}=\boldsymbol{F}_{i-1}\tilde{\boldsymbol{x}}_{k,i-1|i-1}+\boldsymbol{G}_{i-1}n_{i-1}\tag{3-12}$$

将式(3-11)带入算法 3-1 中的步骤 2 可得

$$\begin{aligned}\tilde{\boldsymbol{x}}_{k,i|i}&=\sum_{l\in N_{k,i}}c_{l,k}\tilde{\boldsymbol{\psi}}_{l,i}\\&=\sum_{l\in N_{k,i}}c_{l,k}\Big[\Big(\boldsymbol{I}-\sum_{m\in N_{l,i}}\boldsymbol{K}_{m,i}\boldsymbol{H}_{m,i}\Big)\tilde{\boldsymbol{x}}_{l,i|i-1}-\sum_{m\in N_{l,i}}\boldsymbol{K}_{m,i}\boldsymbol{v}_{m,i}\Big]\end{aligned}\tag{3-13}$$

1. 估计误差均值

这里的均值实际上是指期望值，在概率和统计学中，一个随机变量的期望值(或期待值)是该变量输出值的平均数,是随机变量最基本的数学特征,它能够反映随机变量平均取值大小。下面将探讨目标状态估计误差的均值性能。

考虑对式(3-12)和式(3-13)两边同时取期望值,可得

$$E\widetilde{\boldsymbol{x}}_{k,i|i-1} = \boldsymbol{F}_{i-1} E\widetilde{\boldsymbol{x}}_{k,i-1|i-1} \tag{3-14}$$

$$E\widetilde{\boldsymbol{x}}_{k,i|i} = E\Big[\sum_{m \in N_{l,i}} c_{l,k}(\boldsymbol{I} - \boldsymbol{S}_{l,i})\widetilde{\boldsymbol{x}}_{l,i|i-1}\Big] \tag{3-15}$$

其中,为了简单起见,令 $\boldsymbol{S}_{l,i} = \sum_{m \in N_{l,i}} \boldsymbol{K}_{m,i}\boldsymbol{H}_{m,i}$。这里假设状态噪声和观测噪声都是高斯白噪声,期望值为零,且不同观测点上的噪声彼此独立。

由于初设期望值 $E\widetilde{x}_{k,0|-1}=0$,$E\widetilde{x}_{k,-1|-1}=0$,因此根据式(3-14)、式(3-15)给出的迭代公式可知,DKFDT 算法执行过程中所有变量的期望值都是零,即该算法在均值上的表现是无偏的。

2. 估计误差均方值

即使 DKFDT 算法在均值上无偏,仍然不能说明其是稳定收敛的。例如,一随机变量在 1 和 −1 两个值之间抖动,虽然期望值为零,但是不收敛。因此,为了分析 DKFDT 算法的收敛性,需要同时证明其在估计误差均方值方面的性能表现也是稳定的。

这里,采用均方差来反映算法的稳定性。需要注意的是,均方差和方差是不同的。均方差是各数据偏离真实值的距离平方和的平均数,即误差平方和的平均数,其在计算公式形式上虽然接近方差,但二者有着一定的区别,方差是数据序列与均值的关系,而均方差是数据序列与真实值之间的关系。这里更加关注估计值与真实值之间的误差,这样能更加直观地反映出算法的稳定性能。

通过以上介绍,定义均方差(Mean-Square-Deviation,MSD)如下:

$$\mathrm{MSD}_{k,i} = E\,\|\boldsymbol{x}_i - \hat{\boldsymbol{x}}_{k,i|i}\|^2 \tag{3-16}$$

为了更好地分析算法均方差的性能,此处采用全局向量来进行均方差的计算。首先,将单个点的各个值表达为全局向量,如下所示:

$$\begin{aligned} \widetilde{\boldsymbol{X}}_{i|i} &= \mathrm{col}\{\widetilde{\boldsymbol{x}}_{1,i|i},\cdots,\widetilde{\boldsymbol{x}}_{N,i|i}\} \\ \boldsymbol{K}_i &= \mathrm{diag}\{\boldsymbol{K}_{1,i},\cdots,\boldsymbol{K}_{N,i}\} \\ \boldsymbol{H}_i &= \mathrm{diag}\{\boldsymbol{H}_{1,i},\cdots,\boldsymbol{H}_{N,i}\} \\ \boldsymbol{S}_i &= \mathrm{diag}\{\boldsymbol{S}_{1,i},\cdots,\boldsymbol{S}_{N,i}\} \end{aligned} \tag{3-17}$$

其中,col{}表示将大括号里面的元素以列的形式变成一个新矩阵,而 diag{}表示将大括号里面的元素以对角的形式生成一个新矩阵。

利用第 3.2.2 节中关于 $\boldsymbol{A}_i$ 的定义，即 $\boldsymbol{A}_i=\boldsymbol{C}_i\otimes\boldsymbol{I}_M$，可将式(3-13)表现为一个全局形式，该形式可以刻画整个网络的状态，具体表达如下：

$$\widetilde{\boldsymbol{X}}_{i|i}=\boldsymbol{A}_i^{\mathrm{T}}\begin{pmatrix}(\boldsymbol{I}-\boldsymbol{S}_{1,i})(\boldsymbol{F}_{i-1}\widetilde{\boldsymbol{x}}_{1,i-1|i-1}+\boldsymbol{G}_{i-1}\boldsymbol{u}_{i-1})\\ \vdots \\ (\boldsymbol{I}-\boldsymbol{S}_{N,i})(\boldsymbol{F}_{i-1}\widetilde{\boldsymbol{x}}_{N,i-1|i-1}+\boldsymbol{G}_{i-1}\boldsymbol{u}_{i-1})\end{pmatrix}-\boldsymbol{A}_i^{\mathrm{T}}\begin{pmatrix}\boldsymbol{S}_{1,i}\boldsymbol{v}_{1,i}\\ \vdots \\ \boldsymbol{S}_{N,i}\boldsymbol{v}_{N,i}\end{pmatrix} \tag{3-18}$$

令

$$\begin{aligned}\boldsymbol{F}_i^{\mathrm{C}}&=(\boldsymbol{I}-\boldsymbol{S}_i)(\boldsymbol{I}\otimes\boldsymbol{F}_{i-1})\\ \boldsymbol{G}_i^{\mathrm{C}}&=(\boldsymbol{I}-\boldsymbol{S}_i)(\boldsymbol{I}\otimes\boldsymbol{G}_{i-1})\\ \boldsymbol{D}_i^{\mathrm{C}}&=\boldsymbol{K}_i\boldsymbol{R}_i^{-1}\end{aligned} \tag{3-19}$$

可以将式(3-17)简化为如下形式：

$$\widetilde{\boldsymbol{X}}_{i|i}=\boldsymbol{A}_i^{\mathrm{T}}[\boldsymbol{F}_i^{\mathrm{C}}\widetilde{\boldsymbol{X}}_{i-1|i-1}+\boldsymbol{G}_i^{\mathrm{C}}(\mathbf{1}\otimes n_{i-1})-\boldsymbol{D}_i^{\mathrm{C}}\boldsymbol{v}_i] \tag{3-20}$$

其中，T 表示矩阵的转置；$\boldsymbol{R}_i=E\boldsymbol{v}_i\boldsymbol{v}_i^*$ 是之前式(3-5)定义的一个块对角矩阵；$\mathbf{1}$ 表示一个 $N\times 1$ 的向量，并且所有的元素都为 1。

令 $\boldsymbol{P}_{\widetilde{X}_i}=E\widetilde{\boldsymbol{X}}_{i|i}\widetilde{\boldsymbol{X}}_{i|i}^*$ 表示变量 $\widetilde{\boldsymbol{X}}_{i|i}$ 的协方差，将式(3-17) 代入可得

$$\boldsymbol{P}_{\widetilde{X},i}=E\boldsymbol{A}_i^{\mathrm{T}}[\boldsymbol{F}_i^{\mathrm{C}}\boldsymbol{P}_{\widetilde{X}_{i-1}}\boldsymbol{F}_i^{\mathrm{C}^*}+\boldsymbol{G}_i^{\mathrm{C}}(\mathbf{1}\mathbf{1}^{\mathrm{T}}\otimes\boldsymbol{Q}_{i-1})\boldsymbol{G}_i^{\mathrm{C}^*}+E(\boldsymbol{D}_i^{\mathrm{C}}\boldsymbol{R}_i\boldsymbol{D}_i^{\mathrm{C}^*})]E\boldsymbol{A}_i \tag{3-21}$$

为了简化上述公式，现给出两个假设。

假设一：式(3-1)和式(3-2)中的矩阵是时不变的，即在任何时刻这些矩阵的值不随时间变化而变化。

假设二：利用邻居节点的数据进行的卡尔曼滤波过程同样收敛于所有的邻居节点。

基于以上假设，式(3-19)中的矩阵可以表示成如下形式：

$$\begin{aligned}\boldsymbol{F}^{\mathrm{C}}&=\lim_{i\to\infty}\boldsymbol{F}_i^{\mathrm{C}}=(\boldsymbol{I}-\boldsymbol{S})(\boldsymbol{I}\otimes\boldsymbol{F})\\ \boldsymbol{G}^{\mathrm{C}}&=\lim_{i\to\infty}\boldsymbol{G}_i^{\mathrm{C}}=(\boldsymbol{I}-\boldsymbol{S})(\boldsymbol{I}\otimes\boldsymbol{G})\\ \boldsymbol{D}^{\mathrm{C}}&=\lim_{i\to\infty}\boldsymbol{D}_i^{\mathrm{C}}=\boldsymbol{K}\boldsymbol{R}^{-1}\end{aligned} \tag{3-22}$$

于是式(3-21)可以表示为

$$\boldsymbol{P}_{\widetilde{X}}=E\boldsymbol{A}_i^{\mathrm{T}}[\boldsymbol{F}^{\mathrm{C}}\boldsymbol{P}_{\widetilde{X}}\boldsymbol{F}^{\mathrm{C}^*}+\boldsymbol{G}^{\mathrm{C}}(\mathbf{1}\mathbf{1}^{\mathrm{T}}\otimes\boldsymbol{Q})\boldsymbol{G}^{\mathrm{C}^*}+E(\boldsymbol{D}^{\mathrm{C}}\boldsymbol{R}\boldsymbol{D}^{\mathrm{C}^*})]E\boldsymbol{A}_i \tag{3-23}$$

进一步，令

$$\begin{aligned}\boldsymbol{F}&=\boldsymbol{A}^{\mathrm{T}}\boldsymbol{F}_i^{\mathrm{C}}=E\boldsymbol{A}_i^{\mathrm{T}}(\boldsymbol{I}-\boldsymbol{S}_i)(\boldsymbol{I}\otimes\boldsymbol{F}_{i-1})\\ \boldsymbol{G}&=\boldsymbol{A}^{\mathrm{T}}\boldsymbol{G}_i^{\mathrm{C}}=E\boldsymbol{A}_i^{\mathrm{T}}(\boldsymbol{I}-\boldsymbol{S}_i)(\boldsymbol{I}\otimes\boldsymbol{G}_{i-1})\\ \boldsymbol{D}&=\boldsymbol{A}^{\mathrm{T}}E\boldsymbol{D}_i^{\mathrm{C}}=E\boldsymbol{A}_i^{\mathrm{T}}\boldsymbol{K}_i\boldsymbol{R}_i^{-1}\end{aligned} \tag{3-24}$$

考虑到网络平均拓扑矩阵 $\boldsymbol{A}$ 的定义，即 $\boldsymbol{A}=\boldsymbol{E}\boldsymbol{A}_i$，且在运算中各个点的状态噪声和观测噪声都为高斯白噪声，且空间相互独立，可以将式(3-23)表达成如下形式：

$$\boldsymbol{P}_{\widetilde{X},i}=\boldsymbol{F}\boldsymbol{P}_{\widetilde{X},i-1}\boldsymbol{F}^*+\boldsymbol{G}(\boldsymbol{1}\boldsymbol{1}^{\mathrm{T}}\otimes\boldsymbol{Q})\boldsymbol{G}^*+\boldsymbol{D}\boldsymbol{R}\boldsymbol{D}^* \tag{3-25}$$

式(3-25)是李雅普诺夫方程的稳定解形式。大量文献都记载了关于李雅普诺夫稳定的证明，这里由于篇幅的限制，将不再进行证明。

至此，已能够证明 DKFDT 算法是稳定的。另外，继续将该结果利用 vec 变换表达成向量形式，该变换是将一个矩阵中的各列堆叠到一起来将该矩阵向量化的，其具有以下性质：

$$\mathrm{vec}(\boldsymbol{P}\boldsymbol{\Sigma}\boldsymbol{Q})=(\boldsymbol{Q}^{\mathrm{T}}\otimes\boldsymbol{P})\mathrm{vec}(\boldsymbol{\Sigma}) \tag{3-26}$$

利用该性质，式(3-25)可以表示为：

$$\mathrm{vec}(\boldsymbol{P}_{\widetilde{X}})=(\boldsymbol{I}-\boldsymbol{F}^{*\mathrm{T}}\otimes\boldsymbol{F})^{-1}\mathrm{vec}[\boldsymbol{G}(\boldsymbol{1}\boldsymbol{1}^{\mathrm{T}}\otimes\boldsymbol{Q})\boldsymbol{G}^*+\boldsymbol{D}\boldsymbol{R}\boldsymbol{D}^*] \tag{3-27}$$

考虑到矩阵迹的概念，对于任意矩阵$\{\boldsymbol{U},\boldsymbol{W},\boldsymbol{\sigma}\}$，都有如下形式：

$$\mathrm{Tr}(\boldsymbol{\Sigma}\boldsymbol{W})=[\mathrm{vec}(\boldsymbol{W}^{\mathrm{T}})]^{\mathrm{T}}\boldsymbol{\sigma} \tag{3-28}$$

因此，在趋于稳定状态时的每一个点 k 的 MSD 可以表达成如下形式：

$$\mathrm{MSD}_k=\lim_{i\to\infty}E\|\boldsymbol{x}_i-\hat{\boldsymbol{x}}_{k,i|i}\|^2=\mathrm{Tr}(\boldsymbol{P}_{\widetilde{X}}\boldsymbol{I}_k) \tag{3-29}$$

其中，$\boldsymbol{I}_k=\boldsymbol{B}_{N\times N}\otimes\boldsymbol{I}_M$，$\boldsymbol{B}_{N\times N}$是一个 $N\times N$ 维的全部元素都为 1 的矩阵。

同理，趋于稳定状态时全局网络的平均 MSD 为：

$$\mathrm{MSD}^{\mathrm{ave}}=\frac{1}{N}\mathrm{Tr}(\boldsymbol{P}_{\widetilde{X}}) \tag{3-30}$$

上述的所谓趋于稳定状态是指随着迭代次数的进行，算法收敛时的状态。式(3-29)和式(3-30)都是算法达到收敛后相对应的 MSD 的值。

通过以上关于算法估计误差均值和均方差的讨论，能够证明所提算法是无偏且收敛的。

3.5 算法性能对比

为了验证 DKFDT 算法的性能，本节通过 MATLAB 仿真对所提算法进行验证，并与已有一些算法进行对比。

3.5.1 实验环境设置

考虑一个拥有 6 个节点的无线传感网络，即 $N=6$。在该网络中，6 个节点通过相互协作共同完成对一个做椭圆运动的物体轨迹的估计和预测。这 6 个节点的初始连通状态是随机的，6 个节点的网络拓扑图如图 3-4 所示。在图 3-4 中，节点间的连接线只代表两个节点间的信息交流，并不代表实际的线路。在仿真过程中，给出的仿真参数如下所示。

• 状态矩阵、状态噪声协方差、状态噪声矩阵、观测噪声的协方差分别为 $\boldsymbol{F}=\begin{pmatrix}0.992 & -0.1247\\0.1247 & 0.992\end{pmatrix}$、$\boldsymbol{Q}=\boldsymbol{I}_2$、$\boldsymbol{G}=\begin{pmatrix}0.625 & 0\\0 & 0.625\end{pmatrix}$、$\boldsymbol{R}_{k,i}=10\sqrt{k}, k=1,\cdots,N$。

• 初始状态值为：$\boldsymbol{x}_0=(15,-10)^{\mathrm{T}}$，$\boldsymbol{P}_0=10\boldsymbol{I}_2$。

• 由于节点对物体运动轨迹事先是未知的，因此该观测矩阵可以考虑为 $\boldsymbol{H}_{k,i}=\boldsymbol{H}_x=(1,0)$ 或者 $\boldsymbol{H}_{k,i}=\boldsymbol{H}_y=(0,1)$。

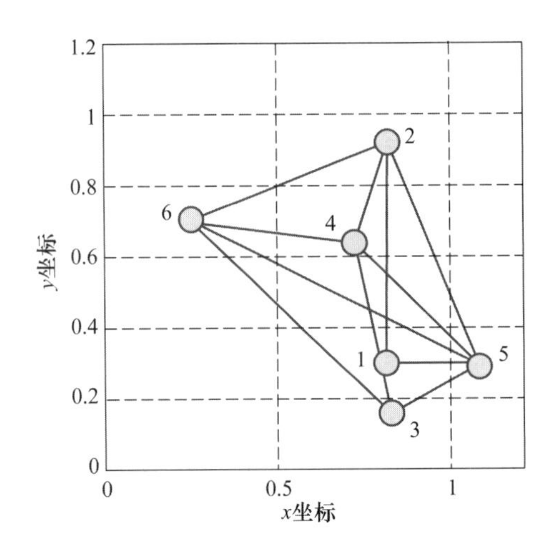

图 3-4　6 个节点的网络拓扑图

基于以上对初始变量和仿真过程中参数的设置，不同的算法被应用到该仿真环境中。除了 DKFDT 算法之外，还包括如下两种算法：一种是节点间无合作的传统卡尔曼滤波算法（KF 算法）；另一种是扩散性卡尔曼滤波算法（DKF 算法）。该三种算法的链路稳定性用可用概率 p 表示，这里的概率 p 可以看作网络中任意两节点间的连通概率，其值与第 3.3.2 节中定义的 $p_{l,k}$ 值相同。因此，无合作的卡尔曼滤波算法和扩散性卡尔曼滤波算法可以看作 DKFDT 算法的两种极端情况。即当 $p=0$ 时，DKFDT 算法便成为 KF 算法，拓扑中任意两节点间的链路连接概率为 0；而当 $p=1$ 时，DKFDT 算法便成为已有的 DKF 算法，即两节点间的链路状态是稳定不变的。为了更好地体现扩散性策略对动态系统的适应性，仿真中将 DKFDT 算法中的链路连接概率选为 0.1。

3.5.2　实验结果对比分析

在 DKFDT 算法下，观测噪声对椭圆运动物体的估计预测分别以二维和三维的形式呈现，如图 3-5 所示。图 3-5(a)和图 3-5(b)均是先给出了观测噪声的分布,然后给出了对物体轨迹的实时估计预测值,其中实线为真实值,点线为估计值。由图 3-5 可以看出,虽然观测噪声较大,但通过动态拓扑下的扩散性卡尔曼滤波算法,最后仍能准确地对物体轨迹进行估计预测。

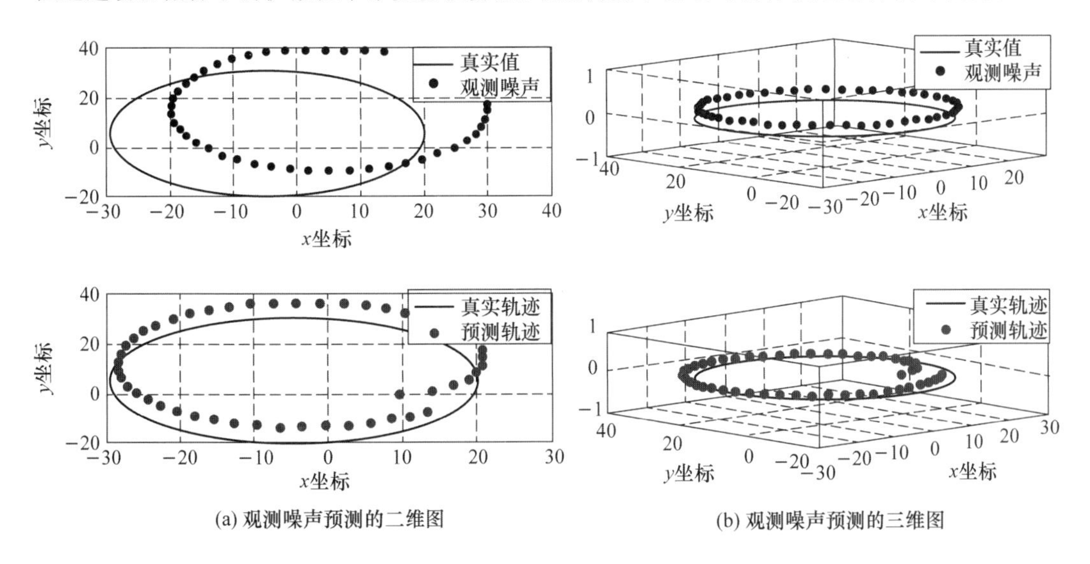

(a) 观测噪声预测的二维图　　(b) 观测噪声预测的三维图

图 3-5　观测噪声对椭圆运动物体的估计预测

根据实验设置的仿真环境,我们给出了三种算法的全网平均 MSD 值的变化趋势,如图 3-6 所示。在图 3-6 中,x 轴表示迭代次数,y 轴表示全网平均 MSD 值,即 $\mathrm{MSD}^{\mathrm{ave}}$。从图 3-6 中可以看出,随着迭代次数的增加,三种算法都能够收敛,但是收敛速度不尽相同。其中,DKF 算法的收敛速度最快,$p=0.1$ 概率下的 DKFDT 算法收敛速度与之十分接近,而 KF 算法收敛速度缓慢。通过全网平均 MSD 值的变化可知,即使在链路连接概率仅为 0.1(即 VSN 系统下噪声很大)时,DKFDT 算法性能仍与 $p=1$(即完全稳定链路)时的性能表现十分接近,这客观地反映了网络化系统下扩散性策略的优越性。

下面给出系统中每一个节点上三种算法的本地 MSD 值,如图 3-7 所示。在图 3-7 中,x 轴表示迭代次数,y 轴表示本地 MSD 值,即 MSD_k。由图 3-7 可以看出,由于观测噪声的影响,在各个节点处,三种算法的性能表现不尽相同。例如:在节点 1 处,概率为 0.1 的 DKFDT 算法收敛速度慢,几乎与 KF 算法一致;而在节点 2、3 处,KF 算法收敛速度比别的节点要快,与另外两种算法最为接近。通过与图 3-6 对比,可以得出如下结论。

彩图 3-7

(1) 所有节点的本地 MSD 值的收敛趋势和稳定时的分贝值都与图 3-6 中全网平均 MSD 性能表现一致。

(2) 即使本地节点由于噪声的影响使得 MSD 性能表现不佳,但通过系统内各节点的相互协作,可以消除噪声给各节点带来的影响,从而保证全局性能的稳定。

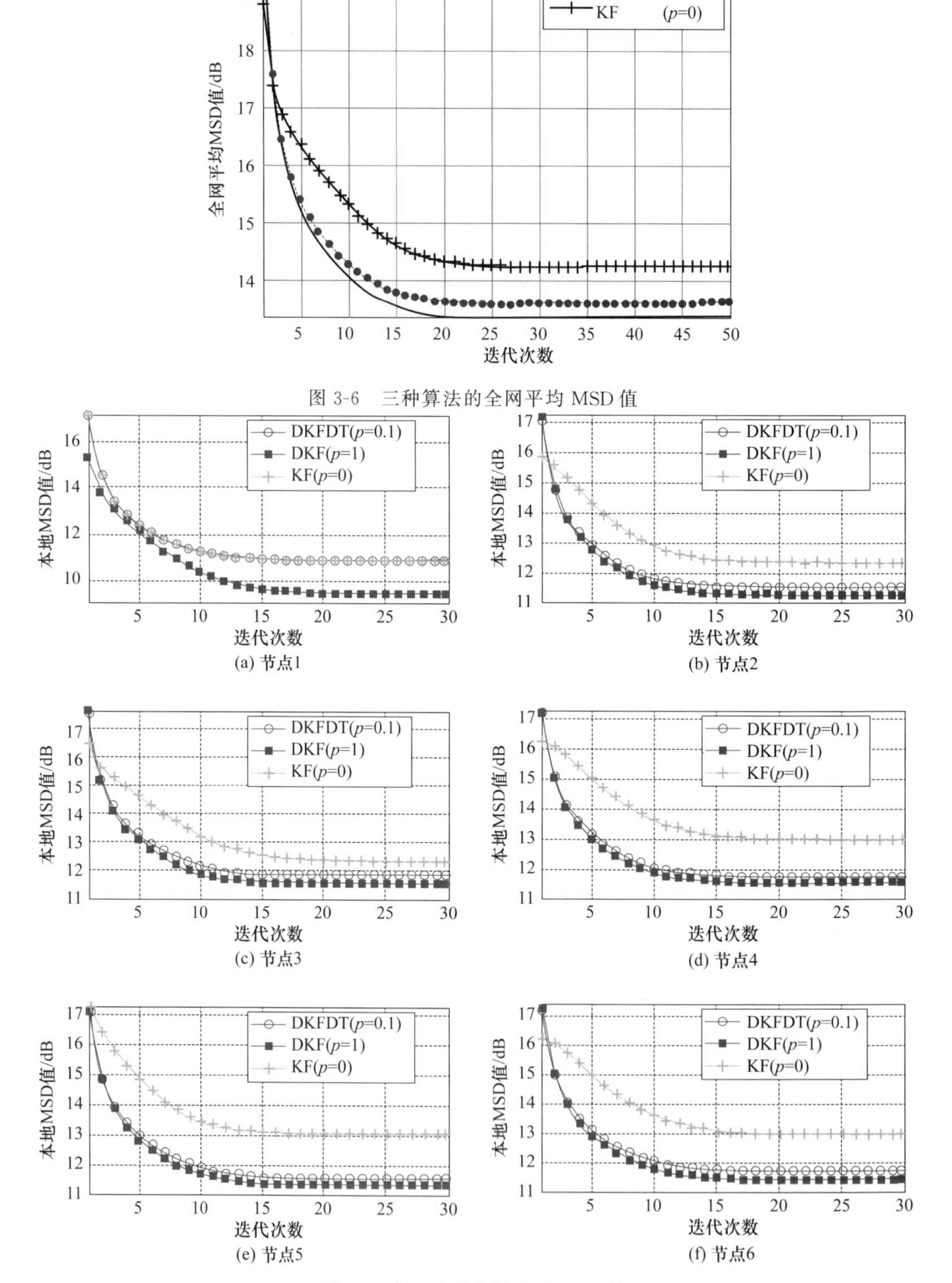

图 3-6 三种算法的全网平均 MSD 值

图 3-7 每一个节点的本地 MSD 值

为了能够反映该算法在稍大规模拓扑中的性能表现,又假定了一个具有 20 个传感器的网络化系统,同样对一运动物体轨迹进行估计预测。为了简单起见,参数选择与第 3.5.1 节中的一致,不同的仅有网络规模。该网络化系统的拓扑图如图 3-8 所示,图 3-8 中的链路只代表逻辑上的通信关系,不代表实际的链路。20 个节点的本地 MSD 值如图 3-9 所示,通过与图 3-7 对比不难看出,20 个节点时三种算法的本地 MSD 值大小比 6 个节点时的本地 MSD 值要大近 1 dB,这是由于 20 个节点时的噪声干扰会更大,因为这里给定的噪声大小与节点的数量相关,可以参见第 3.4.1 节中的参数设定。值得注意的是,概率为 0.1 的 DKFDT 算法的收敛速度和稳定性能与 DKF 算法极为接近。这说明随着网络拓扑规模的增加,节点间的协作也会随之增加,动态拓扑下链路不稳定性带来的影响会被大大减弱。

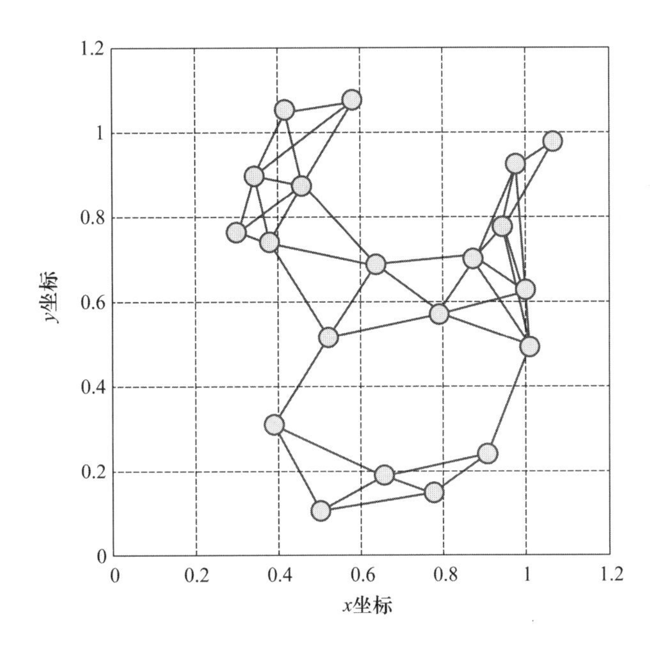

图 3-8 20 个传感器的网络化系统拓扑

首先,本章基于无线环境下网络化系统中的链路失效问题,提出了一种基于概率的动态拓扑模型,该模型通过对无线环境下网络中的链路连接赋予一定的概率值来模拟真实环境下的不稳定状态。基于此,本章提出了一种面向动态网络化系统的基于动态拓扑的扩散性卡尔曼滤波算法,即 DKFDT 算法。该算法本质是一种状态预测算法,能够对实时运动的物体轨迹进行跟踪预测。其次,本章分别从估计误差均值和估计误差均方值两方面重点分析了该算法的收敛性和稳定性,并得到了很好的结果。最后,本章通过构建仿真环境,对 DKFDT 算法进行了仿真验证,并与 DKF 算法和 KF 算法进行了对比。

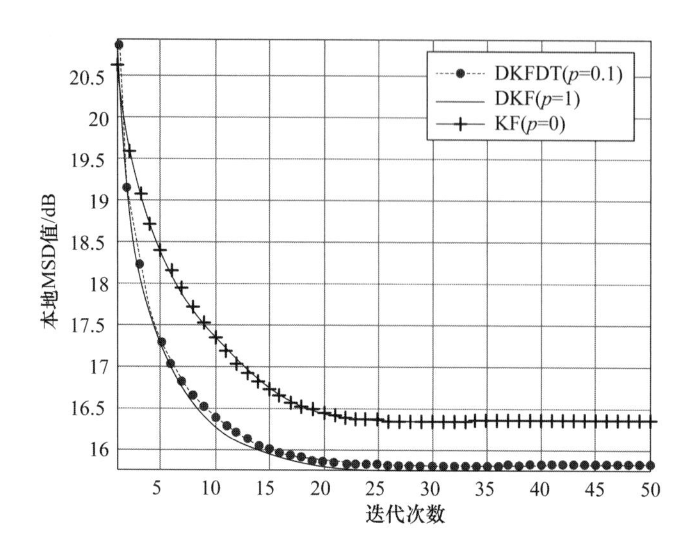

图 3-9 20 个节点的本地 MSD 值

通过仿真结果可以得出，DKFDT 算法收敛性、稳定性良好，即使在两节点间链路链接状态仅为 0.1 的情况下，其性能表现依然远远超过链路链接概率为 0 的 KF 算法，并与链路链接概率为 1 的 DKF 算法接近，这客观地反映了扩散性分布式算法的优越性能。

参考文献

[1] HUANAN Z, SUPING X, JIANNAN W. Security and Application of Wireless Sensor Network[J]. Procedia Computer Science, 2021, 183: 486-492.

[2] QIU Q, DAI L, RIJSWICK H, et al. Improving the Water Quality Monitoring System in the Yangtze River Basin——Legal Suggestions to the Implementation of the Yangtze River Protection Law[J]. Laws, 2021, 10(2): 25.

[3] ADENIYI E A, OGUNDOKUN R O, AWOTUNDE J B. IoMT-Based Wearable Body Sensors Network Healthcare Monitoring System[M]. Springer, 2021: 103-121.

[4] ALAM I, SHARIF K, LI F, et al. A Survey of Network Virtualization Techniques for Internet of Things Using Sdn and Nfv[J]. ACM Computing Surveys, 2020, 53(2): 1-40.

[5] RAMAKRISHNAN J, SHABBIR M S, KASSIM N M, et al. A Comprehensive

and Systematic Review of the Network Virtualization Techniques in the IoT[J]. International Journal of Communication Systems,2020,33(7):e4331.

[6] RASHID A,PECORELLA T,CHITI F. Toward Resilient Wireless Sensor Networks:A Virtualized Perspective[J]. Sensors,2020,20(14):3902.

[7] CATTIVELLI F S,SAYED A H. Diffusion Strategies for Distributed Kalman Filtering and Smoothing [J]. IEEE Transactions on Automatic Control,2010,55(9):2069-2084.

[8] CATTIVELLI F S, LOPES C G, SAYED A H. Diffusion Strategies for Distributed Kalman Filtering: Formulation and Performance Analysis [J]. Proceedings of the Iapr Workshop on Cognitive Information Processing,2008:104-110.

[9] XUE Z,ZHANG Y,CHENG C,et al. Remaining Useful Life Prediction of Lithium-Ion Batteries With Adaptive Unscented Kalman Filter and Optimized Support Vector Regression[J]. Neurocomputing,2020,376:95-102.

[10] LOPES C G,SAYED A H. Diffusion Adaptive Networks With Changing Topologies [C]. IEEE International Conference on Acoustics, Speech and Signal Processing. IEEE,2008:3285-3288.

[11] LI L L,CHAMBERS J A. Distributed Adaptive Estimation Based on the APA Algorithm Over Diffusion Networks With Changing Topology [C]. Statistical Signal Processing,Workshop on. IEEE,2009:757-760.

[12] LI Z,ZHONG A. Resource Allocation in Wireless Powered Virtualized Sensor Networks[J]. IEEE Access,2020,8:40327-40336.

[13] KAILATH T,SAYED A H,HASSIBI B. Linear Estimation [J]. Universitext,2000:61-77.

第4章
可量化的网络化系统下分布式状态估计

除了第3章中提到的虚拟传感网络化系统以外，近年来，其他网络化系统也受到了广泛关注，如自适应网络化系统、虚拟化网络化系统以及移动网络化系统。其中，移动群智感知(Mobile Crowd Sensing，MCS)网络化系统随着大量智能设备的出现和在移动系统中的成熟应用而变得备受关注。传统的MCS是基于集中式的架构，系统中的参与者直接将自己获取到的信息传送给任务发布者。这种架构极大地增加了任务发布者额外的任务负担，不能充分利用分布极广的IoT设备的特点。因此，本章首先考虑了一种分布式的MCS架构，在该架构中，参与者将各自获取的信息直接同其他参与者进行交互来共同协作完成一项任务。由于分布式MCS网络化系统中设备的资源受限，以及该系统是一种实时动态的系统，因此，我们提出了一种基于量化信息交互的扩散性卡尔曼滤波算法。在该算法中，为了能够减少资源的消耗，参与者之间相互交互的全部都为量化后的信息。为了保证算法的收敛性和稳定性，本章又进一步讨论了算法的估计误差均值、估计误差均方值以及均方误差，并通过其性能表现，证明了量化后的算法依然是无偏稳定的。最后，我们通过仿真实验对该算法的性能进行了进一步研究。

4.1 研究背景

随着物联网设备的广泛部署及物联网的快速发展，移动群智感知网络化系统受到越来越多的关注。在该系统中，任务发布者通过网络系统向任务接收者发布需要完成的任务信息，这些任务往往需要大量参与者参与完成，如位置测量、环境检测、导航等。任务接收者往往是一些不停移动的群众，这些移动的参与者利用他们身边的智能设备去收集和分析本地的各种目标信息，并且将这些信息上传给任务发布者来完成任务，这就是所谓的“群智感知”。在传统的移动群智感知网络中，参与者收集信息后直接上传给任务发布者，参与者之间并没有信息交互，这种机制可以被看成一种集中式的模型。在这种模型下，物联网设备广泛分布的特点不能被很好地利用。尤其当考虑实时任务时，每一次的信息都需要上传后再由上级节点发回统计的数据信息，这样难以保证实时任务的完成，此时就需要参与者彼此交互信息，通过协作来共同完成任务。

基于以上分析，本章提出了一种分布式的移动群智感知网络化系统模型，在该分布式系统中，各个参与者可以通过共享彼此间的信息来完成对实时信息的修正和预测。考虑到该特点，扩散性分布式算法被应用于该模型中，其中针对实时性，根据第 3 章的研究内容可知，扩散性卡尔曼滤波算法对实时环境中动态拓扑情况下的目标位置估计、检测、预测都有着良好的性能表现。因此，本章依然针对扩散性卡尔曼滤波算法展开新的研究。然而，分布式系统模型会大大增加智能设备的资源消耗，主要包括：计算资源消耗、通信资源消耗、存储资源消耗等。另外，分布式系统模型还有带宽、智能设备功率等方面的限制。以上这些因素都会大大影响分布式群智感知网络化系统的数据通信能力，因为该网络系统主要由一些低功耗的智能设备组成，不能大量提供数据通信所需的资源。同样，在其他带宽资源和计算资源受限的网络化系统中，如照相机网络、无线传感器网络等，都需要大量的数据通信。因此，在这些系统下传输大容量、非量化的通信数据是不切实际的。因此，为了能够有效解决这些网络化系统下的信息交互问题，有必要采用量化信息来进行数据通信。

鉴于此，本章提出一种基于量化信息交互的扩散性卡尔曼滤波算法（Diffusion Kalman Filtering Algorithm with Quantized Information Exchange，QDKF），该算法关注分布式移动群智感知网络化系统下的数据交互类型问题。尽管量化信息能够大大减少智能设备的能耗资源，并减少对带宽的需求，但与此同时量化的信息也会增加对目标值的估计误差，这种误差有时是致命的。因此，我们有必要去研究该算法在引入量化数据后的性能表现，以验证该算法是否有效。

本章研究的主要贡献总结如下。

（1）本章提出了一种分布式的移动群智感知模型，根据这种分布式的结构，移动群智感知网络通过参与者间的协作可以更加高效准确地完成各种任务。基于此，本章还提出了一种量化的扩散性卡尔曼滤波算法。

（2）在研究量化的扩散性卡尔曼滤波算法之前，本章先给出了一种只基于本地信息交互的扩散性卡尔曼滤波算法（Diffusion Kalman Filter Algorithm with Local

Information Exchange,LDKF),这样做主要有两点原因:第一,在 MCS 网络化系统中,参与者本地信息的交互起着主要的作用;第二,将扩散性卡尔曼滤波算法中全局信息的交互过程省略可以进一步减少节点间的能耗。但为了增强量化算法的一般性,本章所提的 QDKF 算法仍然基于对 DKF 算法进行量化处理,该处理过程同样适用于 LDKF 算法。

(3) 本章采用 Gary 等人的量化方案来对 DKF 算法进行量化。该方案通过对需要量化的数据随机加一个分布已知的噪声或者抖动来实现量化。

(4) 为了分析量化对算法性能的影响,本章对算法的收敛性和稳定性进行了推导分析,并证明了该算法的有效性。

4.2 移动群智感知网络化系统简介

4.2.1 移动群智感知网络化系统研究现状

随着人为参与的网络化系统的发展,研究者们开始致力于搭建关于研究利用群众力量来解决复杂问题的平台。其中,Mturk 平台作为一个众所周知的众包平台已经吸引了成千上万的任务发布者和任务完成者参与其中。在该背景下,移动群智感知网络化系统受到越来越多的关注,与线上的众包平台不同,在 MCS 网络化系统中,大量的移动参与者利用各自的低功耗设备感知真实环境的数据,以完成各种各样的任务。目前,大多数关于 MCS 的研究还停留在对整个网络系统架构的研究上。Buhrmester 等人利用"Amazon's Mechanical Turk"提出了一种 MCS 网络化系统平台并得到广泛认可。同样,Ra 等人也提出了一种名为"Medusa"的 MCS 网络化系统,该系统可实现不同参与用户的感知可编程。

上述系统平台从本质上讲都是一种集中式的系统,不能很好地适用于实时系统环境。考虑到在 MCS 网络化系统中,实际的参与主体是分布密集的大量物联网(IoT)设备,Khandhoul 等人提出了基于 IoT 的架构研究。在该架构中,参与者利用投机网络共享信息。基于此,Hammoudeh 等人考虑了一种全新的分布式投机方法,该方法主要利用智慧传输系统的特征研究分布式 MCS 网络,这也是首次研究 MCS 下参与者间的协作问题。这些研究都极大地促进了 MCS 网络化系统的发展,然而并没有考虑该系统下参与者间信息交互形式的问题。而在 MCS 网络化系统中,由于存在大量分布广泛的低能耗的智能设备,因此,交互信息的量化是十分必要的。下面对分布式算法中的量化问题进行简单的介绍。

4.2.2 移动群智感知网络化系统组成

传统的移动群智感知网络具有集中式的系统结构,不能很好地利用广泛分布的物联网设备的特点,从而限制了移动群智感知网络化系统的可扩展应用。因此,我们提出了一个全新的分布式移动群智感知网络化系统架构,并在此基础上采用了基于量化的扩散性分布式算法。该架构主要分为两大层:实际环境和观测层,如图 4-1 所示。

1. 实际环境

实际环境是移动群智感知网络化系统架构的最低层,是该架构的真实世界,包含着各种实体,如空气的质量、温度、一个鱼群、一辆运动的汽车等。移动群智感知的目的是发动众多参与者从这些不规则、乱序的事物中获取有意义的信息,从而完成群智智慧。为了更好地理解本研究,假设发布的任务是共同估计某一个做特定运动的物体的轨迹,特定运动可能椭圆运动、抛物线运动或者其他任何不规则的运动。本研究的目的就是提出一个能够在分布式 MCS 网络化系统中工作的分布式算法,并且该算法能够通过 MCS 中参与者的共同协作来完成对目标轨迹的估计与预测。

2. 观测层

观测层是移动群智感知网络化系统架构的核心层,QDKF 算法的实现主要集中在这一层。参与者通过智能设备从真实世界中获取各种有意义的信息。需要注意的是,根据实际情况,每一个参与者只能获取一定范围内的信息,对于超出该范围的信息一无所知。在如图 4-1(a)所示的传统的集中式 MCS 网络化系统架构中,每一个参与者获取的信息都要先汇聚到一个点处,即控制中心,然后由该控制中心处理完此时的信息才能继续进行下一步的任务安排。这样虽然一定程度上降低了错误率,但很难达到实时性的要求,并且往往存在单点失效等问题。相反,在如图 4-1(b)所示的分布式 MCS 网络化系统架构中,参与者通过采用 QDKF 算法实现彼此之间的相互协作并共同完成对目标位置轨迹的准确估计与预测。由图 4-1(b)所示,QDKF 算法的具体流程可分为三步:迭代过程、扩散过程、预测过程。迭代过程和扩散过程的实现主要依赖于传统的 KF 算法;而预测过程是 QDKF 算法的核心所在,在该过程中,参与者彼此间交互的是量化后的信息而不是连续的数据，它们通过利用邻居节点传来的量化信息完成对目标轨迹在此时刻的估计以及下一时刻的预测。

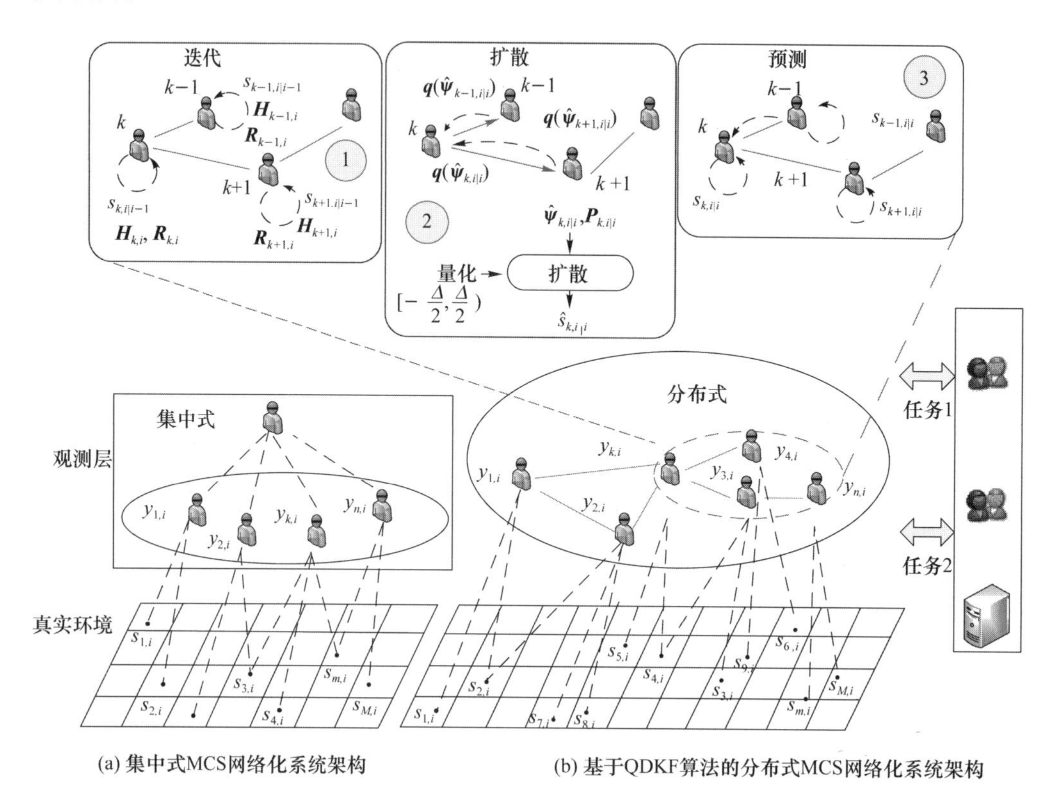

图 4-1 移动群智感知网络化系统架构

4.3 移动群智感知网络化系统描述

本节主要建立几个基础的模型，包括网络系统模型、网络通信模型以及抖动量化模型。本章涉及的主要参数及含义如表 4-1 所示。

表 4-1 主要参数及定义

参数	定义
$\boldsymbol{x}_i$	第 i 次迭代时真实环境中的目标状态值
$\boldsymbol{y}_{k,i}$	第 i 次迭代时参与者 k 的观测值
$\boldsymbol{y}_i$	第 i 次迭代时全部观测值的集合
$\boldsymbol{F}_i$	第 i 次迭代时稀疏本地状态矩阵
$\boldsymbol{G}_i$	第 i 次迭代时状态噪声矩阵

续表

参数	定义
$\boldsymbol{u}_i$	第 i 次迭代时的状态噪声
$\boldsymbol{v}_{k,i}$	第 i 次迭代时参与者 k 的本地观测噪声
$\boldsymbol{v}_i$	第 i 次迭代时的本地观测噪声
$\boldsymbol{R}_i$	第 i 次迭代时 $\boldsymbol{v}_i$ 的协方差
$\boldsymbol{Q}_i$	第 i 次迭代时 $\boldsymbol{u}_i$ 的协方差
$\boldsymbol{P}_{k,i\|j}$	在参与者 k 处前 j 次迭代后对 i 时刻的估计误差的协方差值
$\boldsymbol{H}_{k,i}$	第 i 次迭代时在观测者 k 处的观测矩阵
$\boldsymbol{H}_i$	第 i 次迭代时的全局观测矩阵
$\boldsymbol{K}_i$	第 i 次迭代时的卡尔曼增益
$c_{l,k}$	参与者 l 和 k 之间的权重系数
$\boldsymbol{C}$	权重系数 $c_{l,k}$ 组成的矩阵
$\boldsymbol{q}(x)$	x 值经量化模型量化后的值
$\boldsymbol{q}^{\dagger}(x)$	受量化过程影响后的准量化值
ε、e	量化误差、量化噪声
$\hat{\boldsymbol{x}}_{k,i\|i-1}$	参与者 k 在 $i-1$ 时刻对 i 时刻状态值的估计值
$\tilde{\boldsymbol{x}}_{k,i\|i-1}$	参与者 k 在 $i-1$ 时刻对 i 时刻状态值的估计误差
$\hat{\boldsymbol{\psi}}_{k,i\|i}$	第 i 次迭代时参与者 k 对状态值的中间估计值
$\tilde{\boldsymbol{\psi}}_{k,i\|i}$	第 i 次迭代时参与者 k 对状态值的中间估计误差
MSD	均方差
MSE	均方误差

4.3.1 网络模型

1. 网络系统模型

考虑如下状态方程与观测方程：

$$\boldsymbol{x}_{i+1}=\boldsymbol{F}_i\boldsymbol{x}_i+\boldsymbol{G}_i\boldsymbol{u}_i+\boldsymbol{w}_i \tag{4-1}$$

$$\boldsymbol{y}_i=\boldsymbol{H}_i\boldsymbol{x}_i+\boldsymbol{v}_i \tag{4-2}$$

其中，$\boldsymbol{x}_i$ 代表 i 时刻的物体真实状态值；$\boldsymbol{y}_i$ 代表 i 时刻的系统观测向量；$\boldsymbol{F}_i$、$\boldsymbol{G}_i$、$\boldsymbol{H}_i$ 分别为系统的状态矩阵、状态噪声矩阵以及观测矩阵，这些矩阵能够准确地反映一个状态预测系统。另外，$\boldsymbol{u}_i$、$\boldsymbol{v}_i$ 代表状态噪声和观测噪声，正是有了这些噪声的存在，才有了针对削弱这些噪声影响的卡尔曼滤波算法。此处假设这两个噪声是高斯白噪声,即都服从标准正态分布,且彼此相互独立,并与状态值 $\boldsymbol{x}_i$ 相互独立。需要注意的是,在观测方程中,各个矩阵实际上都是各个观测点对应的值的一个列矩阵,即

$$\boldsymbol{y}_i=\begin{pmatrix}\boldsymbol{y}_{1,i}\\ \vdots \\ \boldsymbol{y}_{k,i}\\ \vdots \\ \boldsymbol{y}_{N,i}\end{pmatrix},\quad \boldsymbol{H}_i=\begin{pmatrix}\boldsymbol{H}_{1,i}\\ \vdots \\ \boldsymbol{H}_{k,i}\\ \vdots \\ \boldsymbol{H}_{N,i}\end{pmatrix},\quad \boldsymbol{v}_i=\begin{pmatrix}\boldsymbol{v}_{1,i}\\ \vdots \\ \boldsymbol{v}_{k,i}\\ \vdots \\ \boldsymbol{v}_{N,i}\end{pmatrix} \tag{4-3}$$

其中,N 表示网络系统中节点的数量;$k\in(1,2,\cdots,N)$表示第 k 个节点。

基于以上的分析,用 $\hat{\boldsymbol{x}}_{i|j}$ 表示给了前 j 时刻观测值后 i 时刻的状态值 $\boldsymbol{x}_i$ 的估计值。令 $\tilde{\boldsymbol{x}}_{i|j}=\boldsymbol{x}_i-\hat{\boldsymbol{x}}_{i|j}$ 表示此时的估计误差值,从而 $\boldsymbol{P}_{i|j}=E\tilde{\boldsymbol{x}}_{i|j}\tilde{\boldsymbol{x}}_{i|j}^*$ 表示估计误差的协方差值,其中 E 表示对一个变量求期望值,$*$ 表示变量的共轭转置。因此,令初始值 $\hat{x}_{0|1}=0$, $P_{0|-1}=\Pi_0$,可给出卡尔曼滤波算法的具体过程。

迭代修正过程:

$$\begin{aligned}\boldsymbol{K}_i&=\boldsymbol{P}_{i|i-1}\boldsymbol{H}_i^*\ (\boldsymbol{R}_i+\boldsymbol{H}_i\boldsymbol{P}_{i|i-1}\boldsymbol{H}_i^*)^{-1}\\ \hat{\boldsymbol{x}}_{i|i}&=\hat{\boldsymbol{x}}_{i|i-1}+\boldsymbol{K}_i(\boldsymbol{y}_i-\boldsymbol{H}_i\hat{\boldsymbol{x}}_{i|i-1})\\ \boldsymbol{P}_{i|i}&=\boldsymbol{P}_{i|i-1}-\boldsymbol{K}_i\boldsymbol{H}_i\boldsymbol{P}_{i|i-1}\end{aligned} \tag{4-4}$$

时间修正过程:

$$\begin{aligned}\hat{\boldsymbol{x}}_{i+1|i}&=\boldsymbol{F}_i\hat{\boldsymbol{x}}_{i|i}+\boldsymbol{u}_i\\ \boldsymbol{P}_{i+1|i}&=\boldsymbol{F}_i\boldsymbol{P}_{i|i}\boldsymbol{F}_i^*+\boldsymbol{G}_i\boldsymbol{Q}_i\boldsymbol{G}_i^*\end{aligned}$$

2. 网络通信模型

在实际应用中,网络通信模型十分重要。在本研究的场景中,通信模型主要需要考虑两个方面:一方面是通信稳定性问题,由于研究是在移动群智网络化系统下进行的,因此需要考虑如何保证移动环境下的稳定通信;另一方面是在实际通信过程中需要用到的协议问题,即协议需要具备哪些性质才能保证算法的顺利实现。下面就这两方面进行详细讨论。

为了更好地表示网络通信模型,我们将该系统抽象为一个无向、简单连通图 $G(N,E)$,其中 N 表示参与者的集合,E 表示参与者之间的通信链路集合。针对第一方面,即通信稳定性问题,第 3 章已经给出了详细论证,通过第 3 章给出的 DKFDT 算法可以得知,在

动态拓扑模型下,即使通信链路连通概率仅为 0.1,扩散性卡尔曼滤波算法依然有着良好的稳定性表现以及快速的收敛性。

针对第二方面的问题,需要参与者在观测层实时交互彼此的信息,这就需要所采用通信协议具备如下特性:低时延、可靠性、同步性。基于这三点特性的需求,考虑采用 gossip 通信协议。gossip 通信协议最初常用于点对点网络通信中,是模拟人类中传播谣言的行为而来的。这个协议实现简单,组网规模几乎不受限制,通信性能好。这个协议从设计开始就没想到信息一定要传递给所有的节点,但是随着时间的增长,在最终的某一时刻,全网会得到相同的信息,即通信能够达到最终一致性。

另外,值得注意的是,在该系统下即使有些参与者没有工作,或者有参与者随时加入该任务中(在网络拓扑中表现为有的点失效或者有新的点加入),该协议经过一段时间后,也可以使所有的参与者获取相同的状态估计值。也就是说,该通信模型对于分布式系统具有极高的容错性。

4.3.2　抖动量化模型

在分布式状态估计算法的研究中,已经有大量的文献针对分布式状态估计问题的量化信息交互进行了研究。Sun 等人将卡尔曼滤波算法中的观测信息进行量化,并基于能耗模型针对该算法估计值的准确性进行了讨论。Msechu 等人基于 AdHoc 网络,也介绍了两个卡尔曼算法的量化方案。Sapriel 提出了一种基于总传输能耗的最优量化方法。同样,Li 等人也提出了一个分布式的量化观测信息的方案,在该方案中,每一个节点都能够根据不同的量化阈值来调整它们对目标的估计值。

上述问题也引起了分布式状态估计算法中对量化信息的研究,Sun 等人提出了一种考虑能耗量化的卡尔曼滤波算法,并针对估计值的准确性进行了讨论。所有的这些研究都是对传统卡尔曼滤波以及分布式状态估计算法的观测信息进行量化后的适当改进,并不能够很好地适用于 MCS 网络化系统。

基于以上分析,本章提出使用基于扩散性策略的卡尔曼滤波算法来研究分布式 MCS 网络化系统下的量化信息问题。本章采用 Gary 等人的抖动量化方法来构建量化模型,详细的量化过程如下所述。

首先,将一个随机的抖动变量 τ 加到待量化的 x 值上。然后,采用统一的量化步长 Δ 对 x 进行量化,其中有限的量化表定义如下:

$$Q=\{k\Delta \mid k\in\mathbb{Z}\} \tag{4-5}$$

基于(4-5)的定义，定义量化函数 $q(\cdot):\mathbb{R}\to Q$ 为

$$q(x)=k\Delta,\quad \left(k-\frac{1}{2}\right)\Delta\leqslant x+\tau\leqslant\left(k+\frac{1}{2}\right)\Delta \tag{4-6}$$

从而量化误差 ε 和量化噪声 e 可分别表示如下：

$$\varepsilon=q(x)-(x+\tau),\quad e=q(x)-x \tag{4-7}$$

需要注意的是，量化误差 ε 和量化噪声 e 并不是相同的值，只有当抖动量化模型包含减法器时两者的值才相等。为了使该模型更加实际，本书将采取非负的抖动系统。

另外，如果抖动变量 τ 满足 Schuchman 条件，那么量化噪声 e 将正好服从区间 $\left[-\frac{\Delta}{2},\frac{\Delta}{2}\right)$ 上的均匀独立同分布且与输入值 x 独立。而要想使得 τ 满足 Schuchman 条件，需要 τ 也为区间 $\left[-\frac{\Delta}{2},\frac{\Delta}{2}\right)$ 上的均匀独立同分布。在抖动量化模型中，假设此条件成立。

4.4 可量化分布式自适应算法

4.4.1 基于本地信息交互的扩散性卡尔曼滤波算法

扩散性卡尔曼滤波算法的过程为：网络中的节点通过一系列卡尔曼迭代过程与数据聚合过程完成与邻居节点的信息交互与在整个网络对该信息的扩散。该算法主要包含两个过程，即本地信息的交互过程以及向全网的信息扩散过程。基于此，本节提出基于本地信息交互的扩散性卡尔曼滤波算法，该算法只考虑本地信息交互的过程，而忽略全局网络信息扩散过程。这是因为在 MCS 网络中，本地间的信息交互要远远比全局的信息交互更加实用，这样可以减少大量的通信过程从而节省参与者智能设备上的资源消耗。

因此，根据式(4-4)的卡尔曼滤波算法，只要将邻居节点间的信息扩散过程加到迭代修正过程中便得到了基于本地信息交互的扩散性卡尔曼滤波算法(Diffusion Kalman Filter Algorithm with Local Information Exchange，LDKF)，算法的具体流程如下。

算法 4-1 基于本地信息交互的扩散性卡尔曼滤波算法(LDKF 算法)

考虑系统状态预测方程(4-1)和(4-2),令所有点 k 的初始值都为 $\hat{x}_{k,0|1}=Ex_0=0$,$P_{k,0|1}=\Pi_0$。对于每一时刻 i,重复以下步骤。

步骤 1:迭代修正

$$\boldsymbol{K}_{l,i}=\boldsymbol{P}_{k,i|i-1}\boldsymbol{H}_{l,i}^{*}(\boldsymbol{R}_{l,i}+\boldsymbol{H}_{l,i}\boldsymbol{P}_{k,i|i-1}\boldsymbol{H}_{l,i}^{*})^{-1}$$

$$\hat{\boldsymbol{x}}_{k,i|i}=\hat{\boldsymbol{x}}_{k,i|i-1}+\sum_{l\in N_k}\boldsymbol{K}_{l,i}(\boldsymbol{y}_{l,i}-\boldsymbol{H}_{l,i}\hat{\boldsymbol{x}}_{k,i|i-1})$$

$$\boldsymbol{P}_{k,i|i}=\boldsymbol{P}_{k,i|i-1}-\boldsymbol{K}_{l,i}\boldsymbol{H}_{l,i}\boldsymbol{P}_{k,i|i-1}$$

步骤 2:预测修正

$$\hat{\boldsymbol{x}}_{k,i+1|i}=\boldsymbol{F}_i\hat{\boldsymbol{x}}_{k,i|i}$$

$$\boldsymbol{P}_{k,i+1|i}=\boldsymbol{F}_i\boldsymbol{P}_{k,i|i}\boldsymbol{F}_{k,i}^{*}+\boldsymbol{G}_i\boldsymbol{Q}_{k,i}\boldsymbol{G}_i^{*}$$

4.4.2 基于量化信息交互的扩散性卡尔曼滤波算法

为了使所提算法更具有一般性,此处针对 DKF 算法进行量化,而 LDKF 算法的量化过程可以看作其中的一个子部分,不展开叙述。为了方便讨论,在这里将 DKF 算法重新给出,如算法 4-2 所示。

算法中各个符号的含义在前面的章节已有过详细解释,这里不再重复。通过算法 4-2 可知,在 DKF 实现过程中,参与者间交互的信息主要为观测值 $\boldsymbol{y}_{l,i}$、观测矩阵 $\boldsymbol{H}_{l,i}$ 以及观测噪声误差协方差 $\boldsymbol{R}_{l,i}$。其中,由于观测者往往都是对观测目标直接进行观测,因此观测矩阵为单位矩阵,不需要进行量化。而对于观测噪声,误差协方差是所提算法本身想尽量削弱的值,对其进行量化只会增大噪声误差的影响。因此,在整个算法执行过程中,主要对观测值 $\boldsymbol{y}_{l,i}$ 进行量化。除此之外,中间状态估计值 $\hat{\boldsymbol{\psi}}_{l,i|i}$ 在扩散到邻居节点的过程中也需要进行量化处理。

算法 4-2 扩散性卡尔曼滤波算法(DKF 算法)

考虑系统状态预测方程(4-1)和(4-2),令所有点 k 的初始值都为 $\hat{x}_{k,0|-1}=Ex_0=0$,$P_{k,0|-1}=\Pi_0$。对于每一时刻 i,重复以下步骤。

步骤 1:迭代修正

$$\boldsymbol{K}_{l,i}=\boldsymbol{P}_{k,i|i-1}\boldsymbol{H}_{l,i}^{*}(\boldsymbol{R}_{l,i}+\boldsymbol{H}_{l,i}\boldsymbol{P}_{k,i|i-1}\boldsymbol{H}_{l,i}^{*})^{-1}$$

$$\hat{\boldsymbol{x}}_{k,i|i}=\hat{\boldsymbol{x}}_{k,i|i-1}+\sum_{l\in N_k}\boldsymbol{K}_{l,i}(\boldsymbol{y}_{l,i}-\boldsymbol{H}_{l,i}\hat{\boldsymbol{x}}_{k,i|i-1})$$

$$\boldsymbol{P}_{k,i|i}=\boldsymbol{P}_{k,i|i-1}-\boldsymbol{K}_{l,i}\boldsymbol{H}_{l,i}\boldsymbol{P}_{k,i|i-1}$$

步骤 2:扩散修正

$$\hat{\boldsymbol{x}}_{k,i|i}=\sum_{l\in N_k}c_{l,k}\hat{\boldsymbol{\Psi}}_{l,i|i}$$

步骤 3:预测修正

$$\hat{\boldsymbol{x}}_{k,i+1|i}=\boldsymbol{F}_i\hat{\boldsymbol{x}}_{k,i|i}$$

$$\boldsymbol{P}_{k,i+1|i}=\boldsymbol{F}_i\boldsymbol{P}_{k,i|i}\boldsymbol{F}_{k,i}^{*}+\boldsymbol{G}_i\boldsymbol{Q}_{k,i}\boldsymbol{G}_i^{*}$$

基于以上分析,采用抖动量化模型对算法 4-2 中的 $\boldsymbol{y}_{l,i}$、$\hat{\boldsymbol{\psi}}_{l,i|i}$进行量化,从而得到 $\boldsymbol{q}(\boldsymbol{y}_{l,i})$、$\boldsymbol{q}(\hat{\boldsymbol{\psi}}_{l,i|i})$。此时的估计误差协方差矩阵则有如下形式:

$$\begin{aligned}\boldsymbol{q}(\boldsymbol{P}_{k,i|i})&=E'\{E[(\boldsymbol{x}_i-\hat{\boldsymbol{x}}_{k,i|i})^2\mid \boldsymbol{q}(\hat{\boldsymbol{\psi}}_{l,i|i}),\varepsilon_{\boldsymbol{\psi}_{l,i|i}}]\}\\&\overset{(1)}{=}E'\Big(E\,(\boldsymbol{x}_i-\sum_{l\in N_k}c_{l,k}\boldsymbol{q}(\hat{\boldsymbol{\psi}}_{l,i|i}))^2\mid \boldsymbol{q}(\hat{\boldsymbol{\psi}}_{l,i|i}),\varepsilon_{\boldsymbol{\psi}_{l,i|i}}\Big)\\&\overset{(2)}{=}E\Big(\boldsymbol{x}_i-\sum_{l\in N_k}c_{l,k}\hat{\boldsymbol{\psi}}_{l,i|i}\Big)^2+E'\Big(\sum_{l\in N_k}c_{l,k}\varepsilon^2_{\boldsymbol{\psi}_{l,i|i}}\Big)\\&\overset{(3)}{=}\boldsymbol{P}_{k,i|i}+\frac{\Delta^2}{6}\end{aligned}\tag{4-8}$$

其中,$\varepsilon_{\hat{\boldsymbol{\psi}}_{l,i|i}}$是关于$\hat{\boldsymbol{\psi}}_{l,i|i}$的量化噪声,由式(4-7)可知,$\varepsilon_{\hat{\boldsymbol{\psi}}_{l,i|i}}=\boldsymbol{q}(\hat{\boldsymbol{\psi}}_{l,i|i})-\hat{\boldsymbol{\psi}}_{l,i|i}$;$E$ 是关于状态值、状态估计值的期望;E'只表示关于$\varepsilon_{\hat{\boldsymbol{\psi}}_{l,i|i}}$的期望,之所以这样表示是为了表明$\varepsilon_{\hat{\boldsymbol{\psi}}_{l,i|i}}$与$\hat{\boldsymbol{\psi}}_{l,i|i}$及$\boldsymbol{x}_i$是彼此独立的。式(4-8)中的第(2)步和第(3)步成立的证明过程如下。

在不产生歧义的前提下,为了表达方便,用符号$\boldsymbol{\phi}$代替$\hat{\boldsymbol{\psi}}_{l,i|i}$,于是式(4-8)中的第(1)步可以写为

$$\begin{aligned}&E'\Big[E\Big(\boldsymbol{x}_i-\sum_{l\in N_k}c_{l,k}\boldsymbol{q}(\boldsymbol{\phi})\Big)^2\mid \boldsymbol{q}(\boldsymbol{\phi}),\varepsilon_{\boldsymbol{\phi}}\Big]\\&=E'E\Big(\boldsymbol{x}_i-\sum_{l\in N_k}c_{l,k}(\boldsymbol{\phi}-\varepsilon_{\boldsymbol{\phi}})\Big)^2\end{aligned}\tag{4-9}$$

由于$\varepsilon_{\hat{\boldsymbol{\psi}}_{l,i|i}}$与$\boldsymbol{x}_i$是彼此独立的,因此式(4-9)可以表示为如下形式:

$$E\Big(x_i-\sum_{l\in N_k}c_{l,k}\boldsymbol{\phi}\Big)^2+E'\Big(\sum_{l\in N_k}\varepsilon_{\boldsymbol{\phi}}\Big)^2\tag{4-10}$$

其中第一项即为$\boldsymbol{P}_{k,i|i}$的表达式,

$$E\Big(\boldsymbol{x}_i-\sum_{l\in N_k}c_{l,k}\boldsymbol{\phi}\Big)^2=E(\boldsymbol{x}_i-\hat{\boldsymbol{x}}_{k,i|i})^2=E\tilde{\boldsymbol{x}}_{k,i|i}\tilde{\boldsymbol{x}}^{*}_{k,i|i}=\boldsymbol{P}_{k,i|i}\tag{4-11}$$

为了证明式(4-10)的第二项,先将其表达如下:

$$E'[\varepsilon_{\phi}|\boldsymbol{q}(\boldsymbol{\phi})]=E*[(\boldsymbol{q}(\boldsymbol{\phi})-\boldsymbol{\phi})^2|\boldsymbol{q}(\boldsymbol{\phi}),\boldsymbol{\phi}] \tag{4-12}$$

其中 E^* 是关于 $\boldsymbol{\phi}$ 的期望值。根据抖动量化模型可得

$$\boldsymbol{q}(\boldsymbol{\phi})-\Delta<\boldsymbol{\phi}<\boldsymbol{q}(\boldsymbol{\phi})+\Delta \tag{4-13}$$

令 $f_{\boldsymbol{\phi}}(\boldsymbol{\psi})$ 表示 $\boldsymbol{\phi}$ 的概率密度函数，于是根据期望值的定义，式(4-12)与如下公式等价：

$$\int_{\boldsymbol{q}(\boldsymbol{\phi})-\Delta}^{\boldsymbol{q}(\boldsymbol{\phi})+\Delta}(\boldsymbol{q}(\boldsymbol{\phi})-\boldsymbol{\psi})^2 f_{\boldsymbol{\phi}}(\boldsymbol{\psi}\mid\boldsymbol{q}(\boldsymbol{\phi}))\mathrm{d}\boldsymbol{\psi} \tag{4-14}$$

根据贝叶斯公式可得

$$\begin{aligned} f_{\boldsymbol{\phi}}(\boldsymbol{\psi}\mid\boldsymbol{q}(\boldsymbol{\phi})) &= \frac{\boldsymbol{P}(\boldsymbol{q}(\boldsymbol{\phi})\mid\boldsymbol{\phi}=\boldsymbol{\psi})\boldsymbol{P}(\boldsymbol{\phi}=\boldsymbol{\psi})}{\boldsymbol{P}(\boldsymbol{q}(\boldsymbol{\phi}))} \\ &= \begin{cases} \dfrac{1}{\Delta}\left(1-\dfrac{\boldsymbol{q}(\boldsymbol{\phi})-\boldsymbol{\psi}}{\Delta}\right), & \boldsymbol{q}(\boldsymbol{\phi})-\Delta<\boldsymbol{\psi}\leqslant\boldsymbol{q}(\boldsymbol{\phi}) \\ \dfrac{1}{\Delta}\left(1-\dfrac{\boldsymbol{\psi}-\boldsymbol{q}(\boldsymbol{\phi})}{\Delta}\right), & \boldsymbol{q}(\boldsymbol{\phi})<\boldsymbol{\psi}<\boldsymbol{q}(\boldsymbol{\phi})+\Delta \end{cases} \end{aligned} \tag{4-15}$$

于是，根据式(4-12)、式(4-14)，式(4-15)可以进一步表示为如下形式：

$$\begin{aligned} &E'[\varepsilon_{\boldsymbol{\phi}}\mid\boldsymbol{q}(\boldsymbol{\phi})] \\ &=\frac{1}{\Delta}\int_{\boldsymbol{q}(\boldsymbol{\phi})-\Delta}^{\Delta}(\boldsymbol{q}(\boldsymbol{\phi})-\boldsymbol{\psi})^2\left(1-\frac{\boldsymbol{q}(\boldsymbol{\phi})-\boldsymbol{\psi}}{\Delta}\right)\mathrm{d}\boldsymbol{\psi}+ \\ &\quad\frac{1}{\Delta}\int_{\Delta}^{\boldsymbol{q}(\boldsymbol{\phi})+\Delta}(\boldsymbol{q}(\boldsymbol{\phi})-\boldsymbol{\psi})^2\left(1-\frac{\boldsymbol{\psi}-\boldsymbol{q}(\boldsymbol{\varphi})}{\Delta}\right)\mathrm{d}\boldsymbol{\psi} \\ &=\left(-\frac{1}{3\Delta}(\boldsymbol{q}(\boldsymbol{\phi})-\boldsymbol{\psi})^3+\frac{1}{4\Delta^2}(\boldsymbol{q}(\boldsymbol{\phi})-\boldsymbol{\psi})^4\right)\Bigg|_{\boldsymbol{q}(\boldsymbol{\phi})-\Delta}^{\boldsymbol{q}(\boldsymbol{\phi})+\Delta} \\ &=\frac{1}{6}\Delta^2 \end{aligned} \tag{4-16}$$

于是式(4-8)得证。

基于以上公式，我们给出了基于量化信息交互的扩散性卡尔曼滤波算法(QDKF 算法)。其中，$\boldsymbol{q}(x)$表示 x 的量化值，而 $\boldsymbol{q}^{\dagger}(\cdot)$只表示因量化受到影响的值，并不代表该值是一个量化值。

算法 4-3 基于量化信息交互的扩散性卡尔曼滤波算法(QDKF 算法)

考虑系统状态预测方程(4-1)和(4-2)，令所有点 k 的初始值都为 $\hat{x}_{k,0|-1}=Ex_0=0$，$P_{k,0|-1}=\Pi_0$。对于每一时刻 i，重复以下步骤。

步骤 1：迭代修正

$$\boldsymbol{K}_{l,i}=\boldsymbol{P}_{k,i|i-1}\boldsymbol{H}_{l,i}^*(\boldsymbol{R}_{l,i}+\boldsymbol{H}_{l,i}\boldsymbol{P}_{k,i|i-1}\boldsymbol{H}_{l,i}^*)^{-1}$$

$$\hat{\boldsymbol{\psi}}_{k,i|i}=\hat{\boldsymbol{x}}_{k,i|i-1}+\sum_{l\in N_k}\boldsymbol{K}_{l,i}\left[\boldsymbol{q}(\boldsymbol{y}_{l,i})-\boldsymbol{H}_{l,i}\hat{\boldsymbol{x}}_{k,i|i-1}\right]$$

$$\boldsymbol{P}_{k,i|i}=\boldsymbol{P}_{k,i|i-1}-\boldsymbol{K}_{l,i}\boldsymbol{H}_{l,i}\boldsymbol{P}_{k,i|i-1}$$

步骤 2:扩散修正

$$\boldsymbol{q}^{\dagger}(\hat{\boldsymbol{x}}_{k,i|i})=\sum_{l\in N_k}c_{l,k}\boldsymbol{q}(\hat{\boldsymbol{\psi}}_{l,i|i})$$

$$\boldsymbol{q}^{\dagger}(\boldsymbol{P}_{k,i|i})=E(\boldsymbol{x}_i-\hat{\boldsymbol{x}}_{k,i|i})=\boldsymbol{P}_{k,i|i}+\frac{\Delta^2}{6}$$

步骤 3:预测修正

$$\hat{\boldsymbol{x}}_{k,i+1|i}=\boldsymbol{F}_i\boldsymbol{q}^{\dagger}(\hat{\boldsymbol{x}}_{k,i|i})$$

$$\boldsymbol{P}_{k,i+1|i}=\boldsymbol{F}_i\boldsymbol{q}^{\dagger}(\boldsymbol{P}_{k,i|i})\boldsymbol{F}_{k,i}^{*}+\boldsymbol{G}_i\boldsymbol{Q}_{k,i}\boldsymbol{G}_i^{*}$$

下面对 QDKF 算法进行详细解释,该算法共可以分为三大步。

首先,在时刻 i,节点 k 从其邻居节点获取相关的信息,包含量化后的观测值 $\boldsymbol{q}(\boldsymbol{y}_{l,i})$、观测矩阵 $\boldsymbol{H}_{l,i}$ 以及噪声协方差 $\boldsymbol{R}_{l,i}$。通过这些信息,运用算法 4-3 中的步骤 1 对上一时刻的估计值 $\hat{\boldsymbol{x}}_{k,i|i-1}$ 和估计误差协方差值 $\boldsymbol{P}_{k,i|i-1}$ 进行迭代修正,从而得到中间值 $\hat{\boldsymbol{\psi}}_{k,i|i}$、$\boldsymbol{P}_{k,i|i}$。需要注意的是,在 i 时刻,网络中所有的节点都同节点 k 一样完成算法 4-3 中的步骤 1。

其次,在所有节点都完成迭代修正以后,便进入扩散修正过程。在这个阶段,节点 k 重新根据扩散权重系数 $c_{l,k}$ 从相邻节点 l 处获取其在步骤 1 修正完成的中间估计值 $\hat{\boldsymbol{\psi}}_{l,i|i}$,并利用抖动量化模型对其进行量化处理。其中,扩散权重系数是扩散算法中一个比较重要的参数,其组成的扩散矩阵是一个左随机矩阵,即矩阵中各列元素的和均为 1。该扩散权重系数根据不同的规则有不同的取值,扩散权重系数的合理选取可以使得算法性能表现更好,详细介绍参见第 2.3.1 节。同样,所有的节点都同时进行该过程。

最后,在预测修正过程中,根据(4-1)的状态方程,i 时刻的估计值 $\boldsymbol{q}^{\dagger}(\hat{\boldsymbol{x}}_{k,i|i})$ 对 $i+1$ 时刻的状态值进行预测并修正可得到 $\hat{\boldsymbol{x}}_{k,i+1|i}$,同时下一时刻的状态误差协方差值 $\boldsymbol{P}_{k,i+1|i}$ 也可以由此时刻的 $\boldsymbol{P}_{k,i|i}$ 值预测得到。这样就可以继续进行步骤 1 的操作,如此不停地重复整个算法的迭代、扩散、预测过程,便可完成对目标状态值的实时准确估计预测。

通过将扩散的信息进行量化,能够大大减少节点的能量和资源消耗。虽然量化过程会带来新的噪声影响,但是可以通过全网各节点的相互协作来削弱该噪声的影响。另外,量化也会对算法的稳定性和收敛性带来影响,接下来将分别从算法的估计误差均值和估计误差均方值两方面来进行分析。

4.4.3 算法性能分析

为了对估计误差均值和估计误差均方值进行分析，同第 3.4.2 节一样，先对各个值的估计误差进行定义。估计误差 $\tilde{\boldsymbol{\psi}}_{k,i|i}$、$\tilde{\boldsymbol{x}}_{k,i|i-1}$ 如下所示：

$$\tilde{\boldsymbol{\psi}}_{k,i|i}=\boldsymbol{x}_i-\hat{\boldsymbol{\psi}}_{k,i|i} \tag{4-17}$$

$$\tilde{\boldsymbol{x}}_{k,i|i-1}=\boldsymbol{x}_i-\hat{\boldsymbol{x}}_{k,i|i-1} \tag{4-18}$$

根据式(4-17)，式(4-18)可以进一步表示为：

$$\begin{aligned}\tilde{\boldsymbol{\psi}}_{k,i|i}&=\boldsymbol{x}_i-\hat{\boldsymbol{\psi}}_{k,i|i}\\&=\tilde{\boldsymbol{x}}_{k,i|i-1}+\sum_{l\in N_k}\boldsymbol{K}_{l,i}[\boldsymbol{H}_{l,i}\tilde{\boldsymbol{x}}_{k,i|i-1}+\boldsymbol{\mu}_{l,i}]\\&=(\boldsymbol{I}-\sum_{l\in N_k}\boldsymbol{K}_{l,i}\boldsymbol{H}_{l,i})\tilde{\boldsymbol{x}}_{k,i|i-1}-\sum_{l\in N_k}\boldsymbol{K}_{l,i}\boldsymbol{\mu}_{l,i}\end{aligned} \tag{4-19}$$

其中，$\boldsymbol{\mu}_{l,i}=\boldsymbol{v}_{l,i}-\boldsymbol{\varepsilon}_{\boldsymbol{y}_{l,i}}$。式(4-19)中第二个等号成立是根据式(4-2)而来的，具体的证明过程如下。

将算法 4-3 中 $\hat{\boldsymbol{\psi}}_{k,i|i}$ 的表达式代入可得

$$\begin{aligned}\tilde{\boldsymbol{\psi}}_{k,i|i}&=\boldsymbol{x}_i-\hat{\boldsymbol{\psi}}_{k,i|i}\\&=\boldsymbol{x}_i-\Big(\hat{\boldsymbol{x}}_{k,i|i-1}+\sum_{l\in N_k}\boldsymbol{K}_{l,i}(\boldsymbol{q}(\boldsymbol{y}_{l,i})-\boldsymbol{H}_{l,i}\hat{\boldsymbol{x}}_{k,i|i-1})\Big)\end{aligned} \tag{4-20}$$

其中，

$$\boldsymbol{q}(\boldsymbol{y}_{l,i})=\boldsymbol{y}_{l,i}-\boldsymbol{\varepsilon}_{\boldsymbol{y}_{l,i}},\quad \hat{\boldsymbol{x}}_{k,i|i-1}=\boldsymbol{x}_i-\tilde{\boldsymbol{x}}_{k,i|i-1} \tag{4-21}$$

将式(4-20)和式(4-21)代入式(4-19)可得

$$\begin{aligned}\tilde{\boldsymbol{\psi}}_{k,i|i}&=\boldsymbol{x}_i-\hat{\boldsymbol{\psi}}_{k,i|i}\\&=\tilde{\boldsymbol{x}}_{k,i|i-1}+\sum_{l\in N_k}\boldsymbol{K}_{l,i}(\boldsymbol{H}_{l,i}\tilde{\boldsymbol{x}}_{k,i|i-1}+\boldsymbol{v}_{l,i}-\boldsymbol{\varepsilon}_{\boldsymbol{y}_{l,i}})\end{aligned} \tag{4-22}$$

证明完毕。

将式(4-19)代入算法 4-3 中的扩散修正过程，并结合抖动量化模型可得

$$\begin{aligned}\boldsymbol{q}^{\dagger}(\tilde{\boldsymbol{x}}_{k,i|i})&=\sum_{l\in N_k}c_{l,k}(\boldsymbol{\psi}_{l,i|i}+\boldsymbol{\varepsilon}_{\hat{\boldsymbol{\psi}}_{l,i|i}})\\&=\sum_{l\in N_k}c_{l,k}\Big[(\boldsymbol{I}-\sum_{j\in N_l}\boldsymbol{K}_{j,i}\boldsymbol{H}_{j,i})\boldsymbol{x}_{k,i|i-1}-\sum_{j\in N_l}\boldsymbol{K}_{j,i}\boldsymbol{\mu}_{j,i}+\boldsymbol{\varepsilon}_{\hat{\boldsymbol{\psi}}_{l,i|i}}\Big]\end{aligned} \tag{4-23}$$

其中，式(4-23)第一个等号成立的具体证明如下。

根据算法 4-4 的扩散修正过程可得

$$\begin{aligned} \boldsymbol{q}^{\dagger}(\boldsymbol{x}_{k,i|i}) &= \boldsymbol{x}_i - \boldsymbol{q}^{\dagger}(\hat{\boldsymbol{x}}_{k,i|i}) \\ &= \boldsymbol{x}_i - \sum_{l \in N_k} c_{l,k}\boldsymbol{q}(\hat{\boldsymbol{\psi}}_{l,i|i}) \\ &= \boldsymbol{x}_i - \sum_{l \in N_k} c_{l,k}(\hat{\boldsymbol{\psi}}_{l,i|i} - \boldsymbol{\varepsilon}_{\hat{\boldsymbol{\psi}}_{l,i|i}}) \end{aligned} \tag{4-24}$$

其中,由于扩散权重矩阵具有左随机矩阵的特点,即 $\sum_{l \in N_k} c_{l,k} = 1$,因此 $\boldsymbol{x}_i = \sum_{l \in N_k} c_{l,k}\boldsymbol{x}_i$。于是,

$$\sum_{l \in N_k} c_{l,k}\boldsymbol{x}_i - \sum_{l \in N_k} c_{l,k}(\hat{\boldsymbol{\psi}}_{l,i|i} - \boldsymbol{x}_{\hat{\boldsymbol{\psi}}_{l,i|i}}) = \sum_{l \in N_k} c_{l,k}(\tilde{\boldsymbol{\psi}}_{l,i|i} + \boldsymbol{x}_{\hat{\boldsymbol{\psi}}_{l,i|i}}) \tag{4-25}$$

证明完毕。

1. 估计误差均值

根据算法 4-3 和式(4-1),式(4-18)可进一步表达为

$$\tilde{\boldsymbol{x}}_{k,i|i-1} = \boldsymbol{F}_{i-1}\tilde{\boldsymbol{x}}_{k,i-1|i-1} - \boldsymbol{G}_{i-1}\boldsymbol{u}_{i-1} \tag{4-26}$$

将式(4-26)代入式(4-24)且两边同时取期望值可得

$$\begin{aligned} E\tilde{\boldsymbol{x}}_{k,i|i} = &\sum_{l \in N_k} c_{l,k}\Big(\boldsymbol{I} - \sum_{j \in N_l}\boldsymbol{K}_{j,i}\boldsymbol{H}_{j,i}\Big)\boldsymbol{F}_i E\tilde{\boldsymbol{x}}_{k,i-1|i-1} - \\ &E\Big(\sum_{j \in N_l}\boldsymbol{K}_{j,i}\boldsymbol{\mu}_{j,i} + \varepsilon_{\hat{\boldsymbol{\psi}}_{l,i|i}} + \boldsymbol{G}_{i-1}\boldsymbol{u}_{i-1}\Big) \end{aligned} \tag{4-27}$$

在不产生歧义的前提下,为了表达简洁,这里用 $\tilde{\boldsymbol{x}}_{k,i|i}$ 代替 $\boldsymbol{q}^{\dagger}(\tilde{\boldsymbol{x}}_{k,i|i})$。

因为对于网络系统中的所有点都有起始值 $E\tilde{x}_{k,0|0} = 0$,且根据之前的假设可知,噪声信号 $\boldsymbol{\mu}_i$、$\boldsymbol{u}_{i-1}$ 和 $\boldsymbol{v}_i$ 都是高斯白噪声且彼此独立,所以很容易证明式(4-27)等于零。因此通过估计误差均值的分析可知,QDKF 算法是无偏的。

2. 估计误差均方值

为了对 QDKF 算法的稳定性和收敛性进行更好的分析,此处分别给出算法的均方差(MSD)和均方误差(Mean-Square Error,MSE),具体形式如下:

$$\mathrm{MSD}_{k,i} = E\|\boldsymbol{x}_i - \hat{\boldsymbol{x}}_{k,i|i}\|^2 \tag{4-28}$$

$$\mathrm{MSE}_{k,i} = E\|\boldsymbol{y}_{k,i} - \boldsymbol{H}_{k,i}\boldsymbol{x}_{k,i|i-1}\|^2 \tag{4-29}$$

两者均能用来对一个算法的稳定性进行分析,且两者之间有一定的内在联系,根据两者的定义,其存在内在关系如下:

$$\mathrm{MSE}_{k,i} = \mathrm{MSD}_{k,i-1} + \boldsymbol{R}_{k,i} \tag{4-30}$$

具体证明过程如下。

根据式(4-29)有

$$\begin{aligned}\mathrm{MSE}_{k,i} &= E\ \| \boldsymbol{y}_{k,i} - \boldsymbol{H}_{k,i}\hat{\boldsymbol{x}}_{k,i|i-1} \|^2 \\ &= E\ \| \boldsymbol{H}_{k,i}\boldsymbol{x}_i + \boldsymbol{v}_{k,i} - \boldsymbol{H}_{k,i}\hat{\boldsymbol{x}}_{k,i|i-1} \|^2 \\ &= E\ \| \boldsymbol{H}_{k,i}\widetilde{\boldsymbol{x}}_{k,i|i-1} \|^2 + E\ \| \boldsymbol{v}_{k,i} \|^2 \end{aligned} \tag{4-31}$$

由于大多数情况下都是对物体进行直接观测,因此观测矩阵是一个单位矩阵,因此有 $|\boldsymbol{H}_{k,i}| = \boldsymbol{I}$。从而

$$E\ \| \boldsymbol{H}_{k,i}\widetilde{\boldsymbol{x}}_{k,i|i-1} \|^2 = \mathrm{MSD}_{k,i-1} \tag{4-32}$$

同时,由于观测噪声是高斯白噪声,因此其期望值为0,即 $E\boldsymbol{v}_{k,i}=0$。从而

$$\begin{aligned}E\ \| \boldsymbol{v}_{k,i} \|^2 &= E(\boldsymbol{v}_i - E\boldsymbol{v}_{k,i})(\boldsymbol{v}_i - E\boldsymbol{v}_{k,i})^* \\ &= E\boldsymbol{v}_{k,i}\boldsymbol{v}_{k,i}^* \\ &= \boldsymbol{R}_{k,i}\end{aligned} \tag{4-33}$$

证明完毕。

综上,我们仅讨论 MSD 值的性能表现即可。依然采用全局变量的形式来对 MSD 进行研究,各个量的全局变量形式如下:

$$\begin{aligned}\widetilde{\boldsymbol{S}}_{i|i} &= \mathrm{col}\{\widetilde{\boldsymbol{s}}_{1,i|i},\cdots,\widetilde{\boldsymbol{s}}_{N,i|i}\} \\ \boldsymbol{\xi}_{y_i} &= \mathrm{col}\{\boldsymbol{\varepsilon}_{y_{1,i}},\cdots,\boldsymbol{\varepsilon}_{y_{N,i}}\} \\ \boldsymbol{\xi}_{\hat{\psi}_i} &= \mathrm{col}\{\boldsymbol{\varepsilon}_{\hat{\psi}_{1,i}},\cdots,\boldsymbol{\varepsilon}_{\hat{\psi}_{N,i}}\} \\ \boldsymbol{H}_i &= \mathrm{diag}\{\boldsymbol{H}_{1,i},\cdots,\boldsymbol{H}_{N,i}\} \\ \boldsymbol{K}_i &= \mathrm{diag}\{\boldsymbol{K}_{1,i},\cdots,\boldsymbol{K}_{N,i}\} \\ \boldsymbol{M}_i &= \mathrm{diag}\{\boldsymbol{M}_{1,i|i},\cdots,\boldsymbol{M}_{N,i|i}\}\end{aligned} \tag{4-34}$$

其中,$\boldsymbol{M}_{l,i|i} = \sum\limits_{j\in N_l}\boldsymbol{K}_{j,i}\boldsymbol{H}_{j,i}$。

另外,令 $\boldsymbol{C}=\boldsymbol{C}\otimes\boldsymbol{I}_M$,其中 $\boldsymbol{C}$ 是扩散权重矩阵,"$\otimes$"代表克罗内克积,即矩阵的张量运算,$\boldsymbol{I}_M$ 表示 M 维的单位方阵。因此式(4-23)的全局向量形式为:

$$\boldsymbol{X}_{i|i} = \boldsymbol{C}^{\mathrm{T}}(\boldsymbol{I}-\boldsymbol{M}_i)[(\boldsymbol{I}\otimes\boldsymbol{F}_{i-1})\boldsymbol{X}_{i-1|i-1} + (\boldsymbol{I}\otimes\boldsymbol{G}_{i-1})(1\otimes\boldsymbol{u}_{i-1})] - \boldsymbol{C}^{\mathrm{T}}(\boldsymbol{K}_i\boldsymbol{\mu}_i - \boldsymbol{\xi}_{\hat{\psi}_i}) \tag{4-35}$$

令

$$\begin{aligned}\boldsymbol{\mu}_i &= \boldsymbol{v}_i - \boldsymbol{\xi}_{y_i} \\ \boldsymbol{F}_i &= \boldsymbol{C}^{\mathrm{T}}(\boldsymbol{I}-\boldsymbol{M}_i)(\boldsymbol{I}\otimes\boldsymbol{F}_{i-1}) \\ \boldsymbol{G}_i &= \boldsymbol{C}^{\mathrm{T}}(\boldsymbol{I}-\boldsymbol{M}_i)(\boldsymbol{I}\otimes\boldsymbol{G}_{i-1}) \\ \boldsymbol{D}_i &= \boldsymbol{C}^{\mathrm{T}}\boldsymbol{K}_i\end{aligned} \tag{4-36}$$

式(4-35)进一步可以简化为

$$\widetilde{\boldsymbol{X}}_{i|i}=\boldsymbol{C}_i^{\mathrm{T}}[\boldsymbol{F}_i\widetilde{\boldsymbol{X}}_{i-1|i-1}+\boldsymbol{G}_i(\mathbf{1}\otimes\boldsymbol{n}_{i-1})-\boldsymbol{D}_i\boldsymbol{\mu}_i]+\boldsymbol{C}_i\boldsymbol{\xi}_{\hat{\boldsymbol{\psi}}_i} \tag{4-37}$$

其中,T 表示矩阵的转置,**1** 表示 $N\times1$ 维的元素全为 1 的矩阵。

令 $\boldsymbol{P}_{\widetilde{\boldsymbol{X}},i}=E\widetilde{\boldsymbol{X}}_{i|i}\widetilde{\boldsymbol{X}}_{i|i}^{*}$表示 $\widetilde{\boldsymbol{X}}_{i|i}$的协方差,令 $\boldsymbol{\zeta}=E\boldsymbol{\xi}_{\hat{\boldsymbol{\psi}}_i}\boldsymbol{\xi}_{\hat{\boldsymbol{\psi}}_i}^{*}$ 表示量化噪声的协方差。于是式(4-37)可以表示为

$$\boldsymbol{P}_{\widetilde{S},i}=\boldsymbol{F}_i\boldsymbol{P}_{\widetilde{S},i-1}\boldsymbol{F}_i^{*}+\boldsymbol{G}_i(\mathbf{1}\mathbf{1}^{\mathrm{T}}\otimes\boldsymbol{Q}_{i-1})\boldsymbol{G}_i^{*}+\boldsymbol{D}_i\boldsymbol{U}_i\boldsymbol{D}_i^{*}+\boldsymbol{C}^{\mathrm{T}}\boldsymbol{\zeta}\boldsymbol{C} \tag{4-38}$$

其中,$\boldsymbol{U}_i=E\boldsymbol{\mu}_i\boldsymbol{\mu}_i^{*}$。

为了分析算法的稳定性,我们采用与 Cattivelli 等人相同的假设,该假设对于保证算法的收敛性十分重要。从而式(4-36)可以表示为如下形式:

$$\begin{aligned}\boldsymbol{F}&=\lim_{i\to\infty}\boldsymbol{F}_i=\boldsymbol{C}^{\mathrm{T}}(\boldsymbol{I}-\boldsymbol{K}\boldsymbol{H})(\boldsymbol{I}\otimes\boldsymbol{F})\\ \boldsymbol{G}&=\lim_{i\to\infty}\boldsymbol{G}_i=\boldsymbol{C}^{\mathrm{T}}(\boldsymbol{I}-\boldsymbol{K}\boldsymbol{H})(\boldsymbol{I}\otimes\boldsymbol{G})\\ \boldsymbol{D}&=\lim_{i\to\infty}\boldsymbol{D}_i=\boldsymbol{C}^{\mathrm{T}}\boldsymbol{K}\end{aligned} \tag{4-39}$$

由 Cattivelli 等人的结论可知,矩阵 $\boldsymbol{F}$ 是稳定的,而矩阵 $\boldsymbol{C}^{\mathrm{T}}\boldsymbol{\zeta}\boldsymbol{C}$ 很容易被证明为埃尔米特矩阵。因此式(4-38)可以被看作李雅普诺夫方程的唯一解形式:

$$\boldsymbol{P}_{\widetilde{X}}=\boldsymbol{F}\boldsymbol{P}_{\widetilde{X}}\boldsymbol{F}^{*}+\boldsymbol{G}(\mathbf{1}\mathbf{1}^{\mathrm{T}}\otimes\boldsymbol{Q})\boldsymbol{G}^{*}+\boldsymbol{D}\boldsymbol{R}\boldsymbol{D}^{*}+\boldsymbol{C}^{\mathrm{T}}\boldsymbol{\zeta}\boldsymbol{C} \tag{4-40}$$

根据李雅普诺夫稳定性条件,很容易证明式(4-40)的收敛性和稳定性。

与第 3.3.2 节中的处理相同,最后 MSD 值的表达式如下:

$$\mathrm{MSD}_k=\lim_{i\to\infty}E\|\boldsymbol{x}_i-\hat{\boldsymbol{x}}_{k,i|i}\|^2=\mathrm{Tr}(\boldsymbol{P}_{\widetilde{X}}\boldsymbol{I}_k) \tag{4-41}$$

$$\mathrm{MSD}^{\mathrm{ave}}=\frac{1}{N}\mathrm{Tr}(\boldsymbol{P}_{\widetilde{X}}) \tag{4-42}$$

但这里的 $\boldsymbol{P}_{\widetilde{X}}$ 与第 3.3.2 节中的不同。

通过对估计误差均值和估计误差均方值进行分析,证明了 QDKF 算法的无偏性和稳定性。针对 QDKF 算法,下一节将通过仿真实验给出一个更加直观的评判。

4.5 移动群智感知对节点运动轨迹的预测及误差分析

4.5.1 实验环境设置

首先给出具有 8 个参与者的移动群智感知网络化系统,该网络化系统的简化拓扑图

如图 4-2 所示。其中,每一个节点代表一个参与者,节点间的连线代表它们之间的通信状态。在该网络中,假设各参与者通过彼此间相互协作共同来完成对一运动物体轨迹的估计与预测。为了对结果进行更好的描述,假定该运动物体做抛物线运动。在该仿真实验中,共有 5 种算法与 QDKF 算法进行对比,这 5 种算法分别为 DKF 算法、集中式卡尔曼滤波(Centralized Kalman Filter,CKF)算法、LDKF 算法、Jin 等人提出的 QGIKF 算法、Buhrmester 等人提出的 CIKF 算法。除此之外,仿真实验还对图 4-1(a)中的集中式 MCS 场景进行了模拟,并给出了对应的集中式卡尔曼滤波算法。

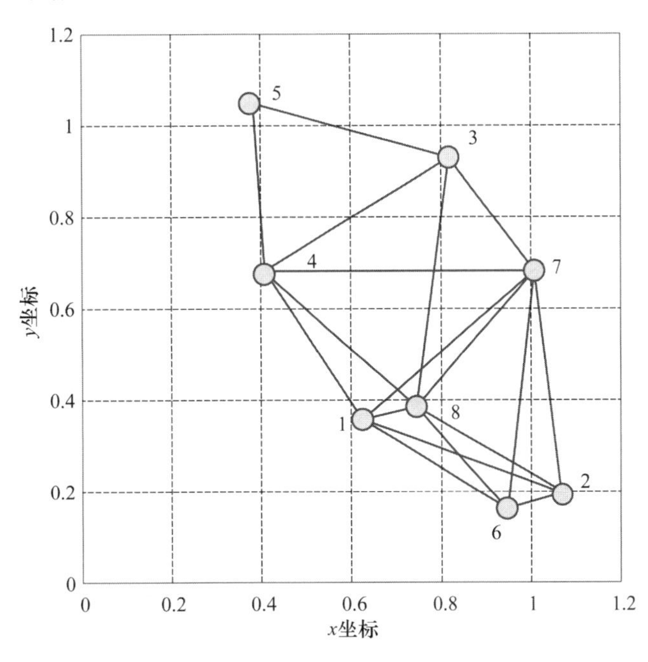

图 4-2 8 个参与者的网络拓扑图

仿真过程中的参数设定如下。

- 辅助参数:采样周期 $W=0.1$,重力系数 $g=10$,抛物角度 $\theta=\pi/3$。
- 状态向量维度:$M=4$。
- 初始抛物位置坐标:$x_0=1$,$y_0=30$。
- 初始速度值:$\boldsymbol{v}=15$,$\boldsymbol{v}_{x_0}=\boldsymbol{v}*\cos(\theta)$,$\boldsymbol{v}_{y_0}=v*\sin(\theta)$。
- 观测矩阵:$\boldsymbol{H}=\begin{pmatrix}1 & 0 & 0 & 0\\ 0 & 1 & 0 & 0\end{pmatrix}$。
- 状态矩阵:$\boldsymbol{F}=\begin{pmatrix}1 & 0 & W & 0\\ 0 & 1 & 0 & W\\ 0 & 0 & 1 & 0\\ 0 & 0 & 0 & 1\end{pmatrix}$。

- 噪声矩阵：$\boldsymbol{R}=0.05*\text{rand}(N,1)+0.01$，其中 rand($N$,1)表示取值范围为 0 到 1 的随机数。
- 状态噪声的协方差：$\boldsymbol{Q}=E\boldsymbol{v}_i$，其中，$\boldsymbol{v}_i$ 表示第 i 次迭代时的本地噪声向量集合，$\boldsymbol{v}_i^*=\boldsymbol{I}_4$。
- 初始的状态误差协方差矩阵：$\boldsymbol{P}_0=\boldsymbol{I}_4$。
- 迭代次数：$i=80$。
- 实验次数：Num_trial=100。

4.5.2 实验结果对比分析

1. 估计位置追踪

多个参与者通过彼此的协作对一做抛物线运动物体的轨迹进行估计预测，结果如图 4-3 所示。其中，图 4-3(a)给出了每一个节点所面临的观测噪声影响，参数的选定上一节已给出。假定各个节点间的噪声变量彼此间相互独立且服从高斯正态分布。图 4-3(b)给出了对轨迹的估计预测。由图 4-3 可以看出，尽管有着噪声的影响，但是通过参与者之间的彼此协作来尽量消除该噪声的影响，依然可以准确地对物体运动的轨迹进行估计预测。与此同时，图 4-3(b)还给出了 DKF 算法和 QDKF 算法的对比，通过对比可以发现，尽管量化后算法的表现性能有所下降，但是依然能够对目标轨迹进行较精准的预测，且误差在可接受范围之内，这在之后关于 MSD 和 MSE 的仿真中可以进一步说明。

2. 估计误差均方值的仿真结果

如前所述，均方差 MSD 和均方误差 MSE 是衡量一个算法性能表现的关键参数，MSD 主要用于反映真实状态值 $\boldsymbol{x}_i$ 和估计状态值 $\hat{\boldsymbol{x}}_i$ 之间的差异，而 MSE 能够反映真实的观测值与带有噪声的观测值之间的差异，这两个值分别从状态方程角度和观测方程角度反映了卡尔曼滤波算法的稳定性。各个算法的全网平均 MSD 值和全网平均 MSE 值分别如图 4-4、图 4-5 所示。从图 4-4 可以看出，除了 QGIKF 算法，其他算法都可以收敛。这是因为实验场景是一个动态实时的场景，而 QGIKF 算法并不适用于该场景。事实上，在该场景下，DKF 算法收敛速度极快，这表明该策略更加适用于动态实时系统。另外，通过对各个算法进行对比，可以得出如下几个结论。

(1) 量化过程只对 MSD 值大小有所影响，对算法的收敛性影响极小。从图 4-4 中可以看出，本章所提量化算法在达到稳定状态后，由于量化的应先，其 MSD 值要比未量化的算法大，但是收敛速度并没有受到影响。

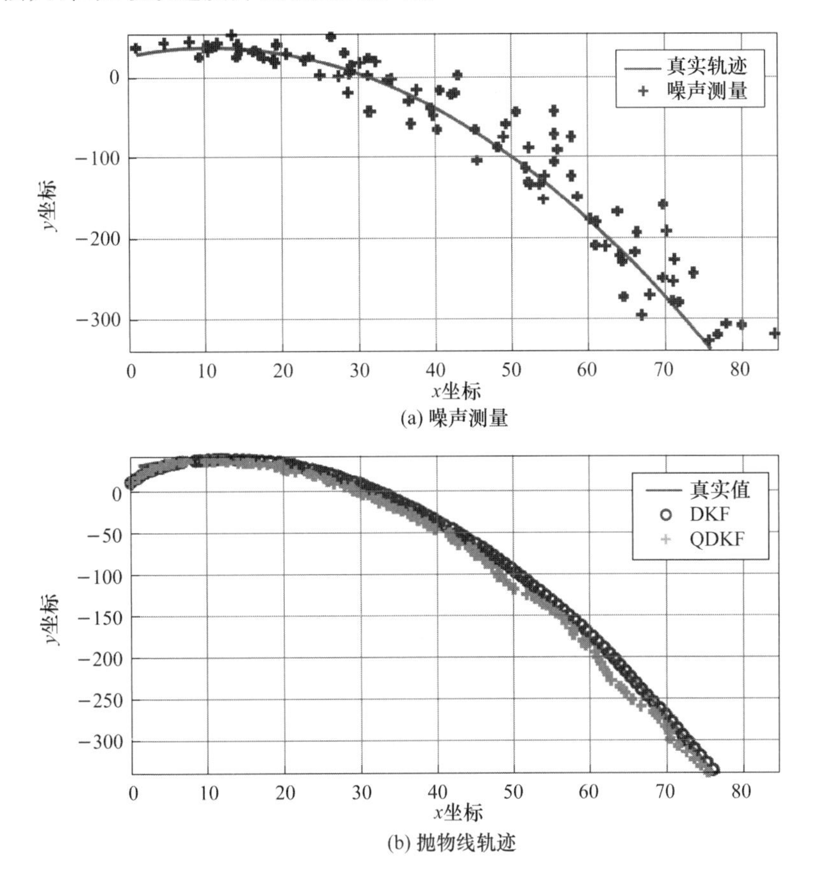

(a) 噪声测量

(b) 抛物线轨迹

彩图 4-3

图 4-3 噪声测量以及抛物线轨迹

(2) 基于本地信息交互的扩散性卡尔曼滤波算法（LDKF 算法）的性能表现与 DKF 算法性能表现十分相近，这从仿真角度印证了之前的结论，即在 MCS 场景下，本地信息的交互起到更加关键的作用，这样做可以进一步节省资源消耗。

(3) 在 MCS 网络化系统中，QDKF 算法虽然经过了量化的过程，但其 MSD 值的性能表现依然好于 CIKF 算法。这说明在该场景下 QDKF 算法能够取得一个很好的效果。

从图 4-5 可以看出，除了 QGIKF 算法外，所有算法的 MSE 值都十分接近，但是与 MSD 值相比，其值的抖动都普遍加大，这一点可以从式(4-30)得出。通过式(4-30)可以看出，此时刻的 MSE 值只比上一时刻的 MSD 值大了一个噪声协方差 $\boldsymbol{R}_{k,i}$，而该噪声协方差是一个服从高斯分布的值，且可以被看成一个量化噪声，即相当于其他的算法也加上了量化噪声。由于节点间的相互协作，各个算法最终都能削弱量化噪声的影响，从而在 MSE 值上的表现并没有太大差别。

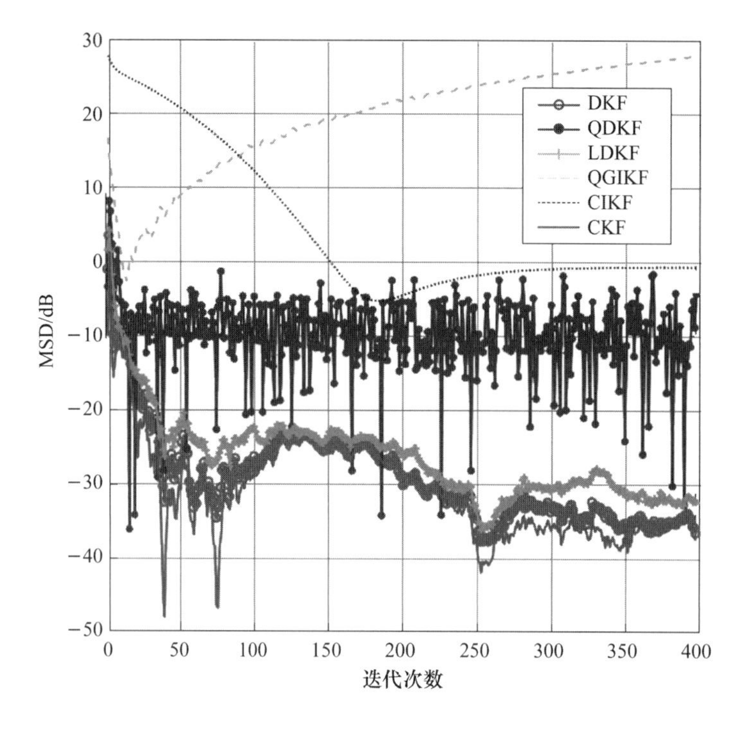

彩图 4-4

图 4-4　不同算法的全网平均 MSD 值

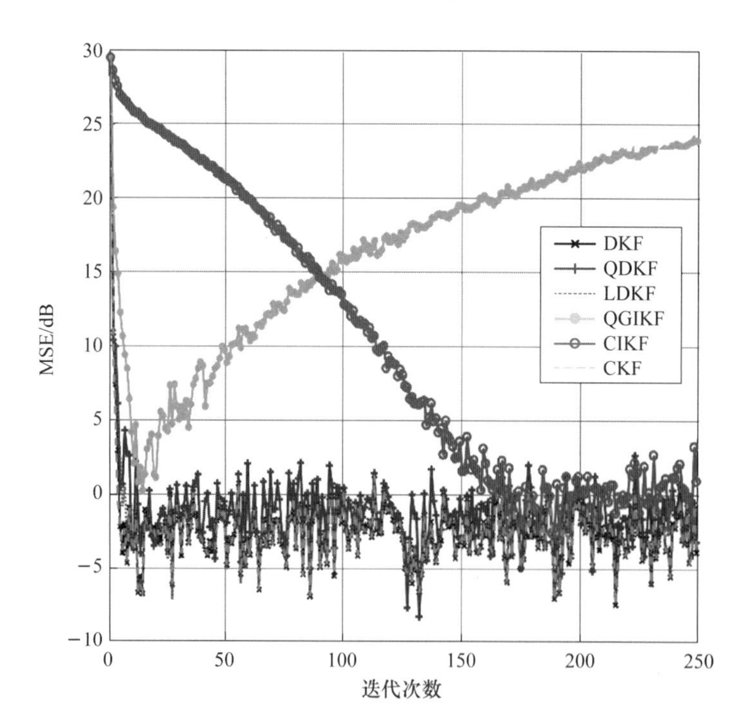

彩图 4-5

图 4-5　不同算法的全网平均 MSE 值

3. 本地 MSD 值的仿真结果

彩图 4-6

实验中,我们对 8 个节点的本地 MSD 值进行了仿真,如图 4-6 所示。从图 4-6 中可以看出,由于每一个节点的噪声大小不同,因此每一个节点处各个算法的性能表现并不一致。例如,在一些节点上,QDKF、LDKF 等算法的抖动非常大并且本地 MSD 值也偏高,这说明该节点处的噪声较大;而在有的节点上,本地 MSD 值表现稳定,抖动较小,这表明该节点处的观测噪声和状态噪声都较小。另外,在收敛速度方面,虽然各个节点的表现不尽相同,但当达到稳定状态时,各个节点的本地 MSD 值都与图 4-4 中的全网平均 MSD 值十分接近。这说明扩散性分布式算法可以使网络中的各个节点通过相互协作来共同削弱噪声的影响,并能够在一定时间后对目标的估计值达到一致,即最终一致性。而对于 CIKF、QGIKF 算法而言,其性能表现差距较大,即使到达稳定状态后,各个节点的本地 MSD 值表现也与全局的 MSD 值表现不尽相同。

4. 高密度网络场景下的仿真结果

为了更好地反映真实的 MCS 网络化系统,考虑该网络化系统中大量分布的物联网设备特点,我们又模拟了一个高密度网络拓扑的场景。假设网络中有 50 个参与者,且彼此间联系紧密,即拓扑连通度极高。为了易于对比,在该网络拓扑下,只对 DKF、LDKF、CKF 以及 QDKF 算法进行了仿真与对比,以验证本章所提量化算法的性能。50 个节点的网络拓扑图如图 4-7 所示,该图共由 50 个节点组成,可以看出的是,各节点都具有极高的度,这表明其与邻居节点的通信可能性极高,以此能反映高密度的特性。在该场景中,假定其他参数都与 8 个节点时的场景相同。

高密度网络拓扑下观测噪声及对抛物线运动物体的轨迹模拟如图 4-8 所示。与 8 个节点时的图 4-3 相比,在高密度的网络化场景下,QDKF 算法有着更好的表现,与真实轨迹的偏离程度更小。

高密度拓扑下各算法的 MSD 值对比如图 4-9 所示。首先,通过图 4-9 可以看出,与图 4-4 相比,所有算法的 MSD 性能表现都更加稳定,且其值更小。这说明在高密度网络下,节点间的协作得到大大加强,整个网络系统对于噪声的干扰影响将大大增强。同样,在此场景下,QDKF 算法与 DKF 算法间的差距也缩小了许多,这说明高密度网络化系统能够减少算法中量化过程带来的影响。

高密度网络拓扑下各个算法的 MSE 值对比如图 4-10 所示。与 MSD 性能表现相似,在高密度网络拓扑下,各算法的 MSE 值也更低,且更加稳定,这说明观测值、估计值与真实值之间更加接近。

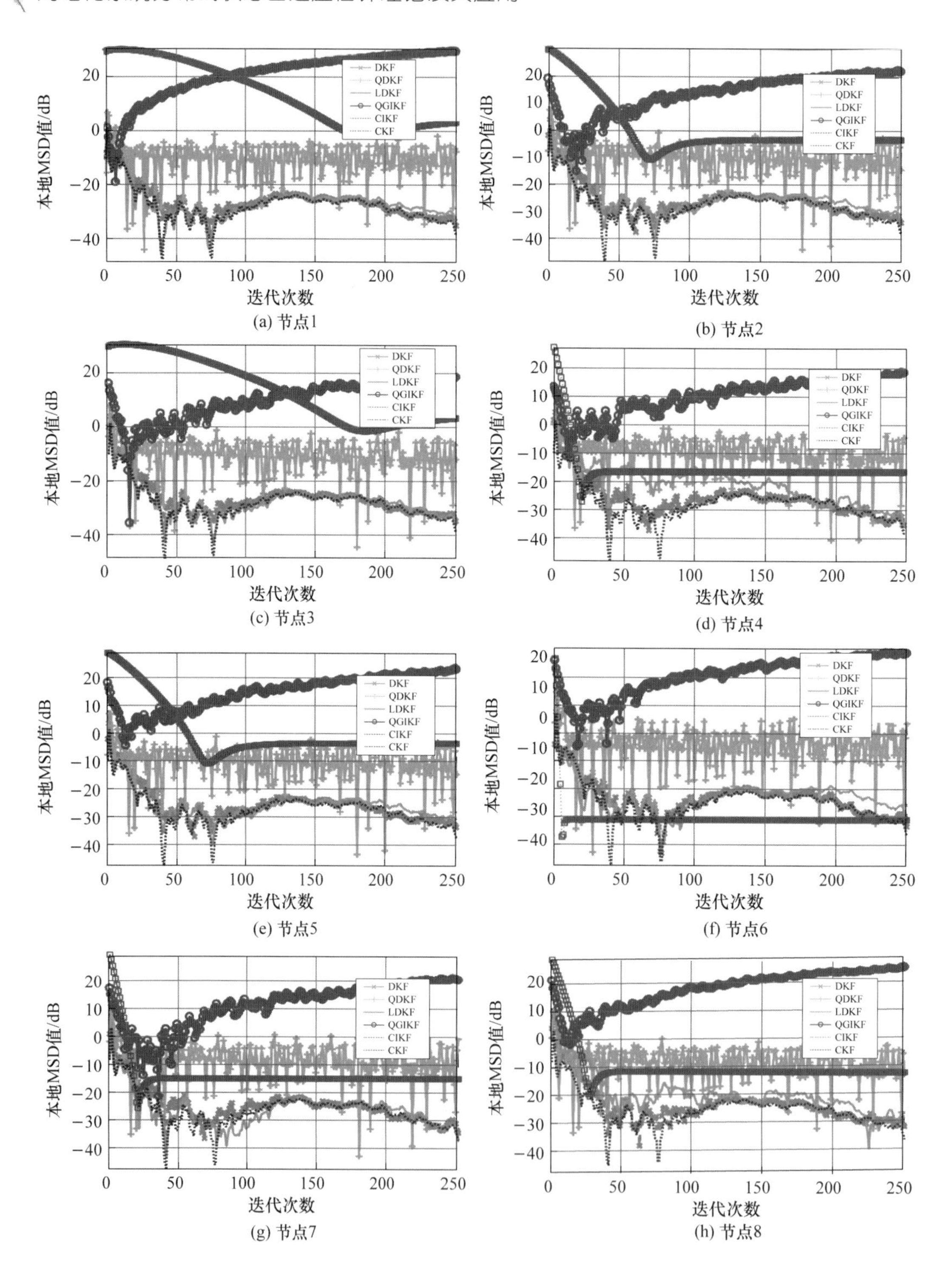

图 4-6　每一个节点的本地 MSD 值

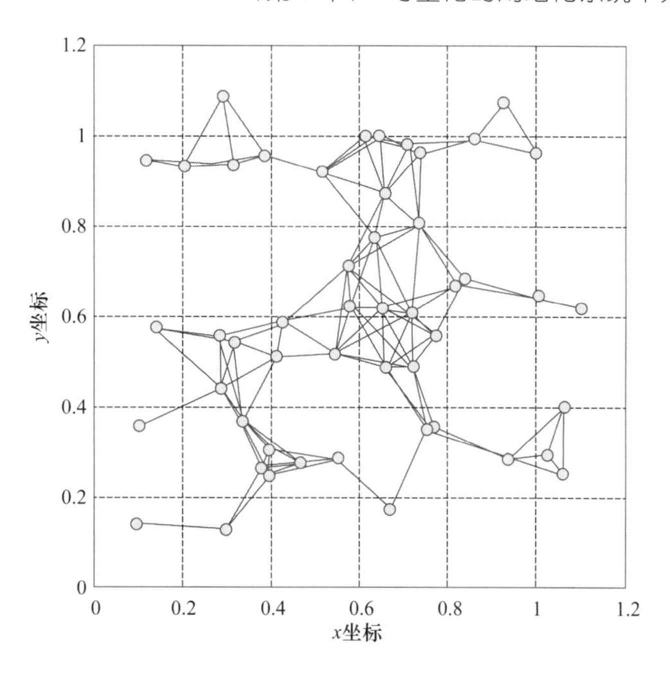

图 4-7 50 个节点的网络拓扑图

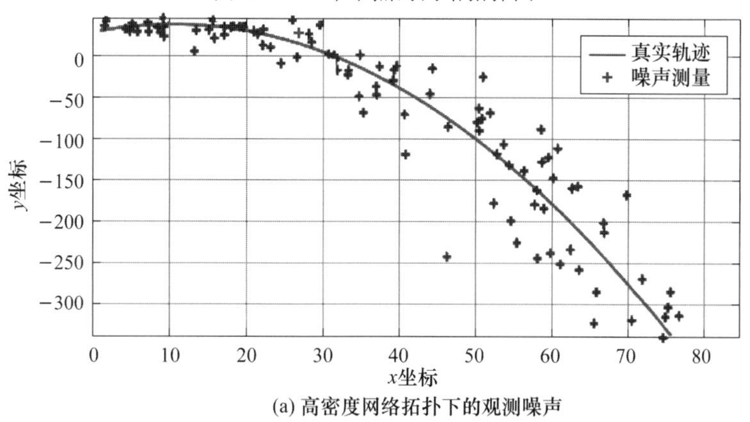

(a) 高密度网络拓扑下的观测噪声

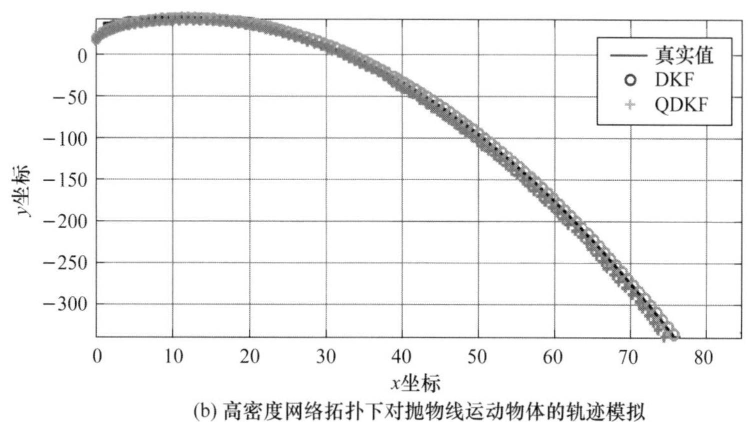

(b) 高密度网络拓扑下对抛物线运动物体的轨迹模拟

图 4-8 高密度网络拓扑下观测噪声及对抛物线运动物体的轨迹模拟

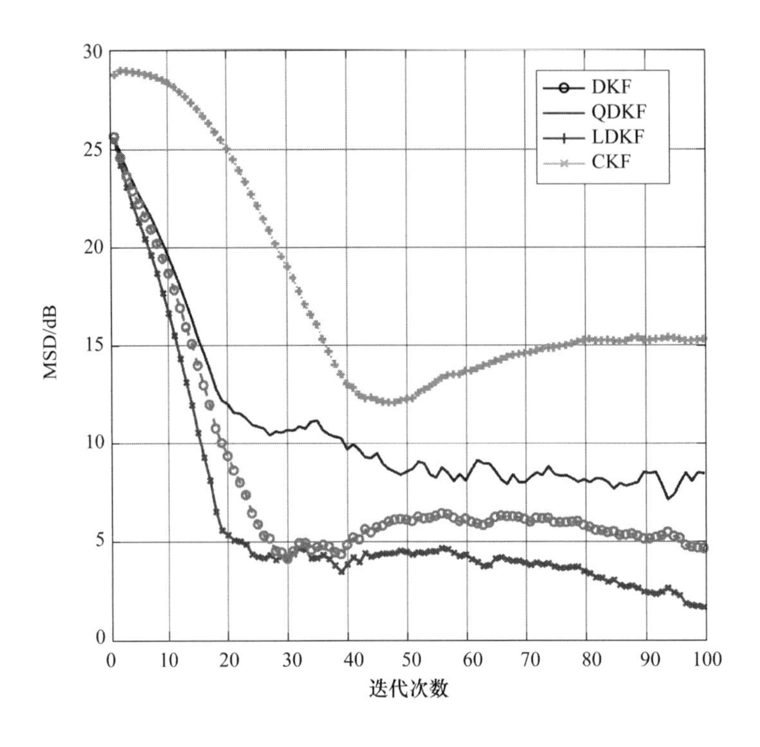

图 4-9　高密度网络拓扑下各算法的 MSD 值对比

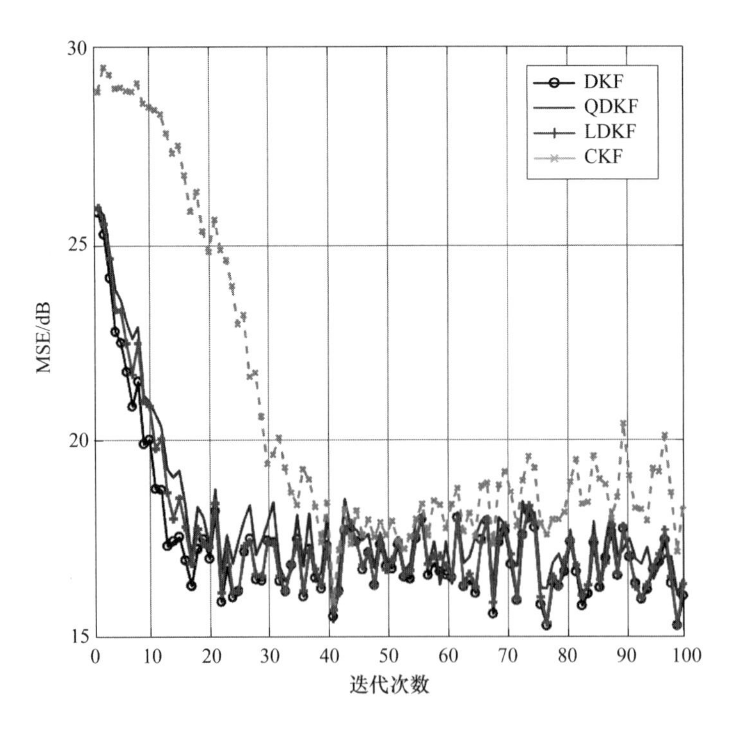

彩图 4-10

图 4-10　高密度网络拓扑下各算法的 MSE 值对比

在实际的MCS网络化系统中,参与者往往更多,可能达到几百甚至上千的智能设备共同参与完成一个任务。通过上述比较可以发现,参与者越多且参与者之间联系越紧密,QDKF算法能够节省的资源就越多,性能表现就越优越。因此,无论是分布式的MCS网络化系统还是QDKF算法都有极高的应用前景和实用价值。

本章面向移动群智感知网络化系统,先提出了一种分布式的MCS网络架构,在该架构中,参与者需要实时交互彼此获取的信息以实现信息共享和群智智慧。在这个过程中,本章关注的是如何能保证节省该系统在交互信息过程中的资源消耗。因此,针对该问题,本章提出了一种基于该网络架构的量化扩散性卡尔曼滤波算法,即QDKF算法。为了证明该算法在MCS场景下的性能表现,本章分别从估计误差均值、估计误差均方值两方面证明了该算法的收敛性与稳定性。最后,本章还通过仿真实验进一步证明了QDKF算法的实用性,即在节省了通信资源消耗的同时依然能够适用于实时网络系统下对移动目标的准确估计预测。

另外,值得一提的是,QDKF算法是在面向分布式移动群智网络的场景下给出的,但通过对该算法的描述和推导过程可以看出,QDKF算法本身的求证过程蕴含了自身的可扩展性,也就是说,该算法不仅仅局限于该场景,对于具有相似需求和相似场景的网络化系统,我们仍然可以借鉴该算法。

参考文献

[1] GRAY R M,STOCKHAM T G J. Dithered Quantizers [J]. Information Theory IEEE Transactions on,1993,39(3):805-812.

[2] BUHRMESTER M D,KWANG T,GOSLING S D. Amazon's Mechanical Turk [J]. Perspectives on Psychological Science,2011,6(1):3-5.

[3] RA M R,LIU B,PORTA T F L,et al. Medusa:A Programming Framework for Crowd-Sensing Applications [C]. International Conference on Mobile Systems, Applications and Services. ACM,2012:337-350.

[4] KANDHOUL N,DHURANDHER S K. An Efficient and Secure Data Forwarding Mechanism for Opportunistic IoT[J]. Wirel. Pers. Commun,2021(15):217-237.

[5] HAMMOUDEH M,EPIPHANIOU G,BELGUITH S,et al. A Service-Oriented Approach for Sensing in the Internet of Things:Intelligent Transportation Systems and

Privacy Use Cases[J]. IEEE Sensors Journal,2021:15753-15761.

[6] SUN S,LIN J,XIE L,et al. Quantized Kalman Filtering [C]. IEEE,International Symposium on Intelligent Control. IEEE,2007:7-12.

[7] MSECHU E J,ROUMELIOTIS S I,RIBEIRO A,et al. Decentralized Quantized Kalman Filtering With Scalable Communication Cost [J]. IEEE Transactions on Signal Processing,2008,56(8):3727-3741.

[8] SAPRIEL C. Optimal Power Scheduling of Universal Decentralized Estimation in Sensor Networks [J]. Strategic Communication Management,2002.

[9] LI H,FANG J. Distributed Adaptive Quantization and Estimation for Wireless Sensor Networks [J]. IEEE Signal Processing Letters,2007,14(10):669-672.

[10] SCHUCHMAN L. Dither Signals and Their Effect on Quantization Noise [J]. IEEE Transactions on Communication Technology,2003,12(4):162-165.

[11] CATTIVELLI F S, LOPES C G, SAYED A H. Diffusion Strategies for Distributed Kalman Filtering: Formulation and Performance Analysis [J]. Proceedings of the Iapr Workshop on Cognitive Information Processing,2008.

[12] CATTIVELLI F S,SAYED A H. Diffusion Strategies for Distributed Kalman Filtering and Smoothing [J]. IEEE Transactions on Automatic Control,2010,55(9):2069-2084.

[13] JIN H,SHULI S. Distributed Kalman Filters With Random Sensor Activation and Noisy Channels[J]. IEEE Sensors Journal,2021:27659-27675.

第 5 章
含约束集的网络化系统下分布式优化

面向不同的网络化系统，前面的章节以卡尔曼滤波算法为例，重点研究了动态拓扑和量化状态下扩散性分布式算法的性能，证明了扩散性分布式算法在网络化系统下的优越性。本章将以另一种网络化系统为目标，重点分析扩散性分布式算法在具体案例上的应用过程。以本章的研究方法为参照，可以将这种扩散性分布式算法运用到各个实际问题中。

5.1 研究背景

5.1.1 现存问题

进入 5G 时代，数据可能会呈现爆炸性的增长。在这种环境下，5G 与内容中心网络相结合的 5G-ICN 网络化系统架构被提出。然而，5G 网络中海量数据与动态拓扑环境的存在会带来大量的能量消耗，传统的内容中心网络中的内容缓存策略(Content Caching Strategies，CCS)不能很好地适用于该网络化系统。因此，本章通过平衡网络中的内容缓存消耗与传输消耗，构建了一个带有约束条件的最优化问题，并运用相应的分布式优化算法对其进行求解。基于此，一个绿色动态的自优化内容缓存策略(Green Dynamic Self-optimizing Content Caching Strategies，GDSoC)被提出。本章通过在三个真实网络拓扑上对该策略进行仿真实验，分别从缓存命中率、网络能量消耗等方面进行了研究，从而提供了网络化系统下各种问题的构建方法以及运用分布式优化算法解决该问题的办法。

无线通信技术的快速发展以及智能设备的快速增长极大增加了带宽服务的需求。不难预测,在不久的将来,随着5G技术的出现,移动数据会呈现爆炸性增长的趋势。快速的数据流量增长需要现有的移动网络主要功能发生改变,原有的基于主机间通信应转为基于内容的分发。现有的解决方案中,如内容分发网络以及点对点网络等,是将内容复制到网络边缘以便用户获取内容,虽然这在现有网络架构下得到了广泛的应用,然而这些解决方案依然基于传统的IP网络架构之上。传统的IP网络是一种基于源地址与目的地址的端到端、以主机为中心的通信模式,因此,以上解决方案不能从根本解决内容的快速分发缓存等问题。

在这个背景下,内容中心网络(Information Centric Network,ICN)的概念被提出,该网络架构以内容的名字为中心而不再是以主机为中心,在网络中的节点都具有缓存功能,这样可以使内容的查询、获取变得更加高效。与传统的IP网络不同,ICN中的用户不需要知道内容提供者的位置,而只需要将自己需要的内容放到兴趣包即可,对于网络中任何中间节点而言,只要缓存了兴趣包中包含的用户需求内容便可将该内容沿着原路返回。因此,ICN能够获得比以主机为中心的IP网络更高效的缓存效率。

考虑到上述ICN的优势,Zhang等人研究了5G网络与ICN相结合的5G-ICN网络化系统。在该网络化系统中,本章以最为核心的内容缓存策略为例来进行问题的构建。虽然在ICN中的CCS问题已经得到了广泛关注,然而现有的解决方法大多数都基于集中式的算法或者启发式的算法。集中式的算法往往会产生中心点瓶颈问题,而启发式算法往往只能求得次优解。

另外,考虑到5G网络的特点,能耗问题是设计CCS的关键问题所在,Gupta等人研究了基于ICN的能效问题,并结合移动车联网提出了一套以能效为主的CCS方案。然而,在关于能耗的研究中,并没有考虑缓存能耗和传输能耗之间的平衡。因此,在5G网络中,需要将这一点加以考虑。然而由于5G-ICN网络中需要缓存大量的数据,因此如何进行缓存能耗和传输能耗的平衡是一个极大的挑战。

基于以上分析,面向5G-ICN网络化系统,本章通过运用前面提到的扩散性分布式优化算法,提出了GDSoC架构。该架构考虑了不同能耗种类间的平衡问题。另外,GDSoC架构中的绿色动态继续运用了第3章中所提的动态拓扑模型,考虑了与实际更加接近的场景。与此同时,本章还重点研究了扩散性分布式优化算法在该类实际问题中的运用,这大大弥补了前面章节理论方面的不足。本章的主要贡献如下。

(1) 本章提出了一个5G-ICN网络化系统,并在此基础上提出了GDSoC架构,构建了一系列相应的系统模型。

(2) 基于上述框架,通过考虑网络中的能耗问题,本章构建了一个最优化问题。在该最优化问题中,目标函数充分考虑了缓存能耗和传输能耗问题。另外,该目标函数还考虑了缓存冗余、内容流行度等问题。

(3) 在本章中,扩散性分布式优化算法被运用到上述最优化问题中。因为上述优化问题实际上是一个动态分布式协作控制问题,而在前面的讨论中可知,扩散性分布式优化算法能够很好地解决该类问题。

(4) 本章通过三个真实的网络拓扑,对该问题进行了仿真验证,并与一些经典的缓存策略进行了对比,包括:处处缓存策略,即 CCE(Caching Content Everywhere)策略;基于概率的缓存策略,即 PC(Caching with a Given Probability)策略;一致性分布式优化算法的策略,即 CO(Content Optimization Methodology)策略。

需要注意的是,虽然本章针对 5G-ICN 网络化系统下构建的 CCS 问题进行了分布式优化算法的研究,但是这只是一个范例,按照此方法,我们可以将本章所提的分布式优化算法运用到各种有类似需求的网络化系统中。

5.1.2 研究现状

在提出相应的模型和算法之前,首先对 ICN 中的内容缓存策略进行简单的介绍。内容缓存策略问题是 ICN 中的一个核心问题,一个好的内容缓存策略不仅可以使用户更加快速地获取所需内容,也可以大大减少网络系统中的额外资源消耗。近几年来,ICN 中的 CCS 问题已经得到了越来越多学者的关注。例如:Cho 等人从多个角度提出了优化网络中的内容缓存问题,包括优化缓存冗余、优化数据传输延迟等;Anamalamudi 等人提出了一种基于概率的缓存策略,在该策略中,每一个缓存节点通过给定的概率自行决定何时对网络中的内容进行缓存;Jiang 等人提出了一个低复杂度的次优化缓存算法来改善缓存方案;而 Dong 等人、Cho 等人则分别提出了独立分配的缓存方案以及一种名为“WAVE”的缓存方案。在 WAVE 缓存方案中,当一个网络节点收到内容请求时,如果该节点缓存有该请求的内容,那么它都会将自己缓存的请求内容推送到下一跳节点处,这样那些流行度高的内容,即请求频率高的内容会离终端用户最近。虽然这些算法都提供了有效的内容缓存方案,但是以上学者所提出的算法都是一种启发式的算法,而启发式算法往往会导致 NP 难问题,从而往往只能获得一种次优解,不能得到一个方案中的最优解。

为了克服启发式算法的种种弊端,Shan 等人主要研究了基于 ICN 网络架构的网络间缓存策略,在这个过程中,该策略以网络级的角度对整个网络资源进行优化。其中,

Chen 等人通过优化整个网络的时延来解决缓存策略问题，并提出了各自基于全局网络时延的目标函数及对应的算法。与此同时，Anamalamudi 等人通过平衡对比网络中资源消耗和网络性能表现构建了一个优化问题，并通过对该优化问题进行求解获取了最优的内容缓存方案。另外，Shan 等人通过定义一个基于距离的收益函数来获取网络缓存配置方案的最优解。以上这些研究都从全网的不同性能出发，构建对应的优化问题，并采取适当的算法进行解决，这种思想也是本研究所借鉴的。然而这些算法都基于集中式的算法，因为集中式算法能够获得较快的收敛速度，且更易于实现。但是这种算法往往需要更多网络内的信息，如每个节点都需要知道全网的拓扑信息、其他节点的位置信息等。这往往会带来额外的控制消耗，导致系统扩展性差。另外，在实际问题中，网络中的节点也很难获取上述信息。因此，该类算法都不适合用于 5G 网络化系统的场景中，因为 5G 网络系统下有着高密度和超大规模的终端用户。另外，以上算法也没有将网络能耗考虑在内，而网络能耗是 5G-ICN 网络中必须考虑的因素。

综上可知，在 5G-ICN 网络化系统中，仍需要一种有效的分布式 CCS 方案。Kvaternik 等人提出了一种分布式的内容缓存策略，该策略中，作者通过最小化网络能耗和缓存冗余来构建优化问题，并采取了基于一致性策略的分布式算法。基于前面所述，基于一致性策略的分布式算法在收敛速度和动态拓扑环境下的性能表现不如扩散性分布式优化算法。因此，本章以网络级的视角，通过最小化全网能耗来构建内容缓存策略问题，并采用基于扩散性策略的分布式优化算法对其进行优化求解。

5G-ICN 网络化系统主要通过将 5G 网络和 ICN 相结合来实现。5G-ICN 架构图如图 5-1 所示，该架构主要包含三层：物理层、虚拟层、接入层。在物理层，具有缓存功能的 ICN 路由节点被按一定的规则部署到整个网络中。以此为基础，在虚拟层，通过网络虚拟化和切片化将物理层中的实际网络系统抽象为一个个独立的虚拟网络系统，该系统同时具备实际网络系统中的功能。接入层包含各式各样的异构接入网络，正好与虚拟层中一个个独立的虚拟网络系统相对应。在 5G-ICN 网络化系统中，链路动态性和自优化特性是其两大主要的特点。其中，链路动态性与第 3 章提到的动态拓扑含义一致，即网络中的拓扑会随着时间不停地改变，这主要是由于网络中的拓扑会随着虚拟化的重构网络而不停改变。而自优化特点意味着网络是一个全分布式的架构，因为在 5G 中存在着海量接入设备。

另外，ICN 是对内容中心网络的一个总称，在具体实施时，考虑采用命名数据网络(Named Data Networking，NDN)架构，其作为 ICN 中一个重要的实现方式，在内容命名和缓存方面都比其他的实现方式有着更大的优势。在 NDN 架构中，主要包含两种信息

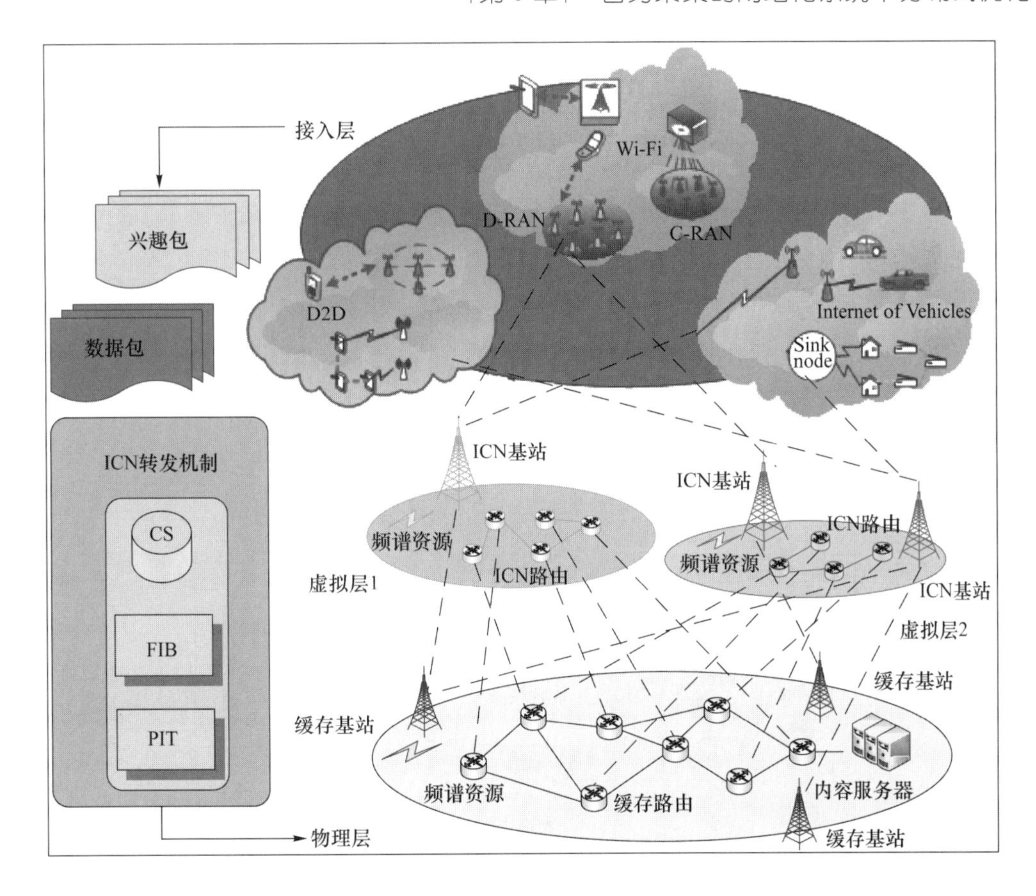

图 5-1 5G-ICN 架构图

包:兴趣包(Interest Packet)和数据包(Data Packet)。兴趣包中包含了需要请求内容的名字,而数据包中包含了请求内容本身。物理层还包含着三个表:转发信息表(Forwarding Information Base,FIB)、未决兴趣表(Pending Interest Table,PIT)、本地缓存表(Content Storage,CS)。

NDN 架构的具体运行机制如下。当在接入层的用户需要获取一个感兴趣的内容时,会通过兴趣包发出请求,该兴趣包将会沿着 NDN 中的路径向内容服务器传送。在这个过程中,还需要执行如下步骤。

(1) 当路径中的 ICN 路由器收到兴趣包时,会先检查本地是否缓存了兴趣包中所请求的内容,如果没有缓存,它会继续将该兴趣包按照 FIB 表转发到下一跳路由器,NDN 里的 FIB 表类似于传统 IP 网络中的路由表。与此同时,在 PIT 表中便会将该兴趣包来时的路径进行记录以便数据包的回传。

(2) 如果该节点处缓存有兴趣包中请求的内容,该节点便会产生一个包含请求内容的数据包,并将该数据包沿着上游节点中的 PIT 表传送回用户。而回传路径上的各个网络节点将根据一定的规则决定是否缓存该数据包,这也就是所谓的内容缓存策略。

基于上一节介绍的 5G-ICN 网络化系统，本研究提出了一个绿色动态的自优化的缓存方案（GDSoC 方案），如图 5-2 所示。

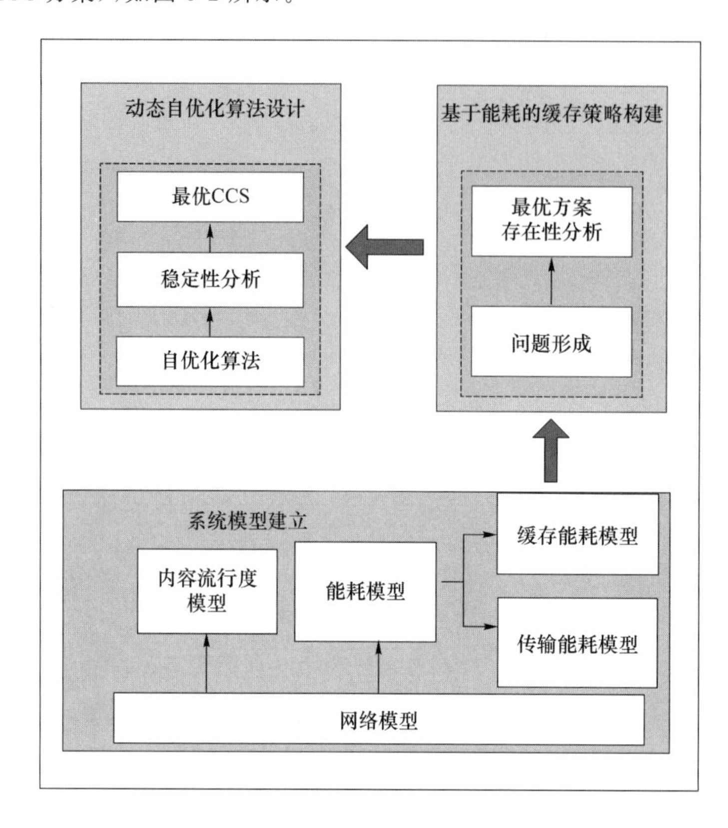

图 5-2　GDSoC 方案

GDSoC 方案主要由以下 3 部分组成。

（1）系统模型建立。该部分主要建立了网络模型、内容流行度模型以及能耗模型。其中，网络模型主要将 5G-ICN 的实际环境进行理论化；内容流行度模型采用拖尾分布的方法为每一块内容给定对应的流行度；而能耗模型中主要对缓存能耗函数以及传输能耗函数进行定义。以上的所有模型都会在接下来的第 5.3 节中进行详细讨论，这些模型也是 GDSoC 方案的构建基础。

（2）基于能耗的缓存策略构建。基于上述系统模型，本部分主要构建了一个基于能耗的缓存策略。在该策略中，首先将缓存问题构建为一个最优化的问题，进而重点讨论了网络系统中的其他限制条件并以约束条件的形式给出。该部分还给出了最优化解存在的两个条件，即凸优化条件及可微性条件。

（3）动态自优化算法设计。为了解决上述带有约束最优化的问题，本部分针对 5G-ICN 网络化系统的特点，采用了基于投影的扩散性分布式优化算法来求解最优解。该算法是一种自组织、自优化的算法，并且根据前面章节的讨论，该算法同样适用于动态拓扑的环境,这与之前提到的 5G-ICN 网络环境下的特点相适应。

下面将就这 3 部分分别进行详细的介绍。

5.2 内容中心网络化系统描述

在本节内容展开前,我们先建立接下来所讨论问题需要用到的各种模型,主要有网络模型、内容流行度模型以及能量消耗模型。本章涉及的一些关键参数及定义如表 5-1 所示。

表 5-1 关键参数及定义

关键参数	定 义
ν_n、ν	网络中第 n 个路由节点、网络中全部节点的集合
ε	网络中双向边的集合
F	全部待请求内容块的集合
b	每块内容的大小,单位为 bit
f_m	内容块集合 F 中的第 m 块内容,同时 m 也代表流行度的顺序
M	网络中全部内容块总数目
N	网络中节点的总数目
$\gamma_{n,m}$	在节点 ν_n 处缓存的内容块 f_m 中的部分占该内容块大小的比重
x_n	路由节点 ν_n 的缓存策略
x	整个网络系统的内容缓存策略
q_m	内容流行度为 m 的内容块的请求率
s	Zipf 的参数
$\mathbf{c}$	网络容量向量
c^{ca}	每一个路由节点上的最大缓存容量
c^{lr}	每一条链路上的最大传输容量
$e_{n,m}^{\mathrm{ca}}$	在路由节点 ν_n 处缓存内容块 f_m 的能量消耗
$e_{n,m}^{\mathrm{tr}}$	经过路由节点 ν_n 传输 f_m 的能量消耗
$w_n^{\mathrm{ca}}(t)$	在时间片 t 内路由节点 ν_n 的缓存功率
$p_{\mathrm{lr}}^n(t)$	经路由节点 ν_n 传输一个单位数据时的能量消耗
$e(x_n(t))$	当缓存配置策略为 x_n 时的总能耗
$S_{n,m}$	当路由节点 ν_n 缓存内容块 f_m 时的冗余项
α、β	冗余项参数、冗余项基数因子
$O_n(x)$	在路由节点 ν_n 处的目标函数
X	一系列约束条件的集合
$a_{l,n}$、$h_{l,n}$	自优化算法中的权重系数
μ_n	迭代步长

5.2.1 网络模型

网络系统可抽象为一个简单的无向连通图，表示为 $\gamma=(\nu,\varepsilon)$。其中 $\nu=(\nu_1,\nu_2,\cdots,\nu_N)$表示 ICN 节点的集合，这些节点都具有路由存储的功能。$\varepsilon\subseteq\nu\times\nu$ 表示网络中双向链路的集合。与此同时，令 $F=(f_1,f_2,\cdots,f_M)$表示网络中全部拥有的内容的集合。其中，f_m 表示 F 中的第 m 个内容，这里假设网络中的所有内容大小都相等，每一个内容大小都为 b 个 bit，每一个内容又可以分成 b 个大小相同的内容小块，内容块是这里面讨论的最小内容单位。为了进行分布式的部署，使分布式算法在该问题中能够很好地应用，最直接的办法就是假设网络中的每一个节点都存储连续的内容块，而每一个内容块在这时都被看成一个独立的个体。基于这种假设，令 $\gamma_{n,m}\in\left\{\frac{1}{b},\frac{2}{b},\cdots,1\right\}$表示一个路由器 ν_n 中存有一个内容块 f_m 的多大比例，并用整个内容的分数来表示，其中 $n\in N$。另外，假设每一个节点都从每一个内容块的初始部分开始存取，并且进行连续存储，而不能从一个内容块的中间部分进行存储。

基于以上的假设和讨论，用 x_n 表示节点 ν_n 的缓存，有如下形式：

$$x_n=(\gamma_{n,1},\gamma_{n,2},\cdots,\gamma_{n,M})\in\mathbb{R}^M \tag{5-1}$$

于是全网的内容缓存策略方案可以用 x 表示如下：

$$x=(x_1,x_2\cdots,x_N) \tag{5-2}$$

为了简单起见，进一步假设所有的节点都具有相同的最大缓存容量，并且网络中的所有内容都最初缓存在内容服务器中，即所有网络内的节点上最初都没有进行任何内容缓存。当一块内容被请求时，网络节点便通过相互协作来共同完成整个网络的内容缓存策略任务。

5.2.2 内容流行度模型

在进行内容缓存策略的构建时，内容流行度是一个不得不考虑的因素。一个内容的流行度的大小能够反映该内容在终端用户中的需求情况，需求越多，流行度也就越大。因此，根据不同的内容流行度来构建内容缓存策略可以极大提升整个网络性能。为了表示得更简单，直接用上述内容块 f_m 的下标 m 来表示内容流行度的大小。

过去有许多研究已经证明：网络中的内容流行度往往服从 Zipf 分布。用 q_m 表示内

容流行度为 m 的内容块的请求频率,则

$$q_m = \frac{m^{-s}}{\sum_{j=1}^{M} j^{-s}} \tag{5-3}$$

其中,s 是 Zipf 分布的关键参数,决定了分布的具体走势。s 一般取值在 1 附近,但不等于 1,一般取值在 0.5 到 1 之间。

5.2.3 能量消耗模型

本节建立了动态拓扑下的能量消耗模型,这里的动态拓扑参照了第 3 章中的基于概率的动态拓扑模型,也就是说,网络中的链接是不稳定的,按照一定的概率是稳定的。另外,假设时间被分为相等的时间间隔 Δt,用 t 表示其中的时间片,即 $t=0,1,\cdots,\tau,\cdots,\tau\in \mathbb{Z}^{+}$。在每一个时间片 t 内,假设网络拓扑是不变的。另外,由于内容服务器往往距离整个网络较远,而且存储容量和设备性能也与网络中的路由节点不同,因此,在这里不考虑内容服务器的能耗问题。

令符号 $\boldsymbol{c}$ 表示网络的能耗向量,即 $\boldsymbol{c}=(c^{\mathrm{ca}},c^{\mathrm{lr}})$,其中 c^{ca} 代表每个 ICN 路由中最大的存储容量,而 c^{lr} 表示每条链路上的最大传输容量。在分布式环境中,网络中的总能耗可以由缓存能耗和传输能耗组成。下面给出缓存能耗、传输能耗以及单点总能耗的定义。

(1) 缓存能耗

用 $e_{n,m}^{\mathrm{ca}}(t)$ 表示在时间片 t 内节点 ν_n 处缓存内容块 f_m 的能量消耗,其表达式如下:

$$e_{n,m}^{\mathrm{ca}}(t) = w_n^{\mathrm{ca}}(t)\Delta tb \tag{5-4}$$

其中,$w_n^{\mathrm{ca}}(t)$ 表示在该点的功率,单位为 W/bit。

(2) 传输能耗

同样,令 $e_{nm}^{\mathrm{tr}}(t)$ 表示节点 ν_n 的传输能耗,其表达式如下:

$$e_{n,m}^{\mathrm{tr}}(t) = p_{\mathrm{lr}}^{n}(t)b \tag{5-5}$$

其中,$p_{\mathrm{lr}}^{n}(t)$ 表示经节点 ν_n 传输 1 bit 数据时所产生的能耗,单位为 J/bit。

(3) 单点总能耗

基于上述讨论,在一个大的时间段 T 内,当节点 ν_n 的内容缓存策略为 $x_n(t)$时,其总能耗表示如下:

$$e(x_n(t)) = \sum_{t\in T}\sum_{m=1}^{M}\left(e_{n,m}^{\mathrm{ca}}(t)\gamma_{n,m}(t) + e_{n,m}^{\mathrm{tr}}(t)(1-\gamma_{n,m}(\mathrm{t}))\right) \tag{5-6}$$

基于本节建立的一系列模型,便可以构建 5G-ICN 网络化系统下的缓存策略问题,下一节将对此进行详细讨论。

5.3 基于正交投影的扩散性分布式算法设计

本节考虑构建5G-ICN网络中绿色动态的自优化内容缓存策略问题。其中,绿色是指全网能效最低,我们可以把上一节中的总能耗模型作为该问题的基础。为了能够实现能效问题,首先需要建立一个合适的目标函数,该函数需要考虑缓存能耗和传输能耗的权衡问题。

5.3.1 缓存问题分析

当在一个节点处缓存一块内容的能耗增加时,其传输该内容的能耗将会相应减少。与此同时,为了使该优化问题与实际情况更加相符,目标函数还需要能够反映如下两点影响条件。

(1) 缓存冗余影响

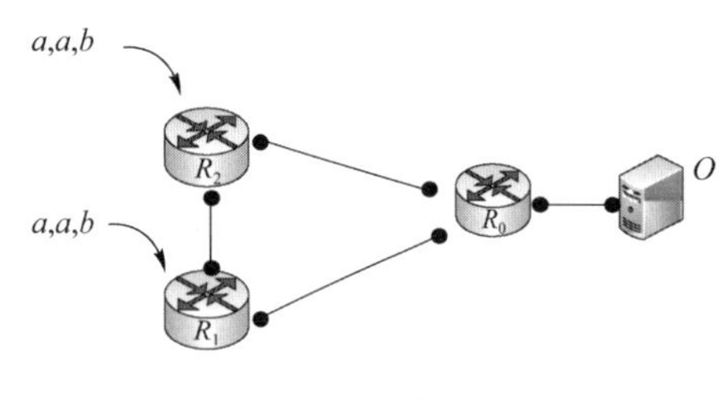

图 5-3 缓存冗余问题示例

当网络中各个节点的缓存大小有一定限制时,网络系统中的各个相邻节点应该尽可能避开缓存相同的内容以免造成缓存冗余。相邻节点缓存不同的内容可以减少能量消耗,下面给出一个缓存冗余问题的示例,如图5-3所示。

图5-3中总共包含三个网络中的路由节点:R_0、R_1、R_2,以及一个内容服务器O,该服务器中缓存有大小相同的内容块a和内容块b。假设路由节点R_1和R_2的最大缓存能耗为一个内容块的大小,即只能缓存内容块a或b中的一个。假设有两个用户端分别通过路由节点R_1和R_2发送两条内容请求流,该请求流为$\{a,a,b\}$。另外,假设从网络中路由节点中获取内容的能耗要远远低于从内容服务器处获得数据的能耗,因为在实际网络系统中内容服务器往往距离整个网络很远。因此,在路由节点R_1和R_2中缓存所请求的内容将大大减少网络中的能耗。

下面假设两种情况。

① 冗余情况。路由节点R_1和R_2处都缓存内容a(因为根据内容流来看,a的流行度比b高)。

② 非冗余情况。路由节点 R_1 和 R_2 分别缓存不同的内容，假设 R_1 处缓存内容 a，R_2 处缓存内容 b。

为了能够比较这两种情况下的能耗，可以通过网络的跳数来进行反映(这里隐含了各个链路的传输能耗是相同的)。假设用户跟自己直接相连的路由节点的跳数为 0 跳，到 R_0 的跳数为 1 跳，到内容服务器的跳数为 2 跳(实际情况下跳数要远远大于 2)。因此，针对冗余情况，可以计算出每一次请求总消耗为$\frac{1}{3}\cdot 2\approx 0.67$；而针对非冗余情况，可以计算出每一次请求总消耗为$\frac{1}{6}\times 1+\frac{1}{6}\times 1+\frac{1}{6}\times 1=0.5$(注意，当用户在路由节点 R_1 中未能获得内容块 b 时，会转向路由节点 R_2 处获取)。

以上仅仅为两个节点、两个内容的例子，如果在稍大规模的网络中，缓存冗余的影响将会更大。因此在构建该问题的目标函数时需要将缓存冗余问题考虑在内。

(2) 内容流行度影响

当一个内容流行度越大时，该内容应该被缓存的内容越接近用户，因为一个拥有极高流行度的内容意味着用户的关注度极高、需求极大，越是将其缓存在离用户近的位置，即网络边缘，越能够节省整个网络的能耗。这一点易于理解，这里不再详细解释。

5.3.2 分布式算法构建

根据以上分析，绿色网络内容缓存策略的优化问题可以按如下形式构建：

$$\min_{x(t)}\sum_{m=1}^{M}\sum_{n=1}^{N}\Big(e_{n,m}^{\text{ca}}(t)\gamma_{n,m}(t)b+q_m e_{n,m}^{\text{tr}}(t)(1-\gamma_{n,m}(t))b+q_m S_{n,m}+q_m\,(\gamma_{n,m}(t)-1)^2\Big) \tag{5-7a}$$

$$\text{s.t.}\quad \forall n\in N,m\in M,t\in T \tag{5-7b}$$

$$\sum_{m\in M}\gamma_{n,m}(t)\leqslant c_n^{\text{ca}}(t) \tag{5-7c}$$

$$\sum_{m\in M}(1-\gamma_{n,m}(t))\leqslant c_n^{\text{lr}}(t) \tag{5-7d}$$

$$\gamma_{n,m}(t)\in(0,1) \tag{5-7e}$$

下面对该优化问题进行详细介绍。

式(5-7a)中的前两项分别表示全网中的内容缓存能耗和传输能耗。与式(5-6)相比，式(5-7a)中的第二项将内容流行度 q_m 的影响考虑在内，这意味着节点将会尽可能多地缓存内容流行度高的内容，因为当一个内容流行度很高时，为了使整个目标函数值最小，应尽量减少第二项中除了 q_m 以外的值，以消除 q_m 带来的影响，即增大 $\gamma_{n,m}$ 的值，也就是增加该节点对此块内容的缓存。而式(5-7a)中的第一项和第二项本身也实现了缓存能耗和传输能耗的相互制约。但是可以看出的是，仅仅凭借这两项并不能实现全局最优的缓存策略。例如，当缓存能耗和传输相同数据能耗大小接近时，最终的结果便是网络中所有节点都缓存了流行度排名靠前的内容，虽然这样也能够使目标函数达到最小值，但是这显然不是最优的缓存策略，因为此时的网络存在大量的冗余。

因此，式(5-7a)的第三项中加入了冗余项。在该项中，假设当一个路由节点缓存了一个内容块中的小块越多且该内容的流行度越高时，它的所有邻居节点对该块内容的缓存将会越少，这与实际情况是相符的。根据该假设，内容冗余因子 $S_{n,m}$ 的表示如下：

$$S_{n,m} = \sum_{l \in N_n} \beta^{|\alpha\gamma_{n,m} - \gamma_{l,m}|} \tag{5-8}$$

其中，α 是一个在 0 到 1 之间的常数，用来表示邻居节点可以缓存的内容块的大小，以便即使为了避免冗余不在相邻节点缓存相同的内容，但是也可以缓存某块内容的开头部分，因为对于某些数据请求，如视频数据，对于起始部分的需求往往要高于整个视频内容。而 β 是一个取值大于 1 的底数。N_n 表示路由节点 ν_n 的邻居集合。通过上述分析可知，式(5-8)是一个指数函数，并且为增函数，而自变量可以看作节点 ν_n 缓存内容块 f_m 的大小与其邻居节点缓存该块内容大小的差值。假如一个内容的流行度很高，根据式(5-7a)前两项可知，$\gamma_{n,m}$ 的值将会很大，此时为了保证式(5-7a)中的第三项能够取极小值，则需要式(5-8)取极小值，于是其指数部分需要取极小值零，此时有 $\alpha\gamma_{n,m}=\gamma_{l,m}$。这说明对于内容流行度很高的内容，该项容许相邻节点缓存同块内容中的开头部分。相反，当内容流行度很低时，为了使目标函数最小，则需要指数间差值最大，此时有 $\gamma_{n,m}=0$ 或者 $\gamma_{l,m}=0$，即相邻节点间不会缓存相同的内容。

另外，对于一块内容流行度高的内容，希望同一个节点能够尽可能将该内容的整块内容缓存，这样可以大大加快内容的获取，节省大量的传输能耗。为此，目标函数(5-7a)中的第四项中对此进行了约束。通过式(5-7a)中的第四项可以看出，内容块 f_m 流行度越高，在同一个节点中对该部分内容的缓存就越多，越能保证该项取得极小值。

除此之外，(5-7b)～(5-7e)为最优化问题的约束条件。其中，(5-7b)是该问题的基本定义域；(5-7c)和(5-7d)分别定义了全网在缓存和传输容量的限制；(5-7e)中则是每个节点缓存策略的取值范围。

基于以上分析，本章构建了带约束条件的基于能耗的内容缓存策略的最优化问题。通过找到该问题的最优解，便可以得到最优的内容缓存策略。

为了解决上述构建的最优化问题，将式(5-7)进行简化，令：

$$O_n(x(t)) = \sum_{m=1}^{M}\Big(e_{n,m}^{\text{ca}}(t)\gamma_{n,m}(t)b + q_m e_{n,m}^{\text{tr}}(t)(1-\gamma_{n,m}(t))b + q_m S_{n,m} + q_m(\gamma_{n,m}(t)-1)^2\Big) \tag{5-9}$$

其中，$O_n(x)$代表依赖于全网缓存配置的节点 ν_n 的缓存目标函数。

5.3.3 算法性能分析

在算法性能分析之前，我们首先需要证明式(5-9)的目标函数存在最优解。该函数最优解存在需要满足两个条件：凸性和可微性。

我们可以将式(5-9)的前两项和最后一项看成一个二次多项式，根据凸优化的相关知识可知，二次多项式是一个凸函数。而对于式(5-9)的第三项，可以将 $S_{n,m}$ 看成一个由指数函数 $\beta^{g(x)}$ 和绝对值函数 $g(x)=|x|$ 组成的复合函数。显然，指数函数本身就是一个凸函数并且 $\beta>1$，所以其严格递增。与此同时，根据如下表达式，绝对值函数 $|x|$ 也可以被证明是一个凸函数：

$$|\theta x+(1-\theta)y| \leqslant \theta|x|+(1-\theta)|y| \tag{5-10}$$

因此，根据保凸运算可知，$S_{n,m}$ 也是一个凸优化函数。这样式(5-9)各项都为凸函数且各项之间都满足基本保凸运算，于是可以证明式(5-9)是一个凸函数。根据 Llanns 等人的结论可知，式(5-9)是可微的。因此，式(5-9)存在最优解。

下面将介绍动态自优化算法来具体解决本节中构建的最优化问题。

优化问题(5-7a)可以被看作如下带有约束的分布式凸优化问题：

$$\min_{x\in X} O(x) \tag{5-11}$$

根据前面讨论可知，单个节点的目标函数(5-9)是凸函数且是可微的，因此最优问题(5-7a)可以被看作各个节点目标函数的和，即

$$O(x) = O_1(x) + O_2(x) + \cdots + O_N(x) \tag{5-12}$$

另外，X 表示一系列约束集的集合，并可以表示成 $X=\bigcap_{n=1}^{N} X_n$，其中 $X_n \subset \mathbb{R}^n$ 表示单个路由节点 ν_n 的约束条件的集合，即

$$X_n = \Big\{x_n \in \mathbb{R}^M \,\Big|\, \sum_{m\in M}\gamma_{n,m} \leqslant c_n^{\text{ca}}, \sum_{m\in M}(1-\gamma_{n,m}) \leqslant c_n^{\text{lr}}, \gamma_{n,m} \in (0,1)\Big\},$$
$$\forall n \in N, m \in M, t \in T \tag{5-13}$$

进一步，最优化问题(5-7a)可以表示成如下形式：

$$\min_{x\in X}\sum_{n=1}^{N}O_n(x),\quad X=\bigcap_{n=1}^{N}X_n \tag{5-14}$$

考虑到约束集 X 的存在，我们采用投影算法来解决式(5-14)。投影算法是一种有效解决带有约束条件优化问题的方法，令 P_X 表示正交投影运算符，其表达式如下：

$$P_X(p)=\underset{\varepsilon\in X}{\operatorname{argmin}}\parallel p-\varepsilon\parallel \tag{5-15}$$

基于以上分析，我们提出了动态自优化算法，即基于正交投影的扩散性分布式优化算法，如算法 5-1 所示。在该算法中，首先将最优化问题(5-14)看作一个无约束条件的最优化问题来进行求解。在求解该无约束条件的最优化问题时，采用扩散性分布式优化算法来进行求解，主要包含迭代修正过程和扩散修正过程。在迭代修正过程中，每个路由节点都跟邻居节点间交互一些必要的信息，该信息包含本地的缓存策略、内容请求率以及邻居节点的缓存策略。利用这些信息，每个路由节点暂时调整自己此时刻的缓存策略。而在扩散修正过程中，所有的节点都将自己上一步修正的缓存策略按照一定的权重重新扩散到邻居节点，并根据收到的邻居节点的缓存策略来修正自己的缓存策略，并完成最终的缓存决定。通过解决该无约束条件问题的最优化问题，可以获得一系列关于目标函数 $O(x)$ 的待确定最优解。进而，根据式(5-15)将这些解投影到对应的约束集 X 上。因此，能够满足投影需求并使得目标函数 $O(x)$ 最小的解便是所要求的最优解，即

$$x^*=\underset{x\in X}{\operatorname{argmin}}\,O_n(x) \tag{5-16}$$

算法 5-1　基于正交投影的扩散性分布式优化算法

考虑最优内容缓存策略问题(5-14)，初始值 $x=0$

迭代时间片内 t，对于节点 $n=1,2,\cdots N$，重复以下步骤。

迭代修正过程

$$\varphi_n(t)=x_n(t-1)+\mu_n\sum_{l\in N_n}h_{l,n}\left[\nabla_x O_l(x_n(t-1))\right]$$

扩散修正过程

$$x_n(t)=\sum_{l\in N_n}a_{l,n}\varphi_n(t)$$

如果 $x_n(t)$ 不在约束集的区间内，那么继续重复上述步骤。否则，

$$x_n(t)=P_X\left[\sum_{l\in N_n}a_{l,n}\varphi_n(t)\right]$$

其中，算法的具体计算方法如下：

(1) $p_l(0)$ 为具有 M 维的任意点；

(2) $x^k-x_l(t)=\sum_{j\in M}p_j^k$；

(3) $\lim_{k\to\infty}x^k=P_{X_l}$；

(4) $\lambda p_j^{k+1}=(I-P_{K_j})(x^k+\lambda p_j^k)$。

下面对算法 5-1 的稳定性和收敛性进行讨论。为了之后讨论方便,先定义一系列收敛性质。

为了证明算法 5-1 的收敛性,需要权重系数 $a_{l,n}$ 和 $h_{l,n}$ 分别满足如下条件:

$$\sum_{l=1}^{N} a_{l,n} = 1, \quad a_{l,n} = 0, \quad l \notin N_n \tag{5-17}$$

$$\sum_{n=1}^{N} h_{l,n} = 1, \quad h_{l,n} = 0, \quad l \notin N_n \tag{5-18}$$

为了方便描述,在这里令 $a_{l,n}$ 为矩阵 $\boldsymbol{A} \in \mathbb{R}^{N\times N}$ 中的元素,令 $h_{l,n}$ 为矩阵 $\boldsymbol{H} \in \mathbb{R}^{N\times N}$ 中的元素。通过式(5-17)和式(5-18)可以看出,在该算法中,矩阵 $\boldsymbol{A}$ 是一个左随机矩阵,即每列元素相加和为 1,而矩阵 $\boldsymbol{H}$ 是一个右随机矩阵,即每行元素相加和为 1。

另外,为了证明算法 5-1 的收敛性,还需要保证目标函数 $O(x)$ 是凸函数且是可微的,这在前面已经证明。为了增强所提算法的可扩展性,下面介绍两个定理。

定理一:一个函数 $O:\mathbb{R}^N \to \mathbb{R}(x)$ 为凸函数当且仅当 O 满足

$$O(\theta x_1 + (1-\theta)x_2) \leqslant \theta O(x_1) + (1-\theta)O(x_2) \tag{5-19}$$

另外,如果 O 可微,为了证明 O 为凸函数可以采用如下定理二。

定理二:对于不同的变量 x_1 和 x_2,函数 O 为凸函数当且仅当

$$\| \nabla O(x_1) - \nabla O(x_2) \| \leqslant K \| x_1 - x_2 \| \tag{5-20}$$

其中,K 是一个正常数。

不难证明,本章所提的目标函数同样满足上述两个定理,另外,对于有约束条件的优化问题的收敛性证明,需要满足约束条件矩阵是一个半正定、渐近性稳定的实矩阵。由于在构造该优化问题约束集时已经将这些问题考虑在内,因此能够证明算法 5-1 是稳定且收敛的。

5.4 针对 CERNET、GEANT、Abilene 拓扑场景下的缓存优化分析

本节将通过 3 个真实的拓扑场景对 GDSoC 方案进行仿真,3 个真实的拓扑场景分别为中国教育网拓扑 CERNET、欧洲数据网拓扑 GEANT 以及美国教育骨干网拓扑 Abilene Network。在这些拓扑上,本节将 GDSoC 方案与一些经典的缓存策略方案进行了比较,分别为 CCE 策略、PC 策略以及 CO 策略,最后还分别对这 4 种策略在缓存命中

率、缓存能耗、传输能耗以及全网总能耗等方面进行了对比。

5.4.1 实验环境设置

仿真实验采用了专业的仿真工具进行仿真。首先，搭建网络模拟器 3(Network Simulator 3，NS3)的仿真平台；其次，在此平台上通过 ndnSim 来运行内容中心网络的进程；最后，通过 MATLAB 这款专业的数据分析处理软件对仿真数据进行处理。

本小节分别在 CERNET、GEANT、Abilene 3 个真实网络中进行了仿真，我们先对 3 个网络拓扑进行简单介绍。在中国，CERNET 是第一个全国分布的教育研究网络，由政府建立并由中国教育部管理。该网络主要由清华大学以及其他中国前沿高校一起构建而成，共包含 39 个节点、106 条链路。GEANT 是一个遍布全欧洲的数据网络并最终供教育研究团体专用。该网络连接了欧洲各个国家的研究网络，连接了遍布 40 个国家 8 000多个机构体系的 4 000 多万用户，共包含 32 个聚合节点、82 条链路。Abilene 是 20 世纪 90 年代建立的一个高性能的骨干网络，共包含 39 个节点、89 条链路。这三种网络拓扑的最大差别就是它们的网络密度不同，按照 CERNET、GEANT、Abilene 的顺序，网络拓扑越来越稀疏，而且 Abilene 中的节点分布密度要远远低于 CERNET。为了展示网络的拓扑图，以 GEANT 为例，我们下面给出了 GEANT 的拓扑图，如图 5-4 所示。同时，为了更好地理解 3 个真实网络，我们列出了 CERNET、GEANT、Abilene 的相关信息值，如表 5-2 所示。其中，$|\nu|$ 表示节点的数目，$|\varepsilon|$ 表示连接的数目。

表 5-2　各个拓扑的相关信息值

拓扑名称	$\|\nu\|$	$\|\varepsilon\|$	区域
CERNET	39	106	东亚
GEANT	32	82	欧洲
Abilene	39	89	北美

仿真实验中的各个仿真参数如下。

- 路由节点缓存大小：$c_1^{ca}=c_2^{ca}=\cdots=c_N^{ca}=5\ 000$ KB。
- 内容参数：$F=\{1,2,\cdots,M\}$，且每一块大小为 $b=250$ KB。
- Zipf 分布参数：$s=0.7$。
- 传输能耗：$e_1^{tr}=e_2^{tr}=\cdots=e_N^{tr}=1.5$ J/bit。
- 缓存能耗：$e_1^{ca}=e_2^{ca}=\cdots=e_N^{ca}=50$ J/bit。

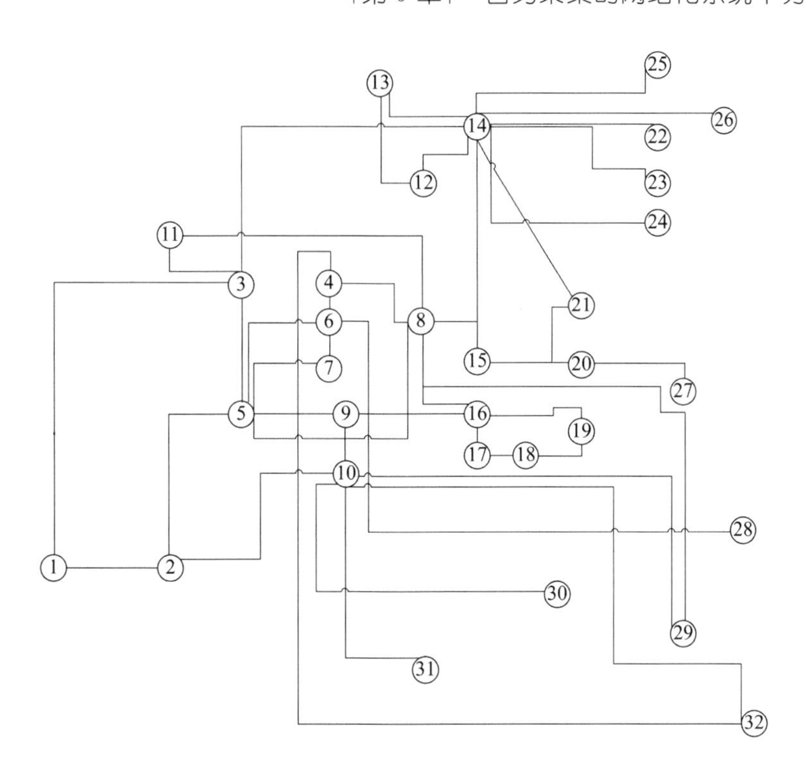

图 5-4 GEANT 的拓扑图

- 迭代步长：$\mu=0.00001$。
- 初始值：$x_0=(0,0,0,\cdots)$，即最初在全网中并没有缓存任何内容。

另外，令权重系数按照 Metropolis 规则取值，即

$$a_{l,n}=\begin{cases}\dfrac{1}{\max\{k_l,k_n\}}, & n\neq l \text{ 且为邻居节点}\\ 1-\sum\limits_{l\in N_n\setminus\{n\}} a_{l,n}, & n=l\\ 0, & \text{其他}\end{cases} \tag{5-21}$$

其中，k_n 表示节点 ν_n 的度。

在仿真过程中，给定了一个包含 60 个内容块的视频，并且设定全网中内容请求频率服从泊松分布。

5.4.2 实验结果对比分析

基于上述分析，本节将所提策略与其他三个策略进行了对比仿真，并给出了实验结果，其中，基于一致性策略的分布式优化算法与所提算法一样，也是一种全分布式的优化

算法。为了更好地对比，我们给出解决内容缓存问题的一致性算法形式：

$$w_n(t+1) = P_X\left[\sum_{l \in N_n} a_{l,n} w_n(t) - \mu_n \nabla O(w_n(t))\right] \tag{5-22}$$

1. 缓存命中率

缓存命中率是一个反映内容缓存策略的重要指标，其定义为单位时间内兴趣包命中的次数。通过定义可知，缓存的内容块被分得越小，缓存命中率就会越高，这也是本章将一个大的视频块分成许多小块来进行研究的原因。

3 种不同拓扑上的缓存命中率对比如图 5-5 所示。通过图 5-5 可以看出，缓存命中率会随着拓扑的不同而改变，拓扑的稀疏性越高，缓存命中率就会越低。在不同的拓扑下，4 种算法分别进行了对比，由于在各个拓扑中 4 种算法的差异一致，因此，下面以图 5-5(a)为例进行讨论，其余拓扑中的结果与此类似。从图 5-5(a)中可以看出，由于所有缓存策略的初始值为 $x=(0,0,0,\cdots)$，因此所有缓存命中率都从 0 开始，且 GDSoc 策略收敛速

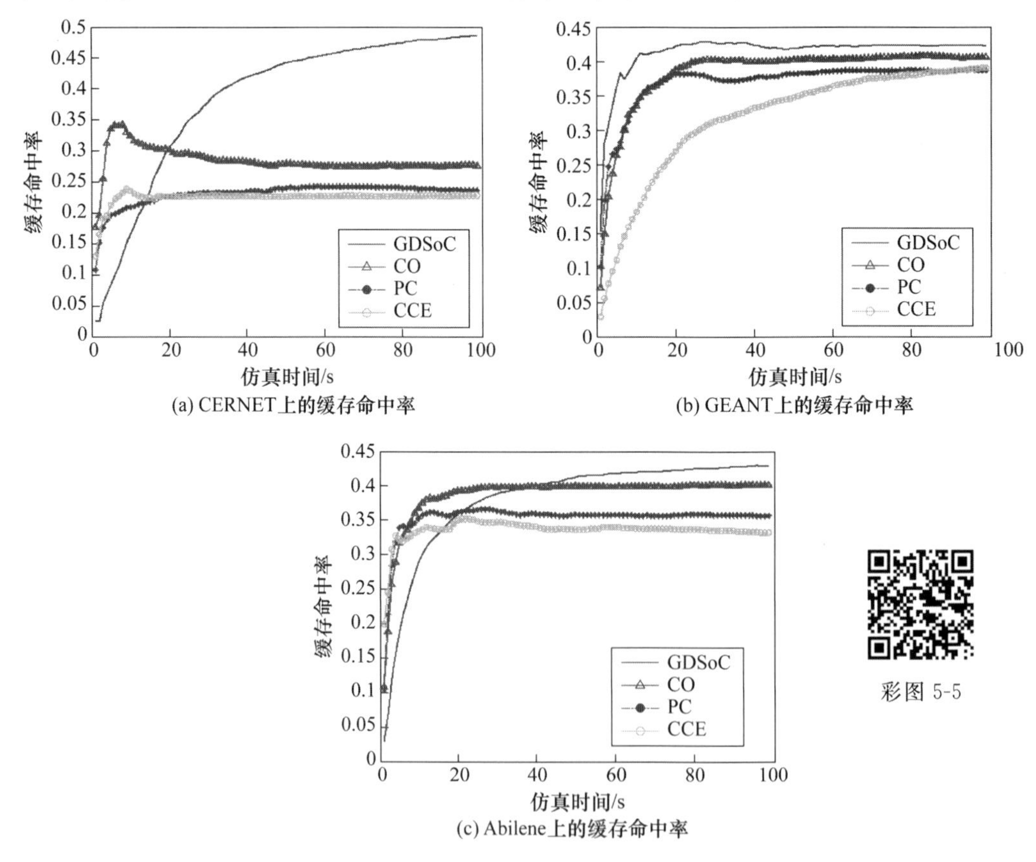

(a) CERNET上的缓存命中率

(b) GEANT上的缓存命中率

(c) Abilene上的缓存命中率

图 5-5 3 种不同拓扑上的缓存命中率对比

度快，缓存命中率高。尽管 CO 策略也同样有着较高的缓存命中率，但可以看出其稳定性相对较低。值得注意的是，尽管 CCE 策略通过网络中的节点对其上经过的数据包全都进行缓存实现，但是其具有最低的缓存命中率。这是由于仿真实验假定每个路由节点的大小是有限的并远远小于全部待请求的内容的大小总和。另外，CCE 策略不是一个分布式的策略，节点之间并没有协作，这样的结果往往导致所有节点都只缓存流行度较高的内容，从而造成大量的冗余。因此，大多数内容并未同时缓存在网络中的节点上。尤其当网络节点较密集时，该差异表现得更为明显，通过对比图 5-5(a)和图 5-5(c)可以验证此观点。

2. 平均缓存能耗

3 种不同拓扑上的平均缓存能耗对比如图 5-6 所示。由图 5-6 可知，在同一拓扑中，所有算法的平均缓存能耗变化趋势一致并最终收敛到一个统一稳定的值。这是由于在

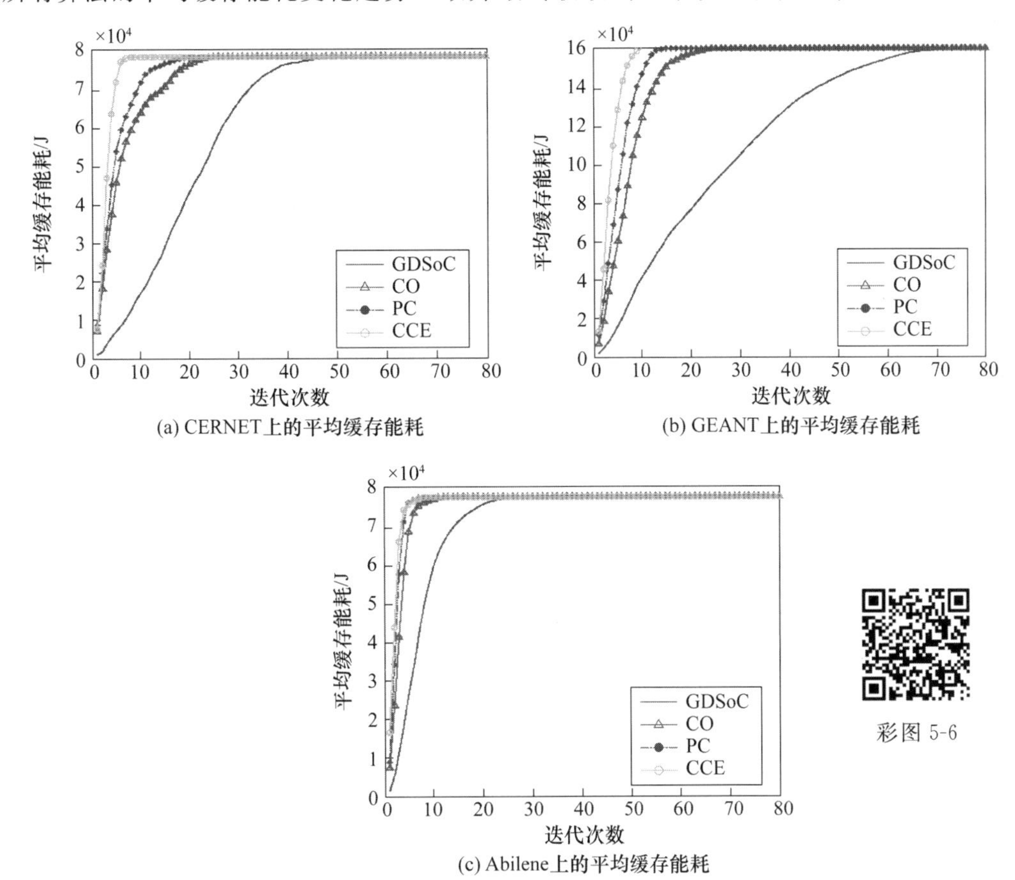

图 5-6　3 种不同拓扑上的平均缓存能耗对比

经过一定的时间后，所有算法下的网络内各节点都达到了其容量的最大值。因此，对比缓存能耗性能，只关注能量消耗的变化速率以及达到最大值前曲线的变化趋势即可。在图 5-6(a)、图 5-6(b)以及图 5-6(c)中，GDSoC 方案均能获得最低的缓存能耗，且增长速度缓慢。从横向来看，越稀疏的网络拓扑，曲线段的缓存能耗越高，这是由于在较稀疏的拓扑中，如 Abilene，在同一时间内需要把同一份内容缓存于更多的路由节点上，以满足广泛分布的不同用户对该内容的需求，从而实现快速响应。相反，在高密度的网络系统中，如 CERNET，只需要将该内容缓存到那些度比较高的网络节点上即可。

3. 平均传输能耗

在对传输能耗进行统计时，将全网中的传输能耗按照一个个相等的时间片段来进行统计，而不是将其进行累加，这样能更加直观地反映每个时间段片内传输的消耗。在实际仿真中，会获取来自两个端口的数据包，分别是网卡接口传来的数据包以及应用层接口传来的数据包。为了避免统计的冗余，仿真中只统计了网卡接口上的数据包。3 种不同拓扑上的平均传输能耗对比如图 5-7 所示。由图 5-7 可知，在所有的拓扑中，本章所提算法的传输能耗在各个时间片内都是最低的，尤其达到稳定状态时，图 5-7 更可以反映传输能耗的差别。值得注意的是，起始状态是 $x=(0,0,0,\cdots)$，这也就意味着传输能耗应该是个减函数(即开始时由于网络中都没有进行缓存，因此传输的消耗较多，等达到稳定状态时，传输消耗会逐渐减少，因为大多数内容都可以直接从最近节点处获得)，但是通过图 5-7 发现事实并非如此。这是因为在本章的实验中，请求频率不是始终一致的，在此假设其服从泊松分布。再者，统计传输消耗的时间间隔是极小的，在该时间间隔内并不能将所要请求到的内容瞬间传完。例如，如果有一块内容在第一个时间片内被请求，在该时间片内不能传送完该请求内容的数据包(可能传送完该块内容需要 30 个时间片)，那么在接下来的时间内，所统计到的传输能耗不仅仅有新到的请求内容传输消耗，还有上一时刻未传输完且仍在网络中进行传输的数据消耗。另外，通过横向对比可知，在较密集的网络拓扑中，传输能耗会普遍更低，这是很容易理解的，因为在相对密集的网络中，无论从传输距离还是从用户分散性来讲，都比系数拓扑的性能更好。

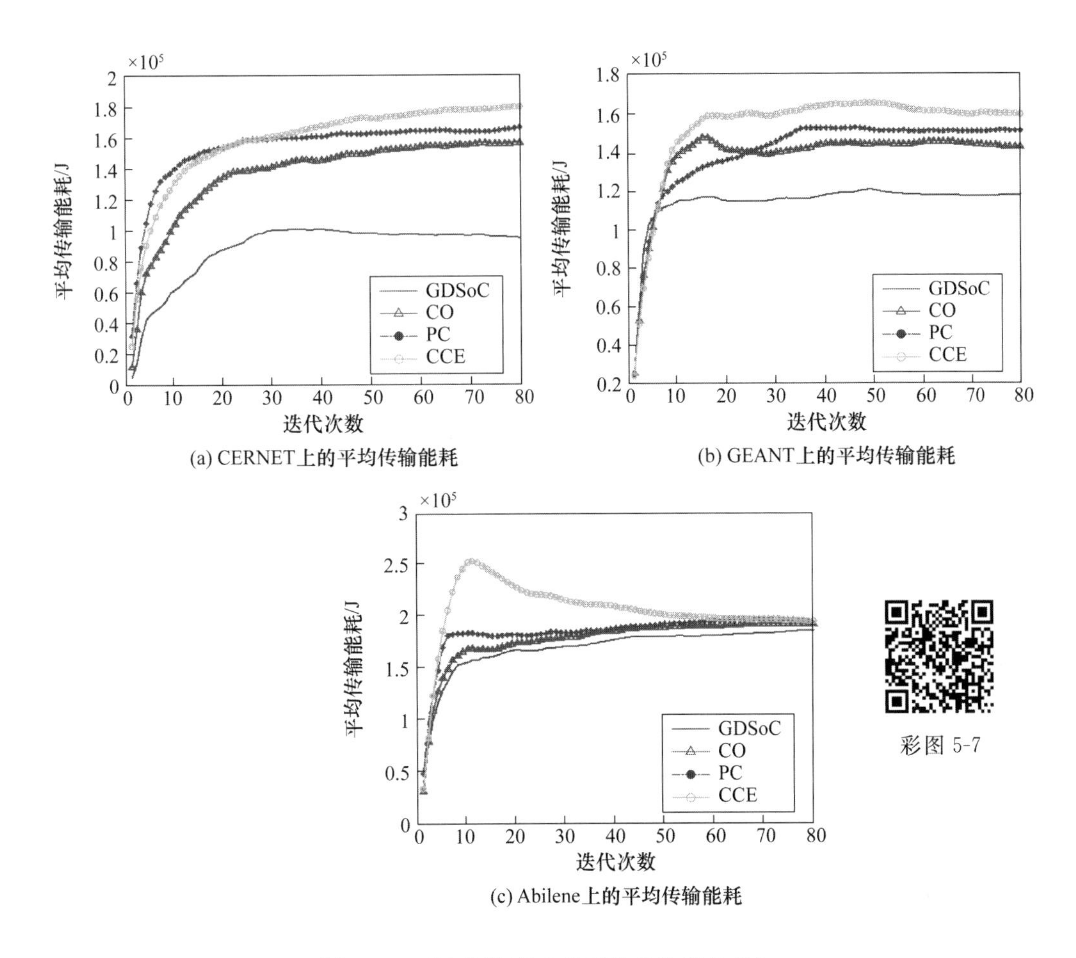

图 5-7　3 种不同拓扑上的平均传输能耗对比

4. 全网总能耗

3 种拓扑上的不同时间片下的全网总能耗对比如图 5-8 所示。该能耗主要由缓存能耗和传输能耗相加而来，能更加直观地反映所提策略的优越性，即使在网络规模不是很大的情况下，该策略仍在保证缓存命中率的基础上达到了能耗的有效节省。与此同时，我们还对每个节点的全网总能耗进行了分析，为了能够看清每个节点的表现以及各个算法之间的差异，采用了折线图的方式来呈现，而并未采用柱状图，3 种拓扑上不同节点处的全网总能耗对比如图 5-9 所示。通过与图 5-4 结合观察不难发现，相比于其他缓存策略，所提策略在越是度数高的节点处，节省的能耗就越多。另外，通过横向对比图 5-9(a)、图 5-9(b)以及图 5-9(c)可以看出，网络拓扑越稀疏，度数低的节点消耗的能量就越少。这是显而易见的，不再进行解释。

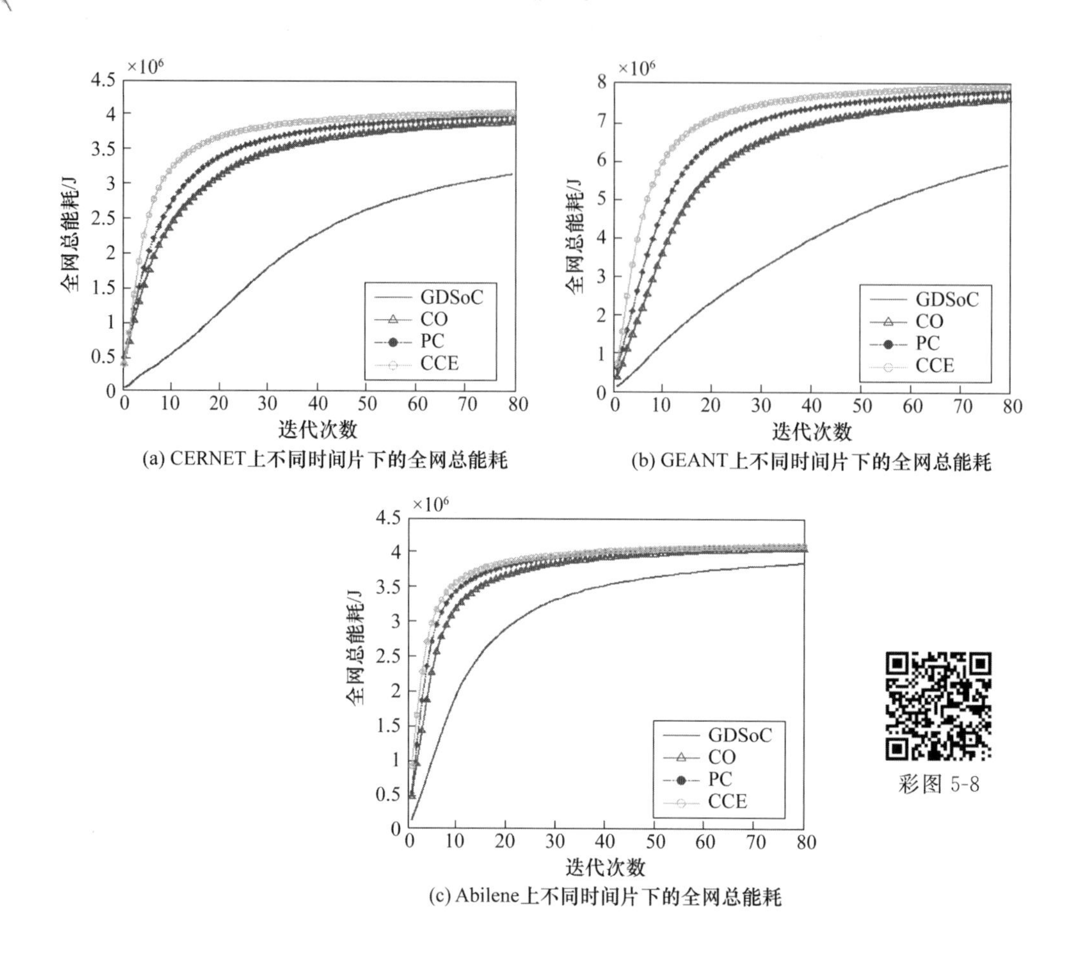

(a) CERNET上不同时间片下的全网总能耗

(b) GEANT上不同时间片下的全网总能耗

(c) Abilene上不同时间片下的全网总能耗

图 5-8 3 种拓扑上不同时间片下的全网总能耗对比

本章针对 5G-ICN 网络化系统研究了一种绿色内容缓存策略问题，并运用基于正交投影的扩散性分布式算法对其进行了有效求解。首先，本章通过建立各种模型将该问题构建为一个带约束集的最优化问题，在该最优化问题中，目标函数通过权衡网络中内容缓存能耗和传输能耗获得。然后，本章通过仿真验证了该优化问题构建的合理性以及该分布式算法性能的优越性。

虽然本章以能耗为目标函数来构建内容缓存问题，但是该方法具有可扩展性，凡是符合分布式最优化问题适用范围的，均可以采用本章构建问题、解决问题的方式来对各种网络化系统下的问题进行建模求解。另外，针对内容缓存策略问题，本章通过分布式算法给出了一种全新的研究方式。

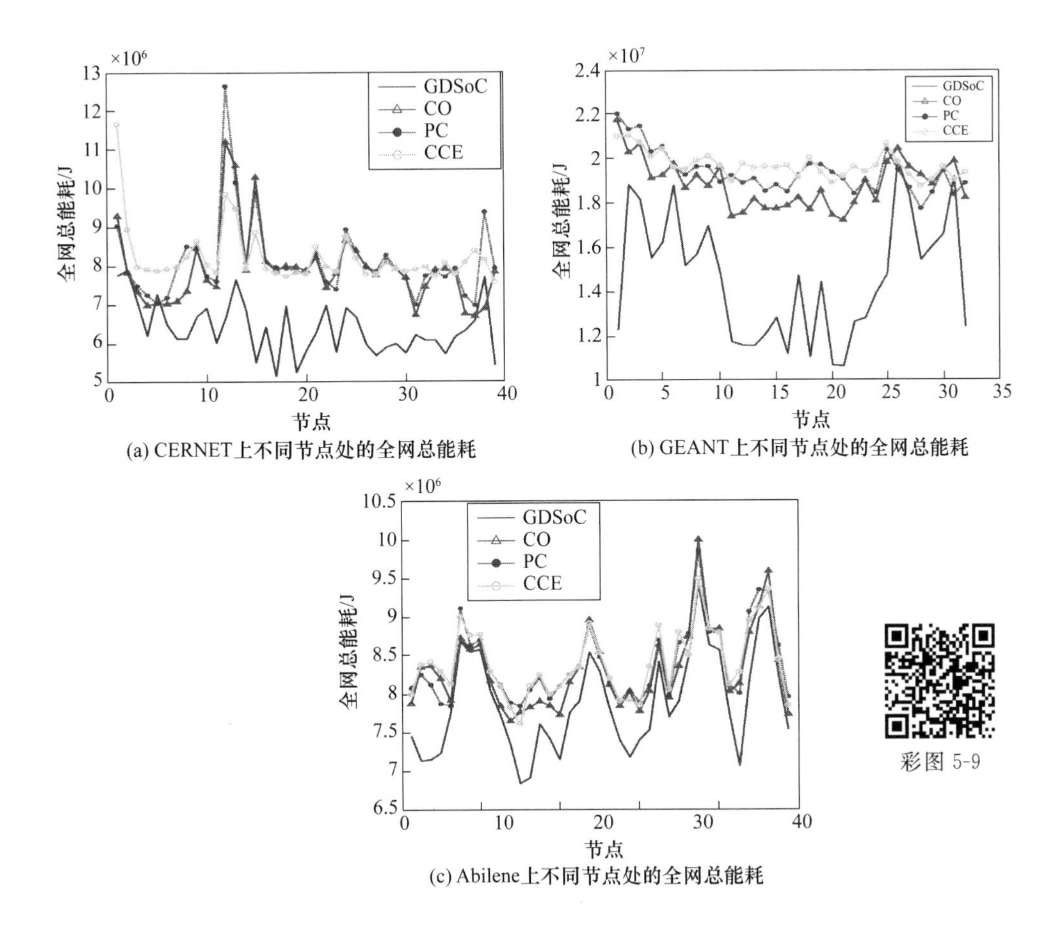

图 5-9　3 种拓扑上不同节点处的全网总能耗对比

参 考 文 献

[1] GOSWAMI A, GUPTA R, PARASHARI G S. Reputation-based Resource Allocation in P2P Systems: A Game Theoretic Perspective[J]. IEEE Communications Letters, 2017, 21(6): 1273-1276.

[2] TRAN H A, SOUIHI S, TRAN D, et al. Mabrese: A New Server Selection Method for Smart SDN-based CDN Architecture[J]. IEEE Communications Letters, 2019, 23(6): 1012-1015.

[3] CONTRERAS L M, SOLANO A, CANO F, et al. Efficiency Gains due to Network Function Sharing in CDN-as-a-Service Slicing Scenarios[C]//2021 IEEE 7th International

Conference on Network Softwarization (NetSoft). IEEE, 2021: 348-356.

[4] MADUREIRA A L R, ARAúJO F R C, ARAúJO G B, et al. Ndn Fabric: Where the Software-defined Networking Meets the Content-entric Model[J]. IEEE Transactions on Network and Service Management, 2020, 18(1): 374-387.

[5] LEE U, RIMAC I, KILPER D, et al. Toward Energy-efficient Content Dissemination [J]. IEEE Network the Magazine of Global Internetworking, 2011, 25(2): 14-19.

[6] AHLGREN B, DANNEWITZ C, IMBRENDA C, et al. A Survey of Information-centric Networking [J]. Communications Magazine IEEE, 2011, 50(7): 26-36.

[7] ZHANG X, ZHU Q. Information-centric Virtualization for Software-defined Statistical QoS Provisioning over 5G Multimedia Big Data Wireless Networks[J]. IEEE Journal on Selected Areas in Communications, 2019, 37(8): 1721-1738.

[8] GE L, ZHOU J, ZHENG Z. Dynamic Hierarchical Caching Resource Allocation for 5G-ICN Slice[J]. IEEE Access, 2021, 9: 134972-134983.

[9] NIKOLAEVICH K N, ALEKSANDROVICH Z S, NIKOLAEVNA P U, et al. Instrumental System of Temporal Analysis of Models of Concurrent Computing Systems Constructed Using Theory of Temporary Finite State Automata[C]//2020 Moscow Workshop on Electronic and Networking Technologies (MWENT). IEEE, 2020: 1-8.

[10] JIN F, WANG L. Evaluation and Analysis of Strategic Human Resource Management Based on Multi-mode Fuzzy Logic Control Algorithm[C]//2020 5th International Conference on Mechanical, Control and Computer Engineering (ICMCCE). IEEE, 2020: 1908-1911.

[11] GUPTA D, RANI S, AHMED S H, et al. ICN-based Enhanced Cooperative Caching for Multimedia Streaming in Resource Constrained Vehicular Environment[J]. IEEE Transactions on Intelligent Transportation Systems, 2021, 22(7): 4588-4600.

[12] CHAI W K, PAVLOU G, KAMEL G, et al. A Distributed Interdomain Control System for Information-centric Content Delivery[J]. IEEE Systems Journal, 2018, 13(2): 1568-1579.

[13] QU D, ZHANG J, HOU Z, et al. A Trust Routing Scheme Based on Identification of Non-complete Cooperative Nodes in Mobile Peer-to-Peer Networks[C]//2020 IEEE 19th International Conference on Trust, Security and Privacy in Computing and

Communications (TrustCom). IEEE, 2020: 22-29.

[14] XU C, ZHANG P, JIA S, et al. Video Streaming in Content-centric Mobile Networks: Challenges and Solutions[J]. IEEE Wireless Communications, 2017, 24(5): 157-165.

[15] CAO R, CHENG L. Distributed Dynamic Event-Triggered Control for Euler-Lagrange Multiagent Systems With Parametric Uncertainties [J]. IEEE Transactions on Cybernetics, 2019.

[16] ZHI Y, TIAN J, LIU Q, et al. Multi-Agent Reinforcement Learning for Cooperative Edge Caching in Heterogeneous Networks[C]//2021 13th International Conference on Wireless Communications and Signal Processing (WCSP). IEEE, 2021: 1-6.

[17] ANAMALAMUDI S, ALKATHEIRI M S, AL SOLAMI E, et al. Cooperative Caching Scheme for Machine-to-machine Information-centric IoT Networks[J]. IEEE Canadian Journal of Electrical and Computer Engineering, 2021, 44(2): 228-237.

[18] JIANG A, BRUCK J. Optimal Content Placement for En-route Web Caching[C]// Second IEEE International Symposium on Network Computing and Applications, 2003. NCA 2003. IEEE, 2003: 9-16.

[19] DONG L, ZHANG D, ZHANG Y, et al. Optimal Caching with Content Broadcast in Cache-and-forward Networks[C]//2011 IEEE International Conference on Communications (ICC). IEEE, 2011: 1-5.

[20] CHO K, LEE M, PARK K, et al. WAVE: Popularity-based and Collaborative In-network Caching for Content-oriented Networks[C]//2012 Proceedings IEEE INFOCOM Workshops. IEEE, 2012: 316-321.

[21] LI J, WU J, LI C, et al. Information-centric Wireless Sensor Networking Scheme with Water-depth-awareness Content Caching for Underwater IoT[J]. IEEE Internet of Things Journal, 2021, 9(2): 858-867.

[22] CHEN Y H, WU A C H, HWANG T T. A Dynamic Link-latency Aware Cache Replacement Policy (DLRP)[C]//Proceedings of the 26th Asia and South Pacific Design Automation Conference. 2021: 210-215.

[23] ANAMALAMUDI S, ALKATHEIRI M S, AL S E, et al. Cooperative Caching Scheme for Machine-to-machine Information-centric IoT Networks [J]. IEEE

Canadian Journal of Electrical and Computer Engineering, 2021, 44(2): 228-237.

[24] SHAN S, FENG C, ZHU G, et al. Cooperative Cache Placement for Arbitrary Topology in Content Centric Networking[C]//2020 IEEE 8th International Conference on Information, Communication and Networks (ICICN). IEEE, 2020: 205-209.

[25] NGAFFO A N, EL AYEB W, CHOUKAIR Z. Information-centric Networking Challenges and Opportunities in Service Discovery: A Survey[C]//2020 IEEE Eighth International Conference on Communications and Networking (ComNet). IEEE, 2020: 1-8.

[26] LI B, FEI Z, SHEN J, et al. Dynamic Offloading for Energy Harvesting Mobile Edge Computing: Architecture, Case Studies, and Future Directions[J]. IEEE Access, 2019, 7: 79877-79886.

[27] CHENG X, DALE C, LIU J. Statistics and Social Network of Youtube Videos [C]//2008 16th International Workshop on Quality of Service. IEEE, 2008: 229-238.

[28] CHA M, RODRIGUEZ P, CROWCROFT J, et al. Watching Television over an IP Network[C]//Proceedings of the 8th ACM SIGCOMM Conference on Internet Measurement. 2008: 71-84.

[29] BARROSO L A, HÖLZLE U. The Case for Energy-Proportional Computing [J]. Computer, 2007, 40(12): 33-37.

[30] ROCKAFELLAR R T. Convex Analysis [M]. Princeton: Princeton University Press, 1970.

[31] DENG Y, XIAO J, WEI Q. Distributed Optimal Coordination Control for Continuous-Time Nonlinear Multi-Agent Systems with Input Constraints[C]//2020 IEEE 9th Data Driven Control and Learning Systems Conference (DDCLS). IEEE, 2020: 455-460.

[32] LLANAS B, MORENO C. Finding the Projection on a Polytope: An Iterative Method[J]. Computers & Mathematics with Applications, 1996, 32(8): 33-39.

[33] ARASTU S H, IQBAL N, SAEED M O B, et al. Diffusion PSO-LMS Adaptation over Networks[C]//2020 54th Asilomar Conference on Signals, Systems, and Computers. IEEE, 2020: 1538-1541.

第 6 章
网络化系统中强化学习算法及应用

本章主要介绍强化学习的入门知识和进阶算法，给出了强化学习的定义以及应用。“强化学习”这个词并不那么容易理解，“强化”并不能让人准确理解它的功能，强化学习(Reinforcement Learning)是机器学习的一个重要分支，其核心思想是实验者在与环境交互的过程中获得经验，在该环境中通过给予实验者行为的反馈来强化或者鼓励实验者的一些行为，从而获得更高的反馈期望。这样的实验者与环境的模型框架可以解决网络化系统中多个子模块的交互问题，使得在系统运行过程中，子模块能够根据环境状态的变化而改变自身的行动策略。本章以经典强化学习算法为切入点，向读者介绍了强化学习算法的基本思想，以由浅入深的方式，从众多新兴强化学习方法中挑选了多更新强化学习和多智能体强化学习这两个重要的强化学习分支，并进行了初步的介绍和讲解。第 7、8 章会详细介绍它们的实际应用。

6.1 经典强化学习算法

6.1.1 巴甫洛夫的实验

强化学习的算法思想包含实验者不断向环境学习的过程，这不禁让我们想起了一个经典的心理学实验：巴甫洛夫的狗。实验过程如下：实验者都对着狗摇铃铛、开红灯，并给狗一些食物。这样经过一段时间以后，当铃铛响或者红灯亮时，狗就会不由自主地流口水，引起条件反射，这样经过训练后，狗就“学会”了铃铛、红灯和食物的关系，这也可以算作强化学习的一个简单的例子。在实验的早期，当实验者对着狗摇铃铛时，狗不会有特殊的反应；但是随着实验的进行，铃铛和食物这两个观测内容不断地刺激狗，使狗最终提高了进食这个行动的可能性。实际上，这样的交互模式在很多场景下都会出现，这是一个看似与算法无关的经典心理学实验，但是其中蕴含的思想和揭示的道理与强化学习算法是一样的。

在详细介绍强化学习算法之前，我们希望通过宏观的角度解释强化学习算法的不依赖于标签的优势，这也是它能够在机器学习领域占据一席之地的原因。不同于监督学习需要有一个监督者给出“好”或者“坏”的反馈，也不同于无监督学习需要机器从海量的信息中总结出规律，强化学习以一种优雅的方式模仿生物与环境互动获得经验的过程，进行不依赖于标签的迭代训练。目前，强化学习在机器人和网络领域均得到了广泛的应用。

回到巴甫洛夫的实验这一具体的例子，我们现在要做的事情是：如何将这样一个最简单的实验中的普遍规律提取、抽象出来，即不仅要从这个例子中看出强化学习所涉及的主题对象，还要得到几个关键要素。对应于高度抽象的强化学习的框架，相关映射和解释如下。

(1) 狗：实验的主体、环境的学习者，根据环境的变化改变自己的行为。

(2) 巴甫洛夫：负责实验的设计者和观测者，给予实验主体刺激。

(3) 铃铛和红灯：对实验主体的刺激。

(4) 流口水：狗对刺激的反应，这里可以抽象成实验主体的环境刺激的反馈。

(5) 喂食物：给狗的奖励，也是改变狗行为的关键要素。

在经典的强化学习中，一定会涉及五个关键要素：被实验者，也称为智能体(Agent)；实验者构建的环境，也就是系统环境(System Environment)；智能体存在的环境，也称为环境状态(State)；被实验主体的行动(Action)；被实验主体的回报(Reward)，也称为奖励或反馈。智能体要和实验者构建的系统环境完成一系列的交互，这五个强化学习的关键要素分别对应巴甫洛夫实验中的狗、巴甫洛夫、铃铛和红灯、流口水、喂食物。事实上，每一个强化学习的案例中都一定存在这五个要素。为了便于研究，我们将实验结果的理论推广到更为普遍的环境中。我们将实验主题称为智能体，并将其行为进一步细化为以下三个部分。

(1) 在每一时刻，环境都处在或者存在一种状态，智能体能通过观测环境理解当前状态。

(2) 智能体根据当前环境状态的观测值，并结合自己历史的行为准则(基于经验做出策略)做出行动。

(3) 智能体做出的这个行动又继而会使环境状态发生一定的改变,同时智能体又会获取到新的环境状态的观测值和这个行动所带来的回报,当然这个回报既可能让智能体坚定地执行以往策略,也可能让它倾向于改变策略,在这样不停接收环境的反馈之后,智能体就会根据过往大量的状态观测值和回报来继续做出新的行动,直至收敛到实验设计者所期望的目标为止。

高度抽象的强化学习的框架所包含的整个过程的逻辑拓扑如图 6-1 所示。如何将强化学习的框架应用到更多的实际场景中,是现在研究者们关注的重点。本章以及第 7、8 章将通过解释两个实际例子的途径,把网络化系统的智能化推向实际场景。而在强化学习的理论部分,在前辈们苦心研究的基础上,我们得到了如图 6-1 所示的具有很高抽象度的强化学习逻辑拓扑。强化学习不仅体现在巴甫洛夫的实验中,还包含在一些其他的电子游戏中,为了更贴切地表述,下面将站在玩家的角度思考,以“玩家”代替智能体。

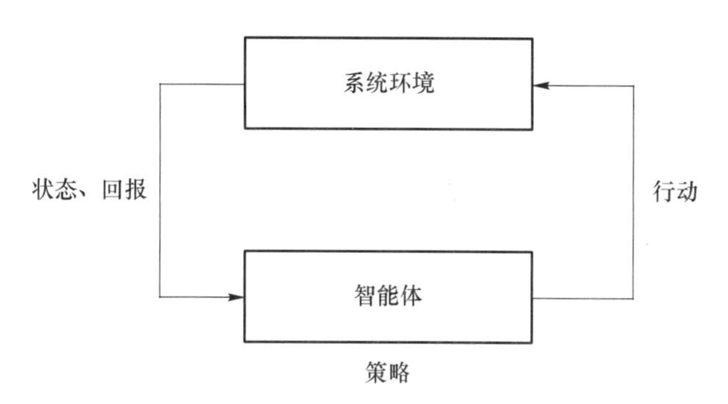

图 6-1 强化学习的逻辑拓扑

6.1.2 俄罗斯方块游戏

通过前面的介绍,相信读者对强化学习已经有了基本的了解,前面所提的例子都站在上帝视角进行分析,读者并没有参与到实验本身;而强化学习的思想是站在实验者的角度不断迭代的,被实验者最终的表现能否收敛到实验设计者的预期效果,是强化学习算法是否成功的重要指标。作为算法的设计者,我们需要以一个全局的视角去理解算法的细节,但是现实中站在玩家的角度反而更能理解强化学习思想的精髓。这是因为在日常生活中,我们也往往会扮演“实验者”这个角色。以俄罗斯方块为例,我们并不是在扮演游戏的开发者,站在制高点控制玩家的行为,而是扮演一个玩家,思考如何才能在俄罗斯方块这款他人设计的游戏中取得更高的得分。即使作为游戏的开发者,也不能单纯地通过游戏影响别人的行为。游戏的开发者其实身处另外一个游戏中，扮演一个引导者的角色。游戏的开发者通过设计精简的规则，使游戏真正的玩家能够理解游戏的规则，并使玩家通过反复游戏来取得高分，从而获得成就感。从这个角度观察人类的行为，不免感叹于游戏设计者的辛苦，通过简单的规则让玩家感到有趣并且反复进行游戏，是一个不小的挑战。再次回到玩家的视角，站在被规则约束的角度，我们的目标自然是尽可能地多得分，得分的规则是尽量凑齐更多层的连成一线的砖块。玩家从游戏界面中，只能感知当前砖块的排列状况和下一个到来的方块形状，而且左右移动和中心旋转的操作要在砖块落在地面之前的有限时间内完成。除此之外，一些隐含的信息需要靠玩家持续观察才能得到，例如，俄罗斯方块中砖块的下落速度会随着游戏的进行越来越快。

游戏的设计者可以从容地挑战每一个规则的参数，而作为玩家，我们只能通过画面变换的反馈来不断学习从而设定策略。从上面的描述中可以发现，如果游戏的设计者对消除砖块的行为给予正面的反馈，玩家将更倾向于产生消除方块的行为；如果游戏的设计者不对消除砖块的行动给予正面的反馈，玩家会更倾向于把砖块累积得更高，或者是什么也不做，但这样会使游戏结束得更快。如果游戏设计者只对其他的行为给予正面的反馈，如给更快把砖块累高的行为一个高分，那么玩家会尽可能地累出高塔，而消除砖块的行为会变成一个负面的行为。实际上，俄罗斯方块这款游戏所采用的设计方案是尽可能地让玩家延长游戏时间。为了增加游戏的难度，开发者不会让玩家陷入一直重复操作的循环，为此，游戏的设计者引入了砖块下落速度随时间而变快的超参数。而在玩家的角度，在理解规则的前提下，他们可以通过多次练习成为这款游戏的高手，从而获得满足感。

通过巴甫洛夫的实验和俄罗斯方块游戏这两个简单例子，我们阐述了强化学习的核心思想：算法设计者通过某种手段影响智能体的行为以实现预先设置的目标，实验者需要构建一个完整的实验环境，通过给予被实验者真实的观测结果和人为设置的反馈，让实验者在实验设计者预设的环境中进行学习和迭代收敛。我们将在尽量精简的情况下，在后续内容中运用该核心思想。

虽然前面从心理学的角度，从动物和人的智能体模型角度介绍了强化学习的概念，但毕竟本书的主题是网络化系统的算法设计，所以本书之后举例所提及的“智能体”全部是有计算能力的机器或者网络设备。实际上，上述实验框架不仅可以应用在人类或者动物身上，在自动化、网络路由、拥塞控制等非人工智能的信息学领域也有着同样的作用。因此从本质上看，强化学习中的智能体和自然界中的动物并不具有本质上的不同。如果你是一名其他领域的研究者，不妨将本章介绍的核心思想套用到自己擅长的领域，相信会有意想不到的收获。

6.1.3 强化学习的评价标准

有的人可能会有这样的疑问:强化学习的评价和其他常见方法的评价有什么相同点与不同点呢?为了回答这个问题,我们先介绍“监督学习”这个概念,监督学习是一类最经典的机器学习方法,它的目标是训练一个模型,并且这个模型能够根据确定的输入得到对应的输出。为了实现这个目标,我们需要准备好一定数量的训练样本,这些样本包含了一对数据和标签,我们使用输入的数据计算得到模型的参数,从而完成模型的学习。从学习的目标来看,强化学习和监督学习十分相近,都是通过回报最大化来控制机器的行为,从而得到一组合适的参数和模型。从表面上看,二者都是完成从一个事物到另一个事物的映射,但是只要做好分析,我们就可以梳理出它们的不同。

在第 6.1.2 节,我们转换了强化学习的关注角度,从玩家和实验者的角度出发,将最大化所获得的回报作为各自的目标。但这样的目标并没有得到精确的定义,因此,我们需要把这个目标变得更容易理解,而不是简单把它描述为“收敛到预期”。我们将在本节介绍强化学习的两个显著特点,即看重长期回报和不断试错,正是这两个特点使得强化学习的结果被标准化,从而便于算法的设计者对模型性能进行评价。

重复前面的结论,强化学习通过一些手段影响智能体的行动,这是站在环境或实验者的角度来看的。如果站在智能体的角度,就是另外一种情形。根据环境状态给出行动的智能体有时会收到较多回报,有时回报较少,若回报以数值的形式表示,那么智能体还可能收到负的回报。但是之前没有说清楚的是,究竟怎样才能获得最多的回报呢?智能体本身并不知道,算法的设计者也不会告诉智能体。因此,智能体需要根据回报的多少不断调整自己的策略,从而尽可能多地获得回报。在这个过程中,智能体尽可能地尝试各种状态的不同行动,并收集反馈的情报。只有收集到宝贵的经验,才能更好地完成学习任务。因此,这是一个不断试错(Trial and Error)的过程,只有经过多次尝试和失败,才能获得最终的成功。也就是说,强化学习的任务需要长时间的交互,如之前提到的俄罗斯方块游戏,玩家与游戏交互的周期可以是一局游戏,在这样的时间跨度下,眼前一步或两步操作获得的回报就变得没那么重要了。之前也提到,俄罗斯方块对同时消除不同层数方块的奖励不同,单次消除一行方块得到的分数要低于一次消除多行砖块得到的分数。消除一行砖块比较简单,而消除多行方块就需要承担砖块累积的风险,这样的博弈给玩家带来了乐趣,经验丰富的玩家往往会选择累积多行砖块再一并消除,从而获得更高的积分。这可能就是游戏设计者的初衷,从更长远的角度看,玩家慢慢学会累积多行的砖块，这样的得分设置补偿了累积多行砖块的风险。对于玩家来说，追求长期分数需要多探索、多尝试，但也可能遇到更多的失败，所以看重长期回报和不断试错是相辅相成的关系。

因为这两个特点，我们在评价强化学习算法的优劣上与其他常见的机器学习算法不同。除了常见的衡量指标（如准确率、计算时间、稳定性和变量数）外，我们还要重点考虑一个指标，即学习的收敛时间。由于学习和试错的强关联性，这一指标也看作尝试和探索的次数。如果一个强化学习算法的损失函数和规则的设置不合理，那么需要尝试的次数就会相对更多，且可能达不到收敛的结果。我们一般认为每次试错花费的时间一样，如果一个算法需要尝试的次数比较少，那么相对来说它所花费的时间就会更少。站在机器学习的角度，我们可以认为尝试的本身会影响学习的时间，而深度学习的性能一定程度上依赖于样本的代表性、重合度等数据的性能。而对强化学习来说，环境的规则一般是普遍的，不同的强化学习算法只需要提高对样本（环境）的利用效率。不同算法对环境试错次数相同的情况下，较优的算法能使智能体学习到更多的知识，而若想让智能体学习到一些复杂的行为，则需要精心设计智能体的行为空间，这会带来决策的维度爆炸。同时，这也是多更新方法的提出背景，多更新强化学习的方法会在后面的章节介绍。

训练样本（环境）的利用效率会直接影响学习时间。可以知道的是，智能体学习样本的过程要通过自身与环境的交互得到，而这个过程是要花费时间的。但是强化学习的优势是需要的样本量少，学习时间主要取决于算法的性能，因为计算机可以在短时间内快速模拟出大量的样本，但是对于在现实场景进行训练的情况来说，产生样本意味着要在真实世界连续且有一定噪声的情况下进行交互，花费的时间会更长。因此，很多研究人员都在思考如何提高真实世界学习的速度，这就涉及样本利用率、多智能体学习等内容。因此，强化学习需要重点关注两个标尺：学习效果和学习时间，这就是强化学习算法最看重的两个目标。

6.1.4 强化学习与马尔可夫过程

本节将主要介绍强化学习的算法细节，并解释它与马尔可夫过程的关系。因为经典的强化学习算法状态是有限离散的，所以强化学习模型的参数可以描述为在多个状态之间互相转移的概率，这与马尔可夫过程的条件不谋而合。总体来讲，强化学习是机器学习方法的一种，与监督式学习有一定的相似性，但是也存在不同。简单来说，强化学习没有一个明确的规定说明行动是绝对的对或者错，只有好与不好之分，短期内收获更多奖励的决策可能在长期取得不太好的结果。强化学习是有中间区域存在的,这样的设计也给了智能体收敛到长期最优策略的空间。除此之外,强化学习针对某个行动的环境反馈有些是延迟的,如俄罗斯方块中一局内的前几个操作的反馈基本上不会影响同一局之后的操作。而在经过一整局游戏的学习之后,得到的经验又可以在之后的游戏对局中得到体现。如果以每一局作为一个节点,我们可以说智能体学习的整个过程是连续的。

强化学习的几个要素包括:环境、状态、智能体、策略、行为和环境的反馈。想要理解经典的强化学习模型,就必须得理解它们在其中的对应关系。马尔可夫相关概念包括马尔可夫过程(Markov Process)、马尔可夫奖赏过程(Markov Reward Process)、马尔可夫决策过程(Markov Decision Process,MDP)等。在经典理论中,它们都是具有马尔可夫性质(Markov Property)的。那么,什么是马尔可夫性质呢?用一句话来说就是"当前状态的选择不受上一状态的影响,过去与将来是独立的",再通俗一点来说就是,我们可以认为现在的这个状态已经包含了预测未来所有的有用的信息,这样一来,在确定当前的状态信息之后,之前的那些信息就都可以抛弃不用了。MDP 描述了强化学习中环境的概念,将环境状态转化为一个一个可见的点。马尔可夫决策过程(马尔可夫链)是一个由状态集合 S、转移概率集合 P、智能体所有动作的有限集合 A、转换函数 P、回报函数 R、用于平衡智能体短期回报和长期回报的折扣系数 r 组成的五元组 $\langle S,A,P,R,r\rangle$。马尔可夫的五元组集合能够在强化学习中给出对应的元素。

MDP 的求解目标是找到期望回报值最大的最优策略 σ^*,一般用最优状态动作值函数形式化表示期望回报:$Q^*(S,a)=\max E[R_t|S=s,a_t=a,\sigma]$。当智能体的数量超过一个,环境的改变和每个智能体的回报取决于所有智能体的动作和当前状态时,则称 MDP 为多智能体马尔可夫决策过程。多智能体的强化学习在之后的章节中会有详细的介绍。

6.1.5 强化学习算法分类

在学术界与产业界的不断推动与迭代下,强化学习的分支越来越多。它们分别被应用到不同的场景,以解决生活中越来越复杂的问题。例如,围棋比赛中名声大振的 AlphaGo 和在机器人控制领域大放异彩的波士顿动力机器人都使用了强化学习的技术。强化学习算法具体分为以下两类。

1. 基于值函数的方法

Q-Learning 是一个典型的基于值函数的强化学习方法。在实际场景中,往往存在状态或者动作空间连续、过大的问题，这使得传统基于离散状态和马尔可夫状态转移的强化学习方法无法得到有效使用。随着深度学习的崛起，越来越多的实验证明，神经网络对于高维输入数据可以学习出有效的函数逼近方法，从而实现高维到低维空间的映射，实现状态空间或者动作空间的降维，促进 Q 网络的正常运作。由于结合了深度学习与 Q-Learning 的优点，基于值函数的强化学习方法因为其简单、高效的特点，已成为目前解决许多强化学习问题的方法之一。例如，解决状态空间连续的网络传输，往往难以用有限个状态来表示网络的每一种状态，而深度学习输入聚类方法的出现，意味着状态空间和决策空间的爆炸已经不再是强化学习的限制。在神经网络聚类降维的协助下，日常生活中的一些难以被划分明确的状态空间和动作空间的问题也有了解决的希望。最近有一些研究专注于解决最大公共子图问题，基于值函数的强化学习方法的网络权重更新方法与强化学习一致。这种方法自然也会遇到一个与其他现实问题共同的难点，即强化学习在探索最优解的过程中并不能找到次优解，因此，如何真正地理解环境、寻找策略空间中的其他策略，也成为强化学习发展的新方向。

2. 基于策略的方法

当处理连续动作的问题时，基于值函数的方法不是很实用，这是因为我们要求的 Q 表太大。我们之前在解决这样问题的时候引入了深度学习网络，我们可以按神经网络降维后的输出对复杂的环境输入进行分类，这需要让网络不断学习，才能根据环境的变化实时调整策略。基于值函数的方法通过选取最大 Q 值来进行迭代，从而期望在长期收敛到一个较优解，其本质上是一个接近于确定性输出的算法。这种方式在比较局限的状态环境下没有问题，但是如果在拥有很多重复状态的环境下，就有可能出现问题。什么叫重复状态的环境呢？下面举例进行详细讲解。

在一个迷宫中，存在多个三岔路口。对于进入迷宫的人来说，每个路口看起来没什么不同，站在路口前，要么向左，要么向右。而站在上帝视角，每个路口都有一条正确的路，它可能是左边那条也可能是右边那条。如果基于 Q 值来学习经验，那么很有可能最后学习到的东西是每次碰到路口就以更大的概率选择某一边，这显然是不合理的。而基于策略的话就能够解决这个问题。基于值函数的强化学习方法对应的最优策略通常是确定性策略，因为其是从众多行为价值中选择一个最大价值的行为，但是有些问题的最优策略却是需要随机因子的，像某些没有明确意义的场景，是无法通过基于价值的学习来求得本就不存在的解的。

此时，我们便可以考虑使用基于策略的方法。基于策略的方法关键是用神经网络来表示策略,然后学习最终的策略参数。

6.2 多更新强化学习算法

本节将讨论一个使用强化学习解决问题的案例,具体为一个服务器向与它建立连接的边缘服务器卸载服务的问题,其中的决策部分可以用强化学习代为处理。考虑到现实世界连续、多变的特点,这一问题中状态空间是无限的,以 DQN 为例来描述强化学习的过程,然后指出直接使用 DQN 的缺点。为了解决问题,我们提出了一种全新的深度强化学习方法,它可以大大提高收敛速度。

DQN 的目标是获得 Q 值,即行动的预期奖励值。DQN 将状态作为神经网络的输入,然后训练神经网络获得所有动作的 Q 值,从而改进传统的表格强化学习算法,这样就省去了在表格中记录 Q 值的过程,直接由神经网络生成 Q 值,解决了无限的状态空间问题。DQN 使用两个神经网络:一个是需要训练的主网络;另一个是用来生成目标 Q 值的目标网络。DQN 根据损失函数通过反向传播来训练模型参数。损失函数,即主网络的输出值与估计的预期奖赏之间的误差,如下所示:

$$\text{Loss} = (Q_{\text{real}}(s,a) - Q(s,a))^2$$

其中 $Q(s,a)$ 是主网络的输出;$Q_{\text{real}}(s,a)$ 是预期回报,其表达式如下:

$$Q_{\text{real}}(s,a) = \text{reward} + \gamma Q'(s',\underset{a'}{\text{argmax}})Q(s',a')$$

其中 γ 是未来状态奖励的衰减系数;s' 是在状态 s 时执行动作 a 后的状态;$Q'(s',a')$ 是在状态 s'、动作 a' 下对于目标网络的估计值,并且 $\underset{a'}{\text{argmax}}\, Q(s',a')$ 代表使得下一个状态 s' 获得最大估计 Q 值的动作。

同时,在我们的问题中,每个时间段的动作都是一组潜在动作集合,系统的奖励 R^t 也是针对这组动作。但在上述想法中,我们需要计算的是潜在动作的奖励而不是一个集合,这在传统的深度强化算法(Deep Reinforcement Learning,DRL)中是矛盾的。

为了实现我们的想法,我们提出了多更新强化学习(Multi-Update Reinforcement Learning,MURL)算法,该算法在两个方面与经典的强化学习算法不同,具体如下。

(1) 探索策略

在经典算法中,智能体选择具有最大 Q 值的潜在动作,按照一定的概率来实现,并从其他动作中随机选择,其概率为 ε,每回合智能体只能选择一个动作。然而,在我们的问题中,应该选择一组潜在动作 X^t。因此,我们把探索策略从一个动作变成一组动作。在细节上，我们提出了一种新的最优集选择算法，该算法可以得到满足约束条件且Q值最大的最优动作集，这个算法将在下一节中描述。这种新的探索策略包括：智能体以概率$1-\varepsilon$贪婪地选择最佳动作集，并以ε的概率随机选择一个动作集。

(2) Q值的更新

在问题中，我们需要更新潜在动作X^k的值，但是探索策略的输出是X^t，它是一个潜在动作的集合。在经典的DRL算法中，X^t集的奖励不能用于更新潜在动作X^k，故我们按比例分配解决了这个问题。以上内容是对多更新强化学习思想的简单概括，具体算法细节可以参考本书的第7章。

6.3 多智能体强化学习算法

上述所提的强化学习相关知识一般关注单个智能体的决策。然而真实世界里绝大多数需要解决的问题都来自多个智能体组成的联合系统，简称多智能体系统。在多智能体系统内部，每个智能体的最优解不仅受约束于环境模型，也会受到其他智能体的影响，如无人驾驶场景中多台无人车之间的避障问题、交通信号灯之间的协同问题等。针对多智能体系统，多智能体强化学习(Mutil-Agent Reinforcement Learning，MARL)是一种有效解决该问题的方法。

6.3.1 多智能体强化学习基本概念

一般来说，按照任务类型，多智能体强化学习可以分为以下四种。

(1) 完全合作

每个智能体的奖励一致，决策目的相同，有着同一目标，即最大化共同回报。

(2) 完全竞争

完全竞争和完全合作相反，一方智能体的收益是另一方智能体的损失，从博弈论角度看，实际上是零和博弈。

(3) 合作竞争混合

每个智能体的奖励不受约束，既不是完全竞争也不是完全合作。

(4) 利己主义

在这种方式中，每个智能体只想最大化自身的利益，不关心是否让别人受益或损失。

下面介绍一些多智能体强化学习的基本概念。

(1) 状态、动作、状态转移

与单智能体相似,状态用 S 表示。对于第 i 个智能体,A^i 表示其动作。状态转移函数略有不同,其表达式为 $p(s'|s,a^1,\cdots,a^n)=\mathbb{P}(S'=s'|S=s,A^1=a^1,\cdots,A^n=a^n)$。

(2) 奖励

对于第 i 个智能体,其奖励表示为 R^i。在其完全合作模式下,$R^1=R^2$;完全竞争模式下,$R^1=-R^2$。值得注意的是,R^i 不仅取决于 A^i,同时也取决于 $\{A^j\}_{j\neq i}$。

(3) 回报

智能体 i 在 t 时刻得到的奖励记作 R_t^i,定义回报函数 $U_t^i=R_t^i+R_{t+1}^i+R_{t+2}^i+\cdots$。一般来说,我们更常使用的是折扣回报,即 $U_t^i=R_t^i+\gamma R_{t+1}^i+\gamma^2 R_{t+2}^i+\cdots,\gamma\in[0,1]$。

(4) 策略网络

每个智能体都有自己的策略网络来指导自己的下一步动作 $\pi(a^i|s;\theta^i)$,这里我们基于深度神经网络来模拟策略函数,其中 θ^i 表示第 i 个智能体的策略神经网络参数模型。

(5) 状态价值函数

从数学角度来说,状态价值函数是回报的期望,表示该时刻、该状态从长远角度平均能够带来多少回报。对于智能体 i,其状态价值函数为 $V^i(s_t;\theta^1,\cdots,\theta^n)=\mathbb{E}[U_t^i|S_t=s_t]$。

(6) 学习目标

在完全合作状态下,多个智能体通过最大化联合奖励来解决各自的优化问题。而在带有竞争的场景下,学习目标相对比较难以确立,简单的最大或者最小化方法不再适用,这种情况下,一般把 MRAL 收敛作为学习目标。

(7) 收敛

收敛指无法通过改变策略获得更大的期望回报。具体来说,当其他智能体保持策略不变时,单个智能体的策略改变不会让它自己的期望回报增加。实际上,MARL 收敛指的是各个智能体此时的策略达到纳什均衡点。

(8) 部分观测

在多智能体系统里面,绝大多数智能体无法观测到全局的信息,即其对状态的观测值通常不为 S。在部分观测情况下,第 i 个智能体的观测值 $O^i\neq S$。

6.3.2 三种多智能体强化学习框架

直接把针对单智能体的方法套用到多智能体系统上效果不好,因为一个智能体策略和动作会直接影响其他智能体，所以智能体之间通信就显得尤为重要。本节以行动者-评论家算法为基准，按照通信方式将 MARL 粗略分为三种框架：全独立式、完全集中式、集中化训练分布式。

（1）全独立式

第 i 个智能体的策略网络为：$\pi(a^i|o^i;\theta^i)$，$i\in\{1,2,\cdots,n\}$；价值网络为：$q(o^i,a^i;w^i)$，$i\in\{1,2,\cdots,n\}$。策略网络和价值网络的训练与 Nash 等人的描述一致。

全独立模式下，每个智能体都是独立存在的，无法感知到其他智能体的观测值以及动作，只利用自己的观测值以及自身的奖励来训练，训练过程与单智能体强化学习类似。因此，全独立式的训练效果不佳，不太常用。

（2）完全集中式

集中式架构中存在一个集中控制器，每个智能体将自己的观测值以及奖励传递给控制器，控制器综合收集到的信息为所有的智能体进行决策。

① $\boldsymbol{a}=(a^1,a^2,\cdots,a^n)$包含所有智能体的动作，$\boldsymbol{o}=(o^1,o^2,\cdots,o^n)$包含所有智能体的观测值。控制器中存有所有智能体的策略网络 $\pi(a^i|\boldsymbol{o};\theta^i)$和价值网络 $q(\boldsymbol{o},\boldsymbol{a};w^i)$。

② 集中式训练（控制器执行）。利用策略梯度训练策略网络，利用 TD 算法训练价值网络。

③ 集中式执行（控制器决策后通知每个智能体执行）。每个智能体把自己的部分观测值 o^i 传递给控制器，控制器根据 $a^i\sim\pi(\cdot|\boldsymbol{o};\theta^i)$得到动作 a^i，并把 a^i 传递给每个智能体。

（3）集中化训练分布式

集中化训练分布式框架中存在一个只负责训练的集中控制器。

① 控制器拥有所有智能体的价值网络 $q(\boldsymbol{o},\boldsymbol{a};w^i)$，而每个智能体拥有自己的策略网络 $\pi(a^i|o^i;\theta^i)$。

② 集中式训练（控制器执行）。利用 TD 算法训练每个智能体的价值网络 $q(\boldsymbol{o},\boldsymbol{a};w^i)$。

③ 分布式训练（每个智能体执行）。接收控制器传递的 q^i，利用策略梯度训练策略网络 $\pi(a^i|o^i;\theta^i)$。

④ 分布式执行（每个智能体执行）。每个智能体根据自身策略进行动作 a^i。

参 考 文 献

[1] 冯超. 强化学习精要 [M]. 北京:电子工业出版社,2018.

[2] NASH J F. Equilibrium Points in N-person Games [J]. Proceedings of the National Academy of Sciences, 1950, 36(1): 48-49.

[3] KONDA V, TSITSIKLIS J. Actor-Critic Algorithms [J]. Advances in Neural Information Processing Systems, 1999, 12.

第7章

分布式多更新强化学习方法在边缘计算中的应用

移动边缘计算可以将计算卸载到网络边缘,从而节约回程链路带宽、降低服务时延,为各种计算密集型和延迟敏感的应用服务提供支持。然而,在异构无线网络中,边缘节点的计算能力有限,难以支持所有服务的计算任务,因此,确定哪些服务由边缘节点提供以及哪些服务需要卸载到远端服务器是非常重要的。现有工作往往只给出计算容量约束下的总体卸载比例,无法精确指导每种服务的卸载。本章则在边缘缓存资源优化的基础上,研究了综合计算能力和存储容量双重约束的云-边协同计算卸载问题,并考虑了边缘节点之间的协同问题。该问题被表述为一个马尔可夫决策过程,其目标是最大化减少服务平均时延。该问题动作空间大,且缺乏转移概率的相关信息,难以用传统方法解决。进而,我们提出了一种创新的深度强化学习方法对问题进行求解,该算法引入了一种新的探索策略和更新方法,大大减小了问题的动作空间。进一步,我们提出了一个用于多个边缘节点协同合作的联合学习算法。大量的仿真测试表明,联合学习算法具有较快的收敛速度,在服务时延和回程流量方面的系统性能均优于其他三种同期方案。

7.1 研究背景

7.1.1 边缘计算中的服务卸载

随着移动设备和移动网络的快速发展,自然语言处理、在线直播、虚拟/增强现实(Virtual/Augmented Reality,VR/AR)等计算型移动服务如雨后春笋般涌现,这些服务不仅方便了人们的生活,同时也带来了海量的数据计算处理。然而,传统仅依赖于集中资源的云计算模式难以处理如此巨大的计算压力。此外,在云计算中,用户只能从远端云服务器获取服务,这会导致网络延迟高、骨干网拥塞等一系列问题,难以满足移动环境下的服务需求。在此背景下,学术界和工业界提出了一种新的计算范式——移动边缘计算,通过将云服务的计算功能转移到网络边缘,可以有效缓解云服务器的计算压力,降低网络延迟。因此,边缘计算逐渐成为提高移动服务质量的重要途径。

然而,异构无线网络边缘节点的能力有限,无法满足所有服务的计算需求。因此,将云计算与边缘计算结合,让其优势互补,已经成为最新的研究热点。其中,影响用户体验的一个重要方面是计算卸载问题,即哪些服务应该由边缘节点提供以及哪些服务应该卸载到云服务器上。许多学者对这一问题进行了研究,并取得了优秀的成果。这些工作以边缘计算能力为约束条件,对计算卸载的比例进行了分析。但是,除计算能力外,我们还应考虑存储空间的限制,因为许多计算型服务都需要存储空间来缓存相关的数据库。例如,在HTTP动态自适应流媒体(Dynamic Adaptive Streaming Over HTTP,DASH)中,应用程序通过分析数据包丢失、可用带宽和其他因素为用户提供合适码率的视频流,只有缓存了相关的用户信息和计算数据库,边缘节点才能进行计算,从而提供合适的码率版本。又如,对于云游戏而言,设备将计算卸载到边缘节点或云上,以减轻自身的压力,但除了计算处理外,边缘节点或云也需要缓存游戏中的相关数据。这两个例子都说明缓存空间也是影响云-边协同计算卸载的重要因素。

解决计算能力和存储空间限制下的计算卸载问题具有许多新的挑战。首先,双重约束增加了问题的复杂性。在这个问题中,计算能力和存储空间是高度耦合的,因此需要对两方面进行联合分析优化才能有效降低服务时延。其次,只确定计算卸载的比例是不够的,还需要确定每个服务的计算状态。卸载比例只能从宏观的角度来分析计算卸载,而确定每个服务的计算状态则可以准确指导每个服务。但相应的优化维度也会大大增加,所有服务的计算状态是相互关联的,这会导致解空间呈指数增长。再次,众所周知,网络变量(如用户对内容访问请求的到达)是高度动态和随机的,因此与单个时刻性能相比,长期平均性能更具有说服力。但长期平均性能的计算通常需要完整的未来信息,而在动态的异构无线网络中,对未来信息进行预测是非常困难的,这大大增加了长期平均性能优化的难度。最后,如何协同多个基站也是极具挑战性的。若所有基站都共享其数据集,则可能会导致网络拥塞和用户隐私问题;但若每个基站单独进行决定,则卸载效率和决策准确性将受到影响。因此,如何协同调整多个基站显得十分重要。

7.1.2 强化学习方法介绍

深度强化学习(Deep Reinforcement Learning,DRL)可根据环境状态采取适当的行动,其在下棋等各种控制任务中取得了巨大的成功。强化学习有很多优点,它可以通过对历史数据的训练来优化长期平均奖励,且它对环境具有良好的适应性。深度 Q 学习(Deep Q Learning,DQN)算法是 DRL 中引人注目的算法之一,它可以处理具有连续状态空间的问题模型,但当动作空间很大时,模型的训练时间会很长,甚至无法收敛。

本章讨论了具有双重约束的计算卸载问题,并将问题描述成了马尔可夫决策过程(Markov Decision Process,MDP),提出了一种新的深度强化学习算法对其进行求解,进而构建了一个联合学习框架,实现了多基站的协作。本章的主要贡献如下。

(1) 将计算卸载问题表述为一个以计算能力和缓存空间为约束条件的 MDP,详细描述了 MDP 中的状态空间和动作空间,并将利用边缘计算所减少的时延定义为奖励函数,同时还定义了状态转移概率。

(2) 针对状态转移概率不可用的问题,提出了一种新的无模型深度强化学习算法——多步强化学习(Multi-Update Reinforcement Learning,MURL)算法来解决计算卸载问题。与 DQN 每次只根据一个动作反馈对参数进行更新不同,MURL 采用了创新的探索策略和更新方法,显著减少了动作空间,提高了训练速度。

(3) 考虑到多基站场景下的训练效率和用户隐私,本章进一步提出了一种用于多步强化学习训练的联合学习(Federated MURL,FMURL)算法。这样,基站可以在不传输本地训练数据集的情况下并行训练全局模型,既避免了数据集传输造成的网络拥塞,又保护了用户隐私。

(4) 设计了大量的仿真实验来验证所提出的算法,并将所提算法与其他三种算法进行了比较。结果表明,我们的解决方案在收敛速度和服务延迟方面均具有良好的性能。

7.2 分布式服务卸载的系统模型

本节构建了计算卸载问题的系统模型,首先描述了系统场景,然后对问题过程进行了介绍,第 7 章涉及的符号及定义如表 7-1 所示。

表 7-1　符号及定义

符　号	定　义
F	边缘基站计算能力
C	边缘基站存储空间
K	服务集合
T	时间间隙集合
f_k	服务 k 需要的计算量
c_k	服务 k 需要的存储空间
N	用户数量
$\boldsymbol{M}^t$	t 时刻边缘计算的状态
$\boldsymbol{D}^t$	t 时刻请求数量
$\boldsymbol{S}^t$	t 时刻系统状态
$\boldsymbol{A}^t$	t 时刻系统动作
$\boldsymbol{R}^t$	t 时刻系统奖励
α_k	服务 k 对应减少的传输时间
μ_k	服务 k 相关数据库的下载时延
B	网络回程链路带宽

7.2.1　服务卸载的场景化定义

考虑一个云-边协同的异构无线网络，如图 7-1 所示。边缘基站具备一定的计算能力 F(如 CPU 的最大频率)和缓存空间 C，其中计算能力用来支持不同服务的计算过程，缓存空间用于缓存服务数据(如数据库、内容等)。边缘基站的计算能力和存储空间是有限的，无法支持全部的网络服务。

网络中有多种独立的服务，表示为集合 $K=\{1,2,\cdots,k\}$。每个服务 k 都有两个重要的属性(c_k,f_k)，其中 c_k 为缓存服务 k 相关数据所需要的存储空间，f_k 为完成服务 k 所需要的计算量(如 CPU 频率数)。例如，在直播服务中，c_k 就是内容编解码相关数据库所占用的空间，f_k 就是内容编解码时的计算量。我们假设每个独立的服务都是最小的处理单元，即每个服务都是不可分割的。对于服务 k，边缘基站需要决定是在本地计算还是将其卸载到云服务器。若在本地计算，则存在两种情况：一是边缘基站已经缓存了相关的数据库和内容，则可以直接提供服务；否则，边缘基站需要先下载数据库，然后才能提供服务。

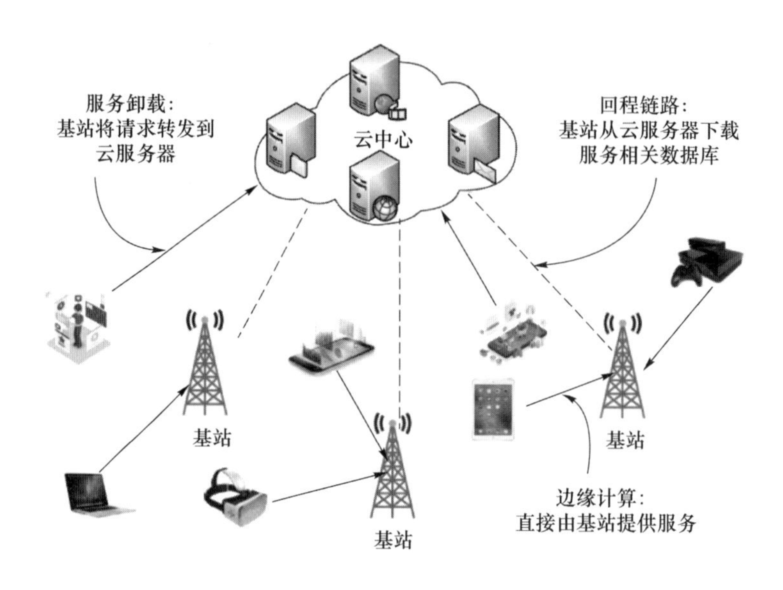

图 7-1　云-边协同的异构无线网络

对于不同的服务而言,其下载时延也不同,可以通过 μ_k 对其进行表示。边缘计算避免了从云服务器到用户的长距离传输,可以有效降低服务延迟,对于服务 k 而言,我们用 α_k 来表示边缘计算减少的传输时间。不失一般性,我们假设时间是离散的,用集合 $T=\{1,2,\cdots,t\}$表示。

我们先考虑单个边缘基站的计算卸载问题,在第 7.4.2 节,我们将详细描述多个基站协作的计算卸载。用户在每个时刻中将服务请求发送到边缘基站,边缘基站则根据自身存储空间和计算资源约束决定给哪些服务提供计算。对于决定在本地进行的服务,若边缘基站已经缓存了相关数据库,则可以直接提供;否则边缘基站需要先从远端云服务器中下载相关数据库,然后才能进行本地计算。对于由云提供的服务,边缘基站则将相关请求转发到云端,其中云服务器存有所有服务需要的数据库。

每个时刻可以分为两个阶段:用户请求阶段和服务提供阶段。在用户请求阶段,时刻开始时,用户会向边缘基站发送服务请求。用 N 来表示用户的数量,d_k^t 表示在时刻 t 对服务 k 的请求数量。假设平均服务请求频率符合 Zipf 分布,且每个时刻中,请求数量 d_k^t 遵循参数为平均请求频率的泊松过程。在服务提供阶段,边缘基站对用户提供服务。如上所述,由于存储空间和计算能力的限制,边缘基站无法满足所有的用户请求,需要根据请求状态和缓存状态来决定哪些服务可以在本地提供,哪些服务需要卸载到云端,从而最大限度地降低系统总时延。边缘基站做出决策后,则需要进行下载相关数据、转发用户请求、为用户提供服务等一系列操作。

7.2.2 问题的马尔可夫过程表述

在本节中，我们将上述问题建模成马尔可夫决策过程，定义了描述问题的三个重要变量：状态空间、动作空间和奖励函数。

1. 状态空间

状态是对当前系统环境的描述，状态空间则是所有可能状态的集合。在该问题中，我们将状态定义为时刻开始时的系统状态，其由缓存状态和请求状态两部分组成。

用矩阵 $\boldsymbol{M}^t=[M_k^t]$ 来表示边缘计算的状态，其中 $M_k^t=1$ 表示在时刻 t 由边缘基站提供服务 k，否则 $M_k^t=0$。如果基站在本地提供服务，首先需要缓存相关数据库，则要满足以下存储空间约束：

$$\sum_{k\in K} c_k M_k^t \leqslant C \tag{7-1}$$

同时，考虑到边缘基站的计算能力有限，还需要满足计算能力约束：

$$\sum_{k\in K} f_k M_k^t \leqslant F \tag{7-2}$$

基站在执行边缘计算决策前需要缓存相关数据库，即在时刻 t 开始时，边缘基站仍然缓存有上一个时刻 $t-1$ 提供服务时的相关数据库。另外，我们假设不在本地计算的服务，边缘基站不会缓存其相关数据库以免浪费存储空间。因此，t 时刻开始时的缓存状态与 $t-1$ 时刻时的边缘计算状态相同。请求状态描述了服务的请求数量，可以通过向量 $\boldsymbol{D}^t=[d_k^t]$ 来表示，其中 d_k^t 表示在 t 时刻内用户对服务 k 的请求次数。

由上述分析可知，我们可以通过 M^{t-1} 来表示 t 时刻开始时的缓存状态，而且所有请求也都在时刻开始时到达，当前时刻的系统状态可以通过缓存状态和请求状态来表示，即通过 $\boldsymbol{S}^t=(\boldsymbol{M}^{t-1},\boldsymbol{D}^t)$ 来表示时刻 t 的系统状态。状态空间就是所有可能状态的集合，表示如下：

$$S=\{(\boldsymbol{M}^{t-1},\boldsymbol{D}^t)\mid \boldsymbol{M}^{t-1}\in M,\boldsymbol{D}^t\in \mathbb{Z}^+,t\in T\} \tag{7-3}$$

其中，M 是满足存储空间和计算能力约束的所有边缘计算可行策略；$\mathbb{Z}^+$ 是所有正整数的集合。

2. 动作空间

在计算卸载问题中，将每个时刻间边缘缓存状态的变化定义为动作，因此 t 时刻的动作可以定义为向量 $\boldsymbol{A}^t=[A_k^t]$，其中 $A_k^t\in\{-1,0,1\}$。具体来说，当动作 $A_k^t=1$ 时代表边缘基站在 $t-1$ 时刻没有本地提供服务 k，但在 t 时刻提供服务 k，在这种情况下，边缘基站需要先从远端云服务器下载相关数据库，花费的延时为 μ_k；动作 $A_k^t=-1$ 代表边缘基站在 $t-1$ 时刻本地提供服务 k，但在 t 时刻不再提供；动作 $A_k^t=0$ 代表服务 k 在 $t-1$ 时刻和 t 时刻的边缘计算状态是相同的。动作与边缘计算状态的关系可以表示为：

$$M_k^{t-1}+A_k^t \rightarrow M_k^t \tag{7-4}$$

动作空间是所有动作的集合，动作空间的大小为 $3^{|K|}$，其中 $|K|$ 为服务的数量。若有很多动作不满足计算能力和存储空间的约束条件或是没有意义，则将这些动作定义为非法动作。非法动作集合可以表示为 $\{A_k^t \mid M_k^{t-1}+A_k^t \notin M\}$。此外，状态转移概率定义为采取特定动作后从一个状态转移到另一个状态的概率，可以通过如下方式进行表示：

$$p_{j,l}=p_{j,l}(\boldsymbol{M}^{t-1},\boldsymbol{D}^t,\boldsymbol{A}^t) \tag{7-5}$$

其中，$p_{j,l}$ 代表采取动作 $\boldsymbol{A}^t$ 后从状态 j 转移到状态 l 的概率。

需要说明的是，尽管对于 $(\boldsymbol{M}^{t-1},\boldsymbol{A}^t)$ 而言，其转移概率是固定的，但是请求状态 $\boldsymbol{D}^t$ 是随机的，这也就意味着在实际应用中，状态转移概率是难以准确估计的。因此，无法直接使用状态转移概率来对问题求解，这也是解决该计算卸载问题的难点之一。

3. 奖励函数

奖励函数定义了在状态 s 下采取行动 a 的即时奖励，这一般是问题的优化目标。在计算卸载问题中，目标是通过采取适当的措施，以达到最优的长期平均服务延迟。因此，可以将奖励函数定义为通过边缘计算实际节约的时间，并通过 $R(s,a)$ 表示状态 s 下行动 a 的奖励。根据系统的状态和行为，可以对不同情况下的奖励函数进行定义。

我们应该避免非法动作，因此需将非法动作的奖励值定义为 $-\infty$，作为惩罚。对于合法动作而言，根据其动作的取值分别进行讨论。当 $A_k^t=1$ 时，也就是说，边缘基站需要先从云服务器下载相关数据库，然后在本地提供服务 k，因此，通过边缘计算节约的时间为 $\alpha_k-\mu_k$，其中 α_k 是在边缘基站计算减少的传输时间，μ_k 是边缘基站下载相关数据库增加的时延。当 $A_k^t=-1$ 时，即边缘基站移除服务 k 的相关数据库不再在本地提供，对服务 k 而言，节约的时间为 0。当 $A_k^t=0$ 时，表示 $t-1$ 时刻和 t 时刻的边缘计算状态相同，若 $M_k^t=1$，则边缘基站在 t 时刻会继续本地提供服务 k，因为不需要下载相关数据库，节约时间为 α_k；若 $M_k^t=0$，则边缘基站不在本地提供服务 k，节约时间为 μ_k。对上述所有情况进行总结，对状态 $\boldsymbol{S}^t$ 下采取动作 A_k^t 对应的奖励值进行如下定义：

$$R_k^t=\begin{cases}-\infty, & A_k\ \text{无意义}\\ d_k^t(\alpha_k-\mu_k), & A_k\ \text{有意义并且}\ A_k^t=1\\ 0, & A_k\ \text{有意义并且}\ A_k^t=-1\\ d_k^t\alpha_k M_k^{t-1}, & A_k\ \text{有意义并且}\ A_k^t=0\end{cases} \tag{7-6}$$

其中，d_k^t 是关于服务 k 的请求数量，动作的奖励值是所有组件 R_k^t 之和，即

$$\boldsymbol{R}^t = \sum_{k \in K} R_k^t \tag{7-7}$$

7.3 多更新的强化学习卸载方案

7.3.1 实际问题的公式化描述

在计算卸载问题中，需要在系统运行的整个过程中找到最优的动作，使节约的时间最大化，因此，我们需进行如下建模：

$$\max_{A_k^t} \lim_{T \to \infty} \frac{1}{T} \sum_{t=1}^{T} \gamma_t \boldsymbol{R}^t \tag{7-8}$$

其中，γ_t 是奖励的衰减因子；A_k^t 是优化的参数，即边缘基站在 t 时刻采取的动作。模型的优化目标是通过边缘计算节约的时间，即奖励值 R^t。约束条件是存储空间和计算能力的双重限制。

寻求上述问题的最优解是一件十分困难的事情。第一，网络系统动态且缺乏未来的信息。该问题的优化目标是找到时间平均最优解，动态规划方法虽然是一种解决方案，但其求解过程需要获得该问题的状态转移概率或请求状态，如之前所述，这些信息是不可知的，且预测难度大。第二，问题的动作空间巨大。在优化问题(7-8)中，其最优解是针对各个服务的动作集合，由于排列组合的可行解空间为 $3^{|K|}$，因此，该问题是一个 NP 难问题，传统搜索方式显然不可行。此外，存储空间和计算能力的限制会导致存在大量的非法动作，这会降低优化过程的效率。因此，传统优化方法很难解决该最优解问题。

由于巨大的动作空间和缺乏未来信息，找到问题的最优解几乎是不可能的。因此，找到一种智能的、低复杂度的求解方法很重要。强化学习便是解决这一问题的有效方法，它通过采样的方式克服了状态转移概率未知的问题。考虑到状态空间是无限的，后续我们会建立一个深度神经网络来近似最优边缘计算策略。使用深度强化学习有两个优点：一是可以使用历史数据离线训练神经网络，并在线对其进行使用；二是训练后的神经网络具有相似的结构，可以推广到不同的边缘基站，这也是我们只先考虑一个边缘基站场景的原因。

7.3.2 最优集合的定义方法

传统 MDP 模型的求解方法，如策略迭代和值迭代，都是基于模型的，并且在一定程度上受到状态空间和动作空间大小的限制。深度强化学习是解决这类问题的一种更有效的方法。深度强化学习不需要预先提供任何数据，而是从系统中积累知识，并通过从环境中接收动作的奖励(反馈)来更新模型参数。我们以 DQN 为例详细介绍这一过程。

DQN 不受状态空间大小的限制，它结合了神经网络和 Q 学习的优点。DQN 的目标是获得最优的 q 值，即动作的期望值。DQN 改进了传统基于表格的强化学习算法，将状态作为神经网络的输入，通过对神经网络进行训练从而输出所有动作的 q 值。这种方式可以直接通过神经网络生成 q 值，省略了将 q 值记录在表格的过程，从而解决了状态空间因无限而无法记录的问题。在 DQN 中有两个神经网络：一个是需要训练的主网络；另一个是生成目标 q 值的目标网络。通过两个神经网络的协作，DQN 弥补了 Q 学习算法的缺陷。DQN 使用经验回放的方式进行训练，即每次从内存中随机提取一部分数据用于更新，从而破坏数据之间的关联。随机抽取方法打破了经验之间的相关性，使神经网络更新更有效。DQN 是根据损失函数通过反向传播对模型参数进行训练的。损失函数是主网络的输出值与估计期望值之间的误差，定义如下：

$$\text{Loss} = (Q_{\text{real}}(s,a) - Q(s,a))^2 \tag{7-9}$$

其中，$Q(s,a)$ 是主网络的输出值，$Q_{\text{real}}(s,a)$ 通过下面公式进行计算：

$$Q_{\text{real}}(s,a) = \text{reward} + \gamma Q'(s', \underset{a'}{\text{argmax}}(s',a')) \tag{7-10}$$

其中，γ 是对未来状态奖励的衰减系数；$\underset{a'}{\text{argmax}}\, Q(s',a')$ 代表在状态 s' 下具有最大估值的动作；$Q'(s,a)$是目标网络对状态 s 下采取动作 a 输出的估值。

基于 MDP 模型，我们可以直接使用 DQN 算法对问题进行求解，其中 DQN 模型的输入为系统状态 $\boldsymbol{S}^t$，输出为动作 $\boldsymbol{A}^t$。尽管 DQN 算法可以得到时间平均最优解，但也存在两个问题。第一，对于每个服务而言，存在三种动作 $A_k^t \in \{-1,0,1\}$(移除、保持、下载)，所以动作空间的大小为 $3^{|K|}$，与服务数量呈指数关系，因此对应模型的输出神经元的数量也是 $3^{|K|}$，这导致模型的训练需要大量的计算资源和时间。第二，有很多非法动作不满足约束条件(7-1)和(7-2)，而非法动作的 q 值是已知的，为$-\infty$，但是如果我们只是简单使用 DQN 算法，那么非法动作的 q 值仍需要迭代更新，这不但毫无意义而且也降低了模型的训练速度。因此，直接使用 DQN 算法对该问题进行求解是不明智的。

由式(7-7)可知，在计算卸载问题中，动作 $\boldsymbol{A}^t$ 的奖励值是由其所有组件 A_k^t 的奖励构

成的。如果知道所有组件的期望奖励，那么就可以通过不同的排列组合来获得所有动作的期望奖励。因此，我们并不需要训练所有动作 $\boldsymbol{A}^t$ 的奖励值，只要训练所有组件 A_k^t 的奖励即可。这样，我们就可以将动作空间从 $3^{|K|}$ 减小到 $3|K|$。但是，其中依然有很多非法动作。例如，当 $M_k^{t-1}=1$ 时，组件 $A_k^t=1$ 就是无效非法的。对此，我们进一步将边缘基站本地计算服务 k 定义为底层动作 x_k。从式(7-6)中发现，一个服务的三种动作的奖励值仅与其底层动作奖励值相关，即对于服务 k 而言，只需要获得边缘基站本地提供该服务的奖励(也是底层动作对应的奖励)即可。例如：当 $M_k^{t-1}=1$ 时，动作组件 $A_k^t=0$ 对应的奖励即为底层动作 x_k 对应的奖励；动作组件 $A_k^t=-1$ 对应的奖励为 0；动作组件 $A_k^t=1$ 为非法动作，奖励为 $-\infty$。因此，模型的输出就变成了所有底层动作的期望奖励，动作空间也进一步从 $3|K|$ 减小到 $|K|$，并且避免了所有非法动作。

然而，现在仍存在一个重要的难题，即在该问题中，每个时刻的动作是一个底层动作的集合，从系统中得到的奖励 $\boldsymbol{R}^t$ 也是对应于该集合，但按照上面的思想，在训练时需要得到某个底层动作的奖励而不是整个集合的奖励才能计算模型误差，这与传统的深度强化学习是矛盾的。

7.4 基于深度强化学习的服务卸载算法设计

7.4.1 行为解集的最优选择算法

为了实现上述想法，我们通过对传统 DQN 算法进行两方面的改进，从而提出了针对计算卸载问题的多步更新强化学习算法，即 MURL 算法。该算法的创新主要体现在以下两方面。

(1) 对探索策略进行了修改。在传统 DQN 算法中，智能体按照贪心算法以 $1-\varepsilon$ 的概率选择具有最大 q 值的底层动作，以 ε 的概率随机选择其他动作，即智能体每次只能选择一个动作。但是在该问题中每次需要选择一个底层动作集合 X^t，因为每个时刻的状态转移依赖于该集合 X^t 而非单个底层动作 x_k。因此，我们将探索策略从选择一个动作转变成选择一个动作集合。具体来说，就是提出了一种新的最优集合选择算法，这种算法每次可以选择符合约束条件的具有最大 q 值的动作集合。因此，新的探索策略就变成了智能体按照贪心算法以 $1-\varepsilon$ 的概率选择最大 q 值的底层动作集合，以 ε 的概率随机选择其他动作集合。

(2) 提供了 q 值的更新方法。在该问题中,需要对底层动作 x_k 的 q 值进行更新,但探索策略输出的结果是底层动作集合 X^t。这在传统 DQN 算法中是矛盾的,因为底层动作集合 X^t 的奖励值无法用于底层动作 x_k 的更新。我们通过按比例分配的方式来解决这个问题。首先计算底层动作集合 X^t 的损失函数:

$$L(X^t) = (Q'_r - Q(S^t, X^t))^2 \tag{7-11}$$

其中,$Q'_r = R + \gamma Q'(S^{t+1}, \underset{X'}{\mathrm{argmax}} Q(S^{t+1}, X'))$, X'是通过最优结合选择算法选择出的底层动作集合;$Q(S^t, X^t)$是底层动作集合的 q 值,其表达式如下:

$$Q(S^t, X^t) = \sum_{x \in X^t} Q(S^t, x) \tag{7-12}$$

从而,集合 X^t 中底层动作 x_k 的损失函数为:

$$L(x_k) = \frac{Q(S^t, x)}{Q(S^t, X^t)} L(X^t) \tag{7-13}$$

最后,我们根据 $L(x_k)$对主网络进行更新。MURL 算法每次不是对一个动作奖励进行更新,而是对一个动作集合中所有动作奖励进行更新,因此称为多步更新算法。

我们需要找到满足双重约束条件的具有最大 q 值的底层动作集合,该问题表述如下:

$$\begin{gathered}\max \sum_{x_k \in X} Q(S^t, x_k) \\ s.t. \sum_{x_k \in X} c_k \leqslant C \\ \sum_{x_k \in X} f_k \leqslant F\end{gathered} \tag{7-14}$$

在该问题中,优化目标是最大化 q 值,约束条件是存储空间和计算能力的限制。这是一个价值为 $Q(S^t, x_k)$、容量为 C 和 F 的多约束 0-1 背包问题。该问题的过渡方程(即递归式)为:

$$V_{j,i}^k = \begin{cases} V_{j,i}^{k-1}, & c_k > j \text{ 或 } f_k > i \\ \max\{V_{j,i}^{k-1}, V_{j-c_k, i-f_k}^{k-1} + q_k\}, & \text{其他} \end{cases} \tag{7-15}$$

其中,$V_{j,i}^k$代表在满足存储空间 j 和计算能力 i 的约束下前 k 个服务的最大 q 值;c_k 代表服务 k 需要的存储空间;f_k 代表服务 k 需要的计算资源量;q_k 代表底层动作 x_k 的 q 值。

在式(7-15)中,如果服务 k 需要的存储空间 c_k 大于边缘基站的存储空间 j 或服务 k 需要的计算量 f_k 大于边缘基站的计算能力 i,那么服务 k 就不能由边缘基站提供。也就是说,前 k 个服务的最优动作集与前 $k-1$ 个服务的最优动作集相同。当边缘基站的存储空间和计算能力足够支持服务 k 时，则有两种情况需要考虑：一种情况是边缘基站提供服务 k，此时总价值为 $V^{k-1}_{j-c_k,i-f_k}+q_k$；另一种情况是边缘基站不提供服务 k，此时总价值为 $V^k_{j,i}$。从中选择较大的值作为新的总价值，最优集合选择算法的过程如下。

算法 7-1 最优集合选择算法

输入：边缘基站存储空间 C；边缘基站计算能力 F；所有服务的属性 (c_k, f_k)；边缘计算的奖励 q_k。

输出：边缘计算状态 X^t。

1: for $k = 1,\cdots,K$ do
2:   for $j = 1,\cdots,C$ do
3:     for $i = 1,\cdots,F$ do
4:     if $c_k > j$ or $f_k > i$ then
5:         $V^k_{j,i} = V^{k-1}_{j,i}$
6:        if x_k 属于集合 X^t，将其从中移除
7:       else if $V^{k-1}_{j-c_k,i-f_k} + q_k \geqslant V^{k-1}_{j,i}$ then
8:         $V^k_{j,i} = V^{k-1}_{j-c_k,i-f_k} + q_k$
9:         if x_k 不属于集合 X^t，将其加入集合中
10:     else
11:       $V^k_{j,i} = V^{k-1}_{j,i}$
12:       if x_k 属于集合 X^t，将其从中移除
13:     end if
14:   end for
15: end for
16: end for

7.4.2 多更新赋能的强化学习算法

针对计算卸载问题提出的多步更新强化学习的框架如图 7-2 所示，该算法中具有两个拥有相同网络结构的神经网络：需要被训练的主网络和获取目标 q 值的目标网络。目标网络参数会定期根据主网络的参数进行更新。网络的输出神经元个数为 $|K|$，代表每个底层动作 x_k 的 q 值。神经网络通过训练 $Q(S^t, x^t_k)$ 而非 $Q(S^t, A^t)$ 的方式将动作空间从 $3^{|K|}$ 减小到 $|K|$，其中 $Q(s,a)$ 代表在状态 s 下执行动作 a 的 q 值。该算法需要利用底层动作集合的 q 值来计算损失函数，这点可以通过运行算法 7-1 获取最优集合的动作选

择模块来实现。损失函数模块则计算底层动作集合的损失误差值，并按照比例分配的方式反馈到每个底层动作。

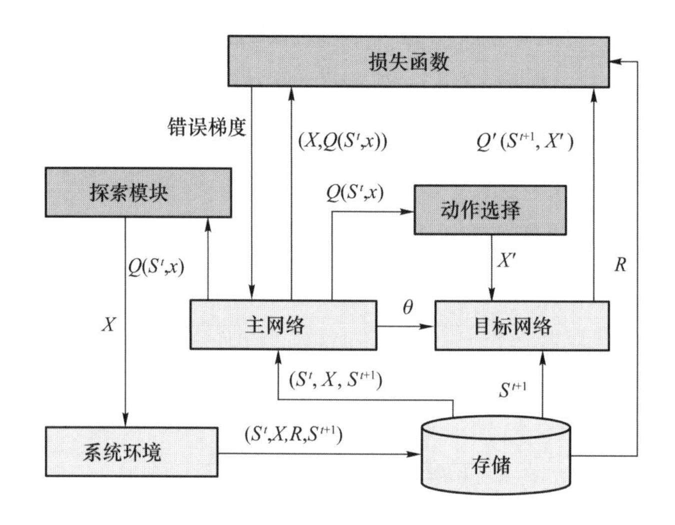

图 7-2 多步更新强化学习框架

多步更新强化学习算法的具体训练细节如算法 7-2 所示。在模型训练过程中，算法 7-2 与 DQN 相比有多处不同。在算法中，我们会根据新的探索策略选择一个底层动作集合 X，而非仅仅选择一个底层动作 x_k。系统环境的奖励值 R^j 是针对底层动作集合 X^j 的，因此无法直接应用于底层动作 x_k 的损失函数的计算中，必须使用最优集合选择算法获取集合的 q 值。算法 7-2 中第 12～15 行描述了参数更新的过程：计算底层动作集合 X^j 的损失值，并按照比例分配的方式将其分配到集合中所有的底层动作，并根据损失值更新主网络参数。

算法 7-2 多步更新强化学习算法

输入：迭代次数 P；学习率 δ；衰减因子 γ；记忆池的大小 M；目标网络参数更新频率 L；批量梯度下降的样本量 m。

输出：主网络参数 θ。

1：随机初始化主网络参数 θ 和 $Q(S^t, x_k)$

2：初始化目标网络参数 $\theta' = \theta$ 和 $Q'(S^t, x_k) = Q(S^t, x_k)$

3：for $i = 1, \cdots, P$ do

4：初始化 S^1 作为起始状态

5：for $t = 1, \cdots, T$ do

6：输入状态 S^t 并根据新探索策略选择出动作集合 X^t

7：执行动作 X^t 并获得下一个状态 S^{t+1}

8：将四元组 (S^t, X^t, R^t, S^{t+1}) 存储到记忆池 M

9:从记忆池 M 中随机选择 m 组四元组进行采样

10:在主网中通过算法 7.1 选择具有最大 q 值的底层动作集合 X'

11:计算底层动作集合 X' 在目标网络中的 q 值 $Q'(S^{j+1},X')$

12:计算底层动作集合 X' 的目标值 $y^j = \begin{cases} R^j, & \text{终止} \\ R^j + \gamma Q'(S^{j+1},X'), & \text{其他} \end{cases}$

13:根据式(7-11)计算损失函数值 $L(X^j)$

14:根据式(7-13)计算 X^j 集合中所有元素 x_k 的损失函数值 $L(x_k)$

15:根据 $L(x_k)$ 对网络参数 θ 进行更新

16:if $t \% L == 0$ then

17:更新目标网络参数 $\theta' = \theta$

18:end if

19:end for

20:end for

在单一边缘基站场景中,我们可以直接在边缘基站上部署和训练多步更新强化学习算法。但对于多个边缘基站的场景,情况会更加复杂。我们可以在云服务器训练模型,然后将训练好的模型下发给每个边缘基站,但在这种情况下,所有边缘基站的请求信息和缓存状态都需要上传到云服务器,这既增加了网络链路压力,也容易泄露用户隐私。除此之外,我们还可以在每个边缘基站上单独训练模型,但每个边缘基站的训练数据集比较小,难以保证模型训练的收敛性和准确性。另外,每个边缘基站都需要从初始化开始进行模型训练,这会造成能量和计算资源的浪费。综上,不考虑各个边缘基站间的协作,直接在多个边缘基站场景下部署 MURL 算法是不明智的。因此,我们进一步提出了一个针对多个边缘基站场景的联合多步更新强化学习(Federated MURL,FMURL)算法。

我们先对问题进行详细的描述。假设异构无线网络由一个云服务器和 N_b 个边缘基站组成,边缘基站的集合可以表示为 $B=\{B_1,B_2,\cdots,B_{N_b}\}$。每个边缘基站 B_i 拥有自身的训练集 H_i,所有边缘基站的训练集的集合表示为 $H=\{H_1,H_2,\cdots,H_{N_b}\}$。使用 θ_i^e 来表示边缘基站 B_i 在第 e 次训练时的模型参数。FMURL 算法的工作流程如图 7-3 所示。由图 7-3 可知,FMURL 算法主要包括四个训练步骤。

边缘基站首先会根据本地数据集训练自身模型,本地的损失函数为式(7-11)且训练过程按照算法 7-2。本地训练完成后,边缘基站会将最新模型参数上传到云端服务器。云端服务器根据式(7-16)计算全局损失函数并根据式(7-18)更新全局模型参数。最后,

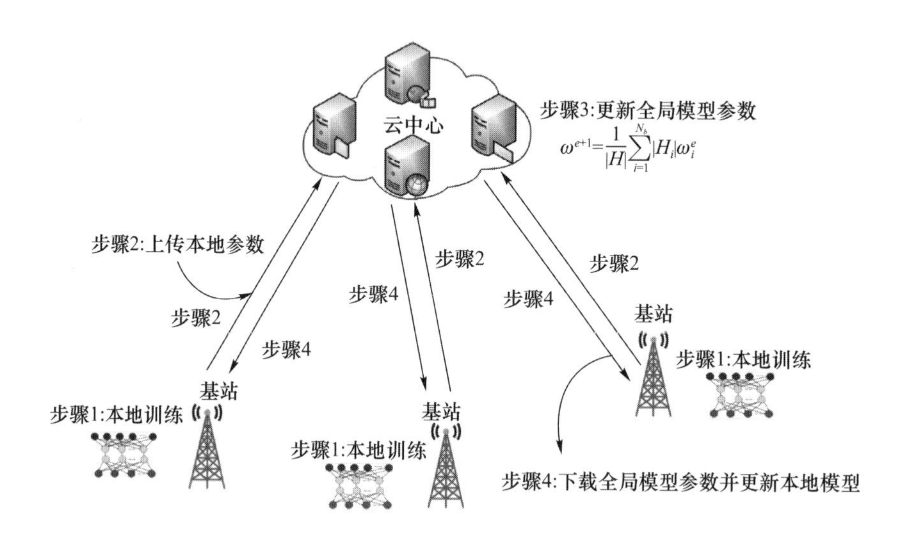

图 7-3 FMURL 算法的工作流程

边缘基站会从云端服务器下载全局模型参数然后更新自己的本地模型参数。我们将上述过程称为一个训练周期,一直循环该过程直到全局损失函数收敛。

全局损失函数定义为

$$G(X)=\frac{1}{|H|}\sum_{i=1}^{N_b}|H_i|L_i(X) \tag{7-16}$$

其中,$L_i(X)$是边缘基站 B_i 的本地损失函数;$|H_i|$是训练数据集的大小;$|H|$是所有训练数据集大小之和,其定义为

$$|H|=\sum_{i=1}^{N_b}|H_i| \tag{7-17}$$

全局模型参数的更新为

$$\theta^{e+1}=\frac{1}{|H|}\sum_{i=1}^{N_b}|H_i|\theta_i^e \tag{7-18}$$

其中,θ^{e+1}是更新后的全局模型参数,可以用来初始化第 $e+1$ 次的所有本地模型。

FMURL 的具体过程如算法 7-3 所示。第 3、4、9 行是算法并行运行在每个边缘基站,第 6、8 行是算法并行运行在云端服务器。在 FMURL 中,边缘基站不需要向云端服务器上传本地训练数据集,而只需上传本地模型参数即可,这样就避免了因大量数据上传而导致的网络链路压力,同时也保护了数据的隐私。除此之外,云端服务器和所有的边缘基站都参与了模型的训练,大大提高了模型的训练速度。

算法 7-3 联合多步更新强化学习算法

输入：训练数据集 H。

输出：全局模型参数 θ。

1：repeat

2：for $i=1,\cdots,N_b$ do

3：根据算法 7-2 训练边缘基站 B_i 的本地模型参数

4：将本地参数上传到云端服务器

5：end for

6：在云端服务器根据式(7-16)计算全局损失函数

7：在云端服务器根据式(7-18)计算全局模型参数

8：for $i=1,\cdots,N_b$ do

9：根据全局模型参数更新边缘基站 B_i 的本地模型参数

10：end for

11：until 全局损失函数收敛

7.5 不同资源分布下的算法性能测试

本节通过 Tensorflow 设计运行了大量模拟仿真实验来分析 MURL 算法在解决计算卸载问题时的性能。我们从算法的收敛性、计算能力约束、存储空间约束、减少的时间、用户请求和边缘基站数量等多个方面进行了分析。

7.5.1 实验环境设置

实验选择了 10 个服务内容，每个服务内容需要的计算量在[0.5 GHz，2.5 GHz]内随机生成，需要的存储空间则在[1.2 GB，2 GB]内随机生成，通过边缘计算节约的传输时间 α_k 在[2 s，5 s]内随机生成。云端服务器到边缘基站的回程链路带宽 B 为8 Gbps，也就是说，下载时延 $\mu_k=8c_k/B$。假设请求频率符合参数 $\lambda=1$ 的 Zipf 分布，则服务 k 的平均请求量为：

$$\bar{D}(k)=\frac{V}{r(k)^{\lambda}}N \tag{7-19}$$

其中，$r(k)$是服务 k 请求频率的排名；$N=300$ 是用户的数量；$V=0.1$。将每个时刻的用户请求数量建模成参数为$\bar{D}(k)$的泊松分布。边缘基站的计算能力是 10 GHz,存储空间是 10 GB。具体参数设置如表 7-2 所示。

表 7-2 实验中的参数及取值

参 数	取 值
服务数量	10
用户数量	300
基站的计算能力	10 GHz
基站的存储空间	10 GB
服务内容需要的计算量	[0.5 GHz,2.5 GHz]
服务内容需要的存储空间	[1.2 GB,2 GB]
减少的传输时间	[2 s,5 s]
回程链路带宽	8 Gbps

为了评估 MURL 算法的性能,实验中将其与以下三种算法进行了比较。

(1) 基于 DQN 的解决方法。该算法通过 DQN 模型来解决计算卸载问题,并且我们对其增加了存储空间的约束。

(2) 基于流行度(Popularity)的解决方法。边缘基站根据每个时刻记录的请求数量计算服务的流行度,并选择最流行的若干服务。基于流行度的算法也满足计算能力和缓存空间的双重约束。

(3) 基于随机(Random)的解决方法。这是一种十分简单的方法,边缘基站每个时刻在符合双重约束的可行解中随机选择服务进行本地计算。

7.5.2 实验结果对比分析

MURL 和 DQN 算法在训练阶段的收敛性如图 7-4 所示。在 MURL 中,大约经过 3 100 次循环训练,边缘基站即可建立整个网络的知识模型,此时,尽管每次循环的奖励值是动态的,但平均奖励是基本稳定的,这也就意味着算法已经收敛。基于 DQN 的解决方法则在 8 200 次训练后才开始收敛。从图 7-4 中可以看出,在收敛性方面,MURL 算法要优于 DQN 算法。这是因为 MURL 每次循环会对多个动作的 q 值进行更新,而 DQN 每次只能更新一个动作。

节约的时间(即 MURL 中的奖励)包括减少的传输时间和下载时延,定义为减少的传输时间减去下载时延。我们将边缘基站的初始状态设置为空,即不缓存任何服务的相

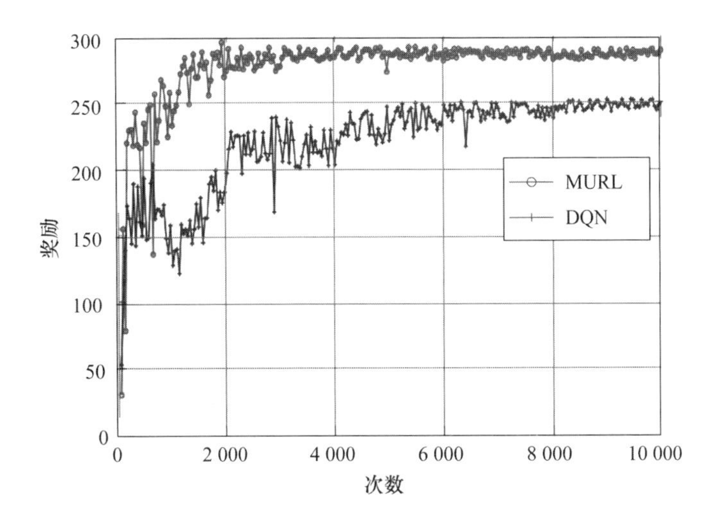

图 7-4 MURL 和 DQN 算法在训练阶段的收敛性

关数据库。四种算法减少的传输时间如图 7-5 所示。从图 7-5 中可以看出，MURL 算法在四种算法中减少的传输时间最大，而基于随机的解决方法由于没有从以往的经验中学习任何知识，因此减少的传输时间最小。MURL 算法和基于 DQN 的解决方法收敛速度较快，而基于流行度的解决方案收敛速度较慢。这是因为 MURL 算法和基于 DQN 的解决方法通过模型训练已经可以快速适应网络环境，而基于流行度的解决方案则需要逐步根据每个时刻服务请求的数量来估计流行度。

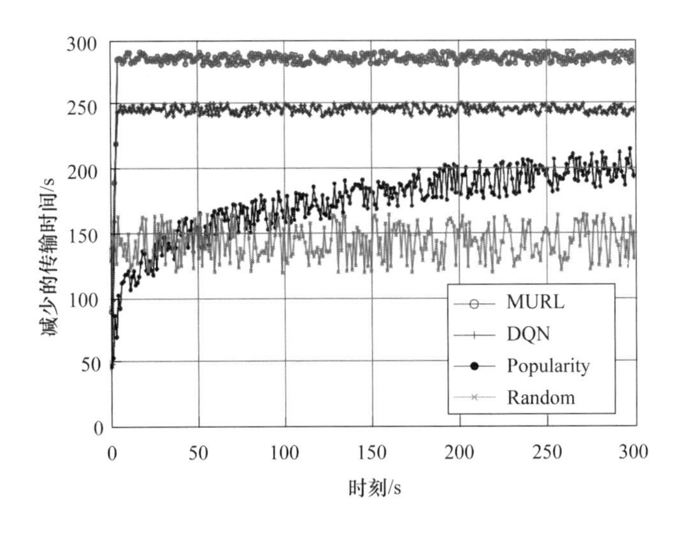

图 7-5 算法减少的传输时间

四种解决方案下载时延的情况如图 7-6 所示。由图 7-6 可知，基于随机的解决方法在每个时间段随机替换服务，从而导致了最大的下载延迟；由于早期信息少，基于流行度的解决方法对流行度的估计不够准确，因此需要经常下载服务；而 MURL 算法和基于 DQN 的解决方法几乎没有下载时延，也就是说，在请求频率不变的情况下，这两种方法可以有效减少回程链路压力，这也与缓存是在更大的时间尺度上的事实一致。综合图 7-5 和图 7-6 可以看出，MURL 算法在四种解决方法中减少的传输时间最少、下载时延最低，因此 MURL 节约的时间最多、性能最好。

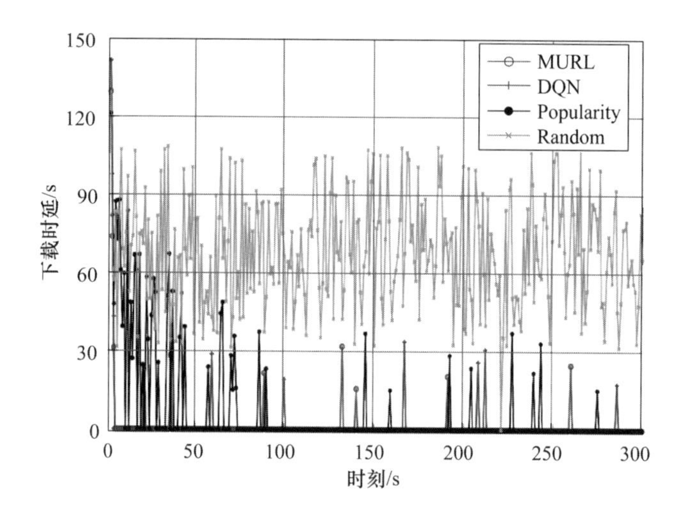

彩图 7-6

图 7-6 算法的下载时延/s

计算能力约束对节约时间和回程链路流量的影响分别如图 7-7、图 7-8 所示。在本部分实验中，我们对边缘基站的计算能力进行了调整，其他参数与表 7-2 一致。图 7-7 展示了当边缘基站存储空间固定在 10 GB 时，边缘基站计算能力对节约时间的影响。从图 7-7 中可以看出，四种解决方法的节约时间都随着计算能力的增加而增加，这是因为随着计算能力的增加，更多的服务可以由边缘基站提供，因此节约的时间也会增加。但由于存储空间的限制，这种影响效应会逐渐减弱直至消失，即当计算能力足够时，存储空间将成为提高系统性能的瓶颈。此外，不同的算法对计算能力的利用率不同，这也导致了不同的算法具有不同的平稳点。例如，基于流行度的解决方法的平稳点是 12 GHz，而 MURL 的平稳点是 13 GHz。即当计算容量为 12 GHz 时，基于流行度的解决方法无法使用剩余的存储空间来存储另一个服务数据库，而 MURL 可以灵活地将计算量少但存储空间大的业务替换为其他业务，以增加节省的时间，因此产生了不同的平稳点。

图 7-8 显示了边缘基站计算能力对回程链路流量的影响，此处用回程链路的利用率来表示回程流量压力。由图 7-8 可知，系统中回程流量随着计算能力的增加而减少，与节约时间的趋势恰恰相反。这是因为当计算能力增加时，边缘基站可以提供更多的服务，从而转发给云端服务器的请求也会减少。因此，云端服务器提供的服务减少，回程流量也随

之减少。除此之外,MURL 算法的回程流量最小,即在计算卸载方面具有最好的性能。

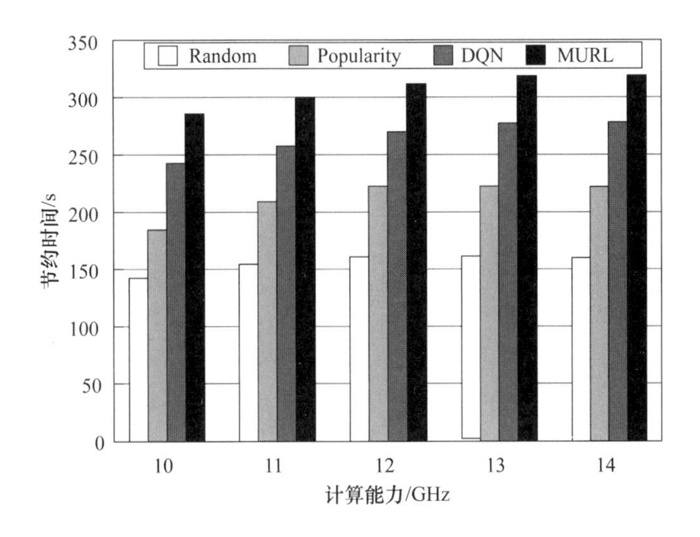

图 7-7 计算能力对节约时间的影响

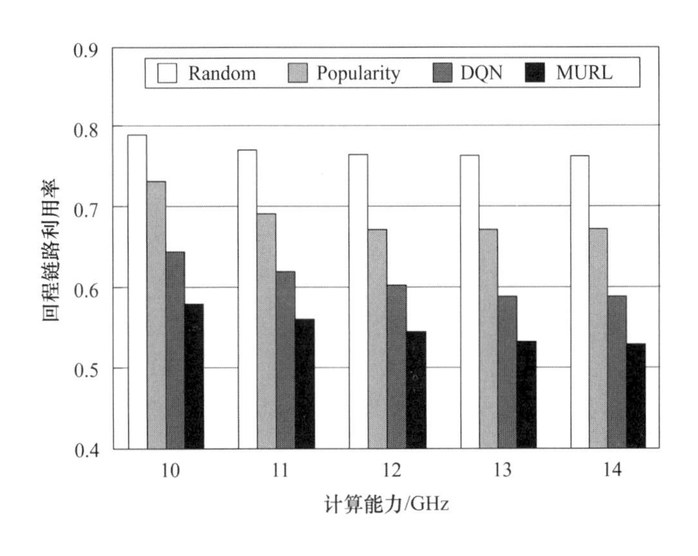

图 7-8 计算能力对回程链路流量的影响

下面对边缘基站缓存空间约束对 4 种算法性能的影响进行分析。我们测试了多组不同的存储空间容量,其他参数与表 7-2 一致。存储空间对节约时间、回程流量的影响分别如图 7-9、图 7-10 所示。图 7-9 为计算能力固定在 10 GHz 时,存储空间对节约时间的影响。由图 7-9 可知,节约时间随着存储空间的增加而增加,这与图 7-7 的情况类似。值得一提的是,尽管存储空间发生了变化,但基于流行度的解决方法的节约时间保持不变。这是因为基于流行度的解决方法的计算能力已经达到瓶颈,边缘基站无法提供更多的服务。

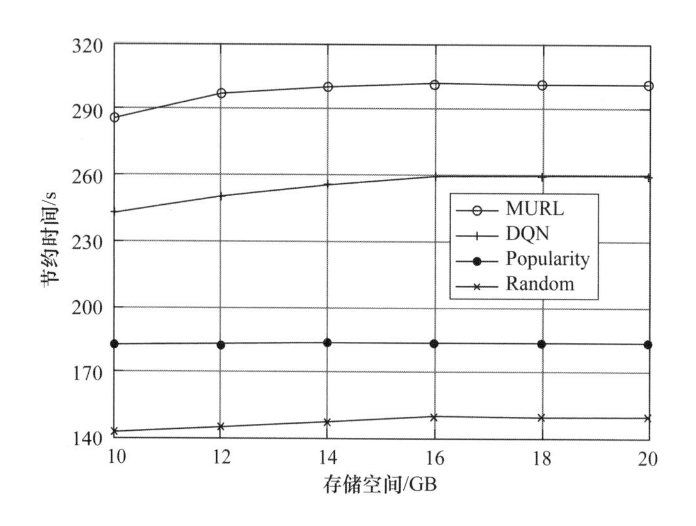

图 7-9 存储空间对节约时间的影响

从图 7-10 可以看出,回程流量随着存储空间的增加而减少,但这种趋势逐渐趋于平稳。这是因为存储空间的增加意味着可以在边缘基站中存储更多的服务数据库,从而增加了本地服务量,减少了回程流量。但由于计算能力的限制,本地服务量无法一直增加,回程流量趋于稳定。从图 7-10 可以看出,MURL 算法与基于 Random、基于 Popularity、基于 DQN 的解决方法相比,分别减少了 28.7%、23.9%、10.2%的回程流量。

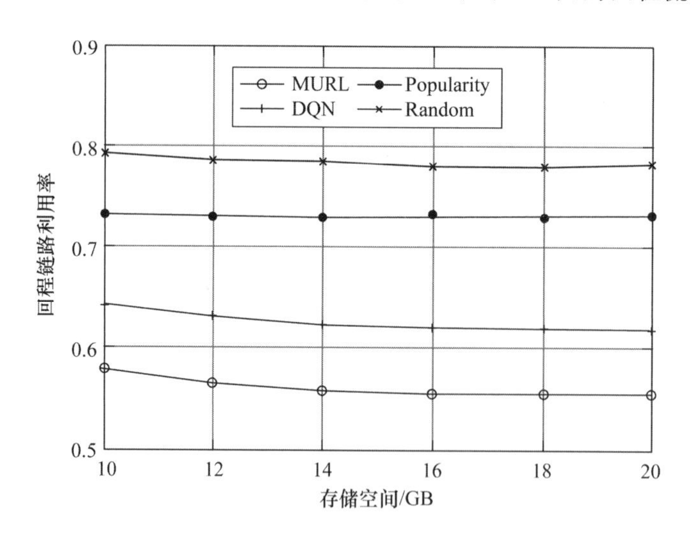

图 7-10 存储空间对回程流量的影响

从图 7-7 至图 7-10 可以看出,边缘基站的计算能力和存储空间都对性能产生影响,但这两个约束条件是相互耦合的,仅改变其中一个约束通常对整体性能的影响并不明显。

下面研究下载时延和减少的传输时间在不同取值范围下系统性能的变化。

决定下载时延的回程链路带宽对系统性能的影响如图 7-11 所示。在该实验中，我们分析了 4 个系统性能指标：下载时延（一个时间刻内边缘基站下载数据库的平均时间）；下载次数（整个仿真过程中边缘基站从云端服务器下载数据库的次数）；节约的时间（通过边缘计算平均减少的服务延迟）；减少的传输时间（一个时间段内平均减少的传输时间）。由图 7-11 可知，当回程链路带宽减少时，边缘基站更倾向于保持策略不变，导致下载次数、节约的时间、减少的传输时间等 3 个指标下降，但回程链路带宽的减少仍然会导致下载时延的增加。

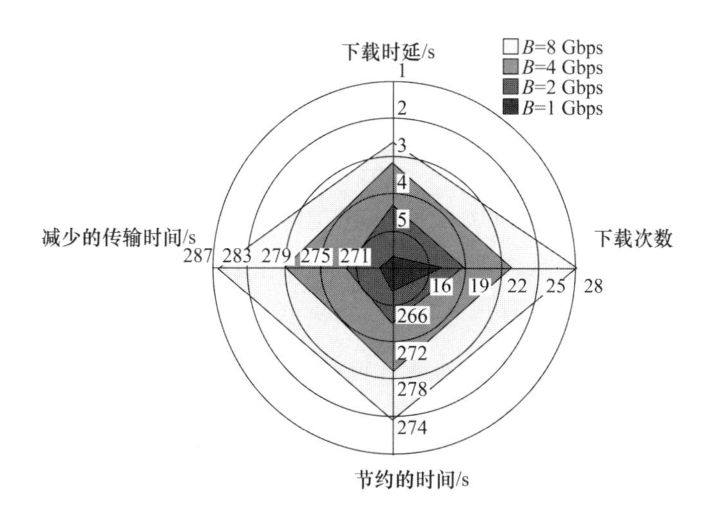

图 7-11 回程链路带宽对系统性能的影响

减少的传输时间对系统性能的影响如图 7-12 所示。由图 7-12 可知，减少的传输时间的取值区间不同，系统性能也不同。下载时延和下载次数更多与区间的长度有关。因为区间间隔的长度越长，服务的多样性越大，越容易导致频繁的替换。节约的时间和减少的传输时间更多与间隔的平均值有关，这是因为每项业务减少的传输时间增加，总的节约时间也会增加。

影响用户请求数量的因素有两个：用户数量和 Zipf 分布参数，下面对这些因素进行实验研究。Zipf 分布参数 $\lambda=1$ 时，用户数量对系统性能的影响如图 7-13 所示。由图 7-13 可知，节约的时间与用户数量成正比。根据式(7-6)和式(7-19)可知，节约的时间与请求数量成正比，请求数量又与用户数量成正比。因此，用户越多、请求越多，节约的时间也越多。

Zipf 分布参数在用户数 $N=300$ 时对 MURL 的影响如图 7-14 所示。由图 7-14 可知，节约的时间与 Zipf 分布参数成反比。这是因为参数越大，请求次数越少，节约的时间越少。节约的时间是所有请求的总和，受请求数量的影响，不能直观地反映每个请求的

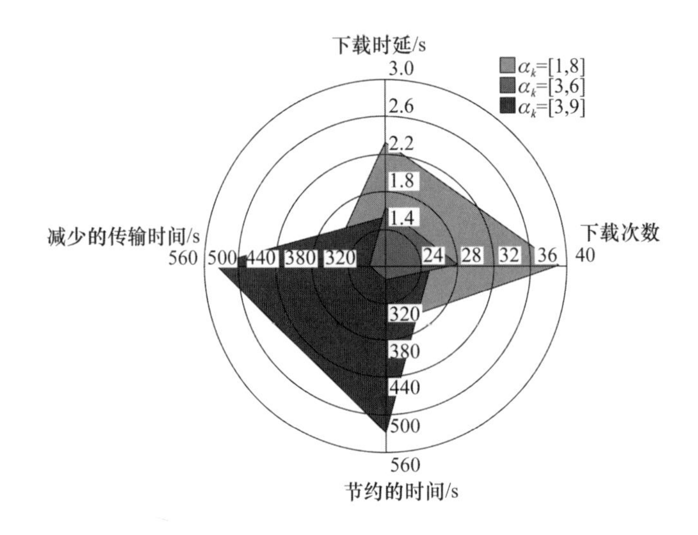

图 7-12　减少的传输时间对系统性能的影响

情况。因此,我们还计算了平均节约时间(节约的时间除以用户数量)。由图 7-14 可以看出,随着 Zipf 分布参数的增大,平均节约时间增加,两者呈正相关关系。这是因为随着参数变大,请求会更加集中,边缘计算的性能也随之提高。举一个极端的例子,如果 Zipf 分布参数为 0,并且所有服务都有相同的请求频率,在不考虑约束条件的情况下,所有算法的性能都将接近基于随机的解决方法。

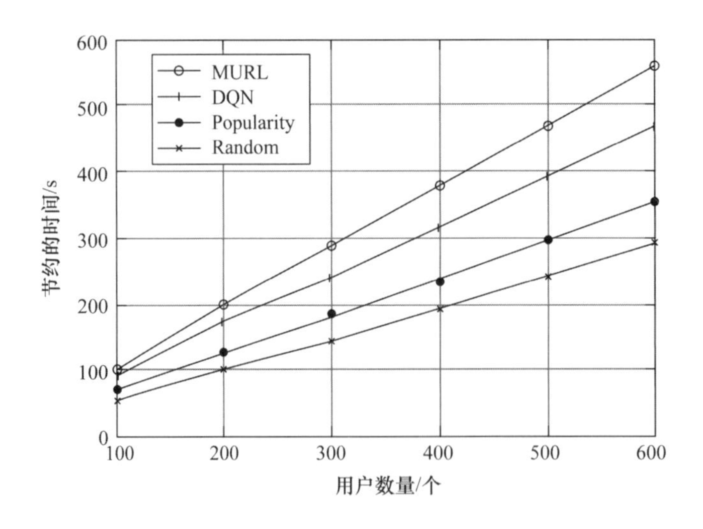

图 7-13　用户数量对系统性能的影响

我们最后分析边缘基站数量对系统性能的影响。边缘基站数量对节约时间、回程流量的影响分别如图 7-15、图 7-16 所示。由于该实验中涉及多个边缘基站,因此,我们引入 FMURL 算法进行比较。

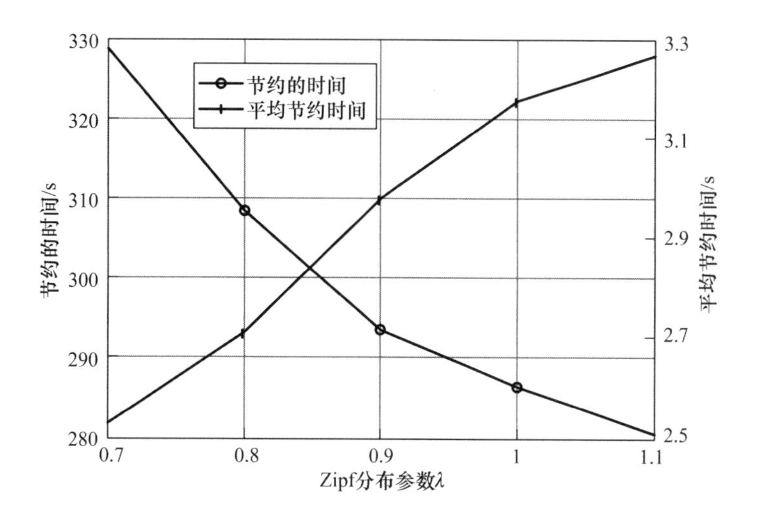

图 7-14 Zipf 分布参数对 MURL 的影响

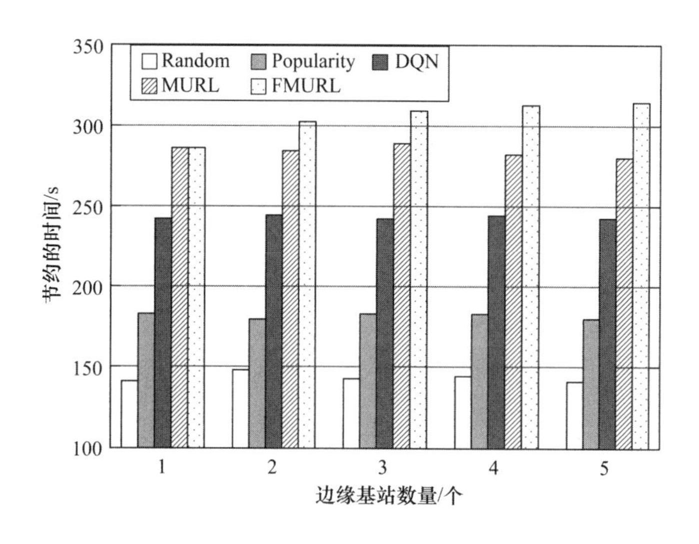

图 7-15 边缘基站数量对节约时间的影响

图 7-15 展示了边缘基站数量对节约时间的影响。在该实验中,节约的时间是所有边缘基站的平均值。从图 7-15 中可以看出,FMURL 算法比其他四种算法节约更多的时间。特别地,当边缘基站数量为 1 时,MURL 和 FMURL 的性能几乎相同。这是因为两种算法的训练集是相同的,因此训练模型也几乎相同。但随着边缘基站数量的增加,FMURL 的性能逐渐提高,并优于 MURL,这是因为 FMURL 可以配合所有边缘基站的训练集来训练模型,而 MURL 只能使用一个边缘基站本地的局部训练集。因此,FMURL 训练模型的精度比 MURL 更高,但是 FMURL 训练模型的精度并不会随着边缘基站数量的增加而一直增加。另外,MURL 算法与其他四种算法中的边缘基站没有协

作，因此性能随边缘基站数量的变化不大。

图 7-16 展示了边缘基站数量对回程流量的影响。实验中的回程流量是所有边缘基站的平均值。总体而言，FMURL 算法性能最好，除 FMURL 外，其他算法受边缘基站数量的影响较小，这与图 7-15 一致。值得一提的是，当边缘基站数量为 1 时，FMURL 的回程流量要高于 MURL。这是因为两种算法的训练模型几乎相同，但 FMURL 需要额外上传和下载模型参数，增加了回程流量。但随着边缘基站数量的增加，FMURL 的训练模型具有更高的准确性，并抵消了上传和下载参数所带来的负面影响，从而获得了比 MURL 更好的性能。

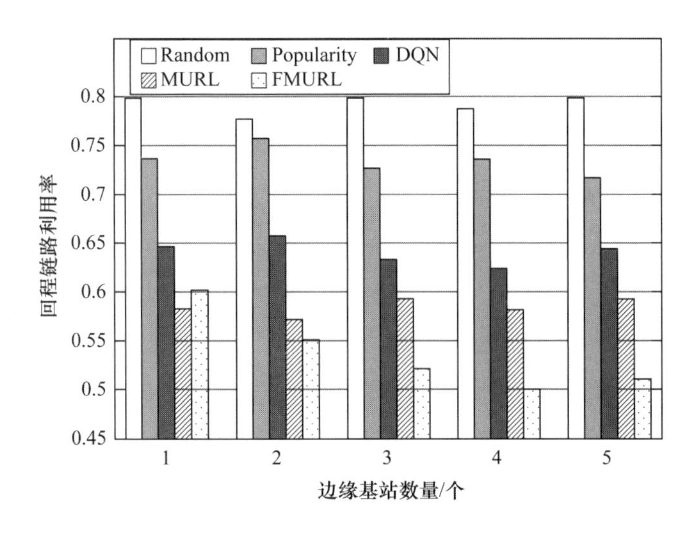

图 7-16 边缘基站数量对回程流量的影响

本章在计算能力和存储空间双重约束下研究了云-边协同的计算卸载问题。我们将该问题表述为一个以最大化长期平均减少时延为目标的马尔可夫决策过程。为了解决这一问题模型，提出了一种新的 MURL 算法，该算法有效地将动作空间从 $3^{|K|}$ 减小到了 $|K|$。进一步，我们还提出了一种适用于多个边缘基站场景的协同算法 FMURL。大量仿真实验表明，FMURL 在不同的指标（包括收敛性和下载时间等）上均优于三种现有解决方案（基于 DQN、Popularity、Random 的解决方案）。

参考文献

[1] ABBAS N，ZHANG Y，TAHERKORDI A，et al. Mobile Edge Computing：A Survey[J]. IEEE Internet of Things Journal，2017，5(1)：450-465.

[2] JIANG Z, XU C, GUAN J, et al. Stochastic Analysis of DASH-Based Video Service in High-Speed Railway Networks [J]. IEEE Transactions on Multimedia, 2019, 21(6):1577-1592.

[3] NATH S, WU J. Deep Reinforcement Learning for Dynamic Computation Offloading and Resource Allocation in Cache-assisted Mobile Edge Computing Systems [J]. Intelligent and Converged Networks, 2020, 1(2): 181-198.

[4] XU W, CHEN L, YANG H. A Comprehensive Discussion on Deep Reinforcement Learning[C]//2021 International Conference on Communications, Information System and Computer Engineering (CISCE). IEEE, 2021: 697-702.

[5] RAMASWAMY A, HULLERMEIER E. Deep Q-Learning: Theoretical Insights from an Asymptotic Analysis[J]. IEEE Transactions on Artificial Intelligence, 2021, 3(2): 139-151.

[6] WEI L, FOH C H, HE B, et al. Towards Efficient Resource Allocation for Heterogeneous Workloads in IaaS Clouds [J]. IEEE Transactions on Cloud Computing, 2018, 6(1):264-275.

[7] LI S, ZHANG N, LIN S, et al. Joint Admission Control and Resource Allocation in Edge Computing for Internet of Things[J]. IEEE Network, 2018, 32(1): 72-79.

[8] YADAV P, KAR S. Evaluating the Impact of Region Based Content Popularity of Videos on the Cost of CDN Deployment [C]//2020 National Conference on Communications (NCC). IEEE, 2020: 1-6.

[9] AWAN A A, BÉDORF J, CHU C H, et al. Scalable Distributed Dnn Training Using Tensorflow and Cuda-aware Mpi: Characterization, Designs, and Performance Evaluation [C]//2019 19th IEEE/ACM International Symposium on Cluster, Cloud and Grid Computing (CCGRID). IEEE, 2019: 498-507.

[10] CHEN X, ZHANG H, WU C, et al. Optimized Computation Offloading Performance in Virtual Edge Computing Systems Via Deep Reinforcement Learning [J]. IEEE Internet of Things Journal, 2019, 6(3):4005-4018.

[11] TRAN A T, NGUYEN T V, TUONG V D, et al. On Stalling Minimization of Adaptive Bitrate Video Services in Edge Caching Systems[C]//2020 International Conference on Information Networking (ICOIN). IEEE, 2020: 115-116.

第8章

网络化多智能体强化学习在视频转码中的应用

如何处理密集的视频转码和数据传输任务是当前部署超大规模、超高质量直播视频服务所面临的关键挑战之一。然而，在现有解决方案中，依然缺乏一种普适的资源联合优化模型来综合优化网络系统的计算和传输资源，这使得系统资源使用和服务质量提升的均衡问题依然存在巨大挑战。本章提出了一种基于图概念的增广图模型，将抽象的计算和转码联合优化问题转化为直观的网络路由问题。该模型为大规模直播系统的联合资源优化分析提供了新视角，也为解决该优化问题开辟了新途径。随后，本章设计了一个分布式网络化多智能体强化学习（Multi-Agent Reinforcement Learning，MARL）方法，并提出了一种基于网络化 MARL 的 Actor-Critic（行动者-评论家）算法，简称为 MAAC 算法。该方法允许网络节点（智能体）通过增广图模型，以协作的方式分布式地解决上述网络路由问题。此外，MAAC 算法有效整合了大量用户节点的计算资源，为系统扩容提供了良好的可扩展性。最后，为评估 MAAC 算法的性能，本章以集中式（单智能体）强化学习算法为基准，在模拟的大规模仿真环境中对 MAAC 算法进行了测试。进一步，在基于原型系统的实验中，我们还将 MAAC 算法与目前最先进的两种方法进行了对比，实验结果表明，MAAC 算法在资源开销和服务质量方面具有一定优势。

8.1 研究背景

众包直播服务提供商（如 Twitch 和斗鱼等）凭借其实时交互特性已经成为近年来受欢迎的在线娱乐服务之一。根据最新统计数据显示，截至 2020 年，Twitch 每月平均活跃直播者约有 576 万，平均并发在线观众超过 194 万。此外，2020 年 7 月统计数据显示，斗鱼的每日平均活跃观众人数达 2 477 万。在 COVID-19 全球大流行期间，直播服务从传统游戏娱乐延伸至教育、医疗、社会服务等各个领域，得到了前所未有的快速发展。然而，直播服务流行也给现在众包直播系统带来了新的挑战。例如，海量的直播数据需要被实时处理，产生多标准分辨率视频，并进一步传输给全球的观众。又如，大规模直播服务的部署需要大带宽、密集计算资源的支持，这使提供服务变得格外昂贵。根据斗鱼年度财务报告，仅 2019 年的带宽支出就超过 8 800 万美元，占据了其总支出的 10%。

为了缓解直播服务的资源消耗，研究人员提出了许多转码优化方案。例如，Li 等人提出了一种基于李雅普诺夫优化的资源优化方案，通过优化视频转码任务在云服务器的调度和处理过程来降低系统的资源开销。Dong 等人设计了一种在线优化算法，在最小化云服务器资源消耗的同时保证用户体验质量。另外，边缘计算和众包计算也被认为是解决视频转码的可选方案。Pang 等人提出了一种名为“转码交付路径”的新概念模型，在该模型中，视频数据将沿着指定的网络路由从内容提供者交付到用户观众，而且在该过程中，由路径中的服务器节点执行视频转码，并最终传输给用户。Baccour 等人提出了一个基于深度神经网络的转码交付路径选择算法，通过动态调节转码交付路径，实现对直播系统计算和传输资源的联合优化。Wang 等人也提出了一种转码和交付联合优化方案，该方案将联合优化问题建模成了传统的 0/1 背包问题，并证明了该问题是 NP 难问题，为求解该问题，Wang 等人设计了一种贪婪的启发式算法。Liu 等人提议使用广泛存在的用户设备资源来辅助云服务器进行视频转码。

直播系统由使用云中心服务器的方案逐步演化为采用云、边缘、用户群混合的分布式协同计算范式。通过整合稳定高效的云服务器、低延时的边缘服务器和低成本的用户设备，分布式协同计算范式被认为是一种适用于直播系统大规模部署的有效解决方案。但是，现有解决方案依然存在许多局限性，如用户体验性能不理想、大规模部署困难、交付性能不足等。造成这种情况的主要原因是目前还缺少一个简洁的通用分析模型，这个模型可以捕获直播系统中实时视频转码和内容交付中的随机特征。为解决该问题，本章利用 Modiano 等人提出的通用最大权重方法和通用计算控制方法，引入了一种新的通用增广图模型。通过在系统网络拓扑结构中添加虚拟节点和虚拟链路，该模型将视频转码过程表示为虚拟链路上传输视频数据的过程。由于视频传输本身在真实网络节点之间进行视频数据的转移，因此，视频转码和传输的联合优化问题被转化为在增广图模型中，视频数据在不同虚拟节点和真实节点之间的网络路由问题。

尽管增广图模型简化了转码和传输联合优化的分析和建模过程，但在大规模环境下部署直播系统仍然需要一种高扩展性的方法。现有方法(如最大权重方法和通用计算控制方法)虽然可以为每条数据流获得最优的网络路由,但是它们都需要一个中心服务器来进行协调控制,这对于大规模直播系统部署往往是不可行的。对于最大权重方法,中心服务器需要直播系统的全局拓扑信息和每条链路的实时虚拟队列长度信息来求解最短路由问题。虽然 Sallam 等人给出了一种启发式的解决方案,但该方法性能依然无法得到保障。为解决上述挑战,本章采用了多智能体强化学习技术。目前,该技术已经被广泛运用于网络分布式路由的问题研究中。例如,Sun 等人提出了一种基于深度强化学习的网络控制框架,称为 SINET。该架构借助于软件定义网络中控制与转发分离的核心设计架构,实现了网络数据流的转发优化。然而,该框架的运行严重依赖于中心控制器的决策,依然无法解决直播系统的大规模部署问题。Mao 等人提出了一种全分布式的数据包路由框架,该框架借助于多智能体强化学习技术,在每个网络节点(智能体)中部署独有长短期记忆结构的神经网络,该神经网络能够从用户历史的序列化路由信息中学习路由特征,并估计每个路由决策对于系统整体的期望回报。金子晋等人提出了一种名为“DMARL”的路由协议,该协议设计主要基于分布式深度强化学习技术,主要运用于水下光无线传感器网络路由的节能和可靠性问题。在该方案中,金子晋等人设计了一个双层奖励结构模型,该结构模型包含一个全局奖励和一个分布式奖励,借助于该结构模型,可以实现对网络路由的能效均衡和分布式部署。上述解决方案都基于 Q-学习方法,但该方法在应用于大规模网络路由问题的过程中依然存在一些缺陷。其中最主要的问题是,Q-学习方法在训练过程中,每个节点(智能体)的路由策略是在不断更新的。因此,对于系统任意一个智能体,它所观测到的网络环境是极其不稳定的。也就是说,智能体可能采用两次完全相同的路由决策,但是由于外部系统的不稳定性(如其他智能体采用了不同的决策),两次相同决策所获得的奖励可能完全相反。这种不稳定的学习过程进一步影响经验重放学习性能,使得 Q-学习的实际应用变得十分困难。

本章介绍了增广图模型,该模型将计算和传输资源的联合优化问题转化为广义的网络路由问题。进而,采用网络化多智能体强化学习技术,设计了一种全分布式解决方案。针对 Q-学习在多智能体环境下所面临的挑战,本章引入了一种基于策略梯度理论的多智能体强化学习算法,也就是 MAAC 算法。该算法采用“行动者-评论家”方法实现了一个高鲁棒的网络路由,通过行动者和批评者之间的对抗性学习,持续优化动作决策和学习动作值函数。对于 MAAC 算法,每个智能体在动作决策阶段会单独做出决策,并在评论步骤中与它的单跳范围内的邻居节点进行信息交换,从而达到全局信息共识。相比于目前众包直播服务的其他解决方案,MAAC 算法不仅为众包直播系统视频转换和数据交付联合优化问题的分析提供了新视角,也为解决该优化问题开辟了新途径。

8.2 直播系统模型构建

本节首先介绍了移动网络模型、视频转码模型；其次，阐述了增广图模型在大规模直播系统中的运用；最后形式化表征了视频转码和数据交付的联合资源优化问题。

8.2.1 移动网络模型

将大规模直播系统网络拓扑表示为无向图 $G(V,E)$，其中包括 $|V|$ 个网络节点和 $|E|$ 条链路。直播者集合、云服务器和边缘服务器集合、用户群集合分别定义为 V_p、V_t、$V_c \in V$。假设系统运行的时间被划分为多个时隙 $T=\{1,2,\cdots\}$ 且每个节点 $u \in V$ 具有一定的转码能力。由于系统节点可能会运行其他应用程序或任务，因此将节点在 t 时刻的可用计算资源定义为时变变量 $c_u(t) \in [0, c_u^{\max}]$，其中 $c_u^{\max}$ 表示节点 u 所能提供的最大计算资源量。将节点 u 到节点 v 的网络链路定义为 $(u,v) \in E$，其中 $u,v \in V$。当视频流经过链路 (u,v) 时，假设每单位数据流消耗 $w_{(u,v)}$ 单位的带宽资源。由于视频流同样会受到其他应用与各种交叉流量的影响，这里将链路 (u,v) 可用带宽资源定义为随机变量 $c_{(u,v)}(t) \in [0, c_{(u,v)}^{\max}]$，其中 $c_{(u,v)}^{\max}$ 为最大带宽资源量。

8.2.2 视频转码模型

定义众包直播服务的内容库为 $F=\{f_1, f_2, \cdots, f_N\}$。对于每个内容，假设视频所包含的分辨率集合为 $B=\{b_0, b_1, \cdots, b_m\}$，其中，$b_0 > \cdots > b_m$。由于高分辨率的视频版本可以转码到低分辨率版本，因此视频转码过程可以建模成不同分辨率版本的状态转换过程。假设视频内容 n 的分辨率排序集合为 $O_n=\{b_0, b_1, \cdots, b_m\}$，则视频转码过程如图 8-1 所示。在如图 8-1(a)所示的有向图 $G'(V', E')$ 结构中，每个节点代表一个视频分辨率质量，每条链路表示一个视频转码过程，例如，图 8-1(a)中的链路 $(h-1, h) \in E'$ 则表示从分辨率 b_{h-1} 到分辨率 b_h 的转码过程。当数据流经过链路 (x,h)，$0 < x < h$ 时，每单位数据流量将消耗系统 $w_{(x,h)}$ 单位的计算资源。图 8-1(b)给出了一个多阶段转码过程示例。在该过程中，视频流 f 在第一阶段从分辨率 b_0 转码到分辨率 b_i，其中每单位数据流量将消耗 $w_{(0,i)}$

单位的计算资源。在第二阶段,该视频流进一步被转码为分辨率 b_j,每单位数据流量将消耗 $w_{(i,j)}$ 单位的计算资源。因此,每单位视频流 f 消耗的总资源为 $w_f = w_{(0,i)} + w_{(i,j)}$。

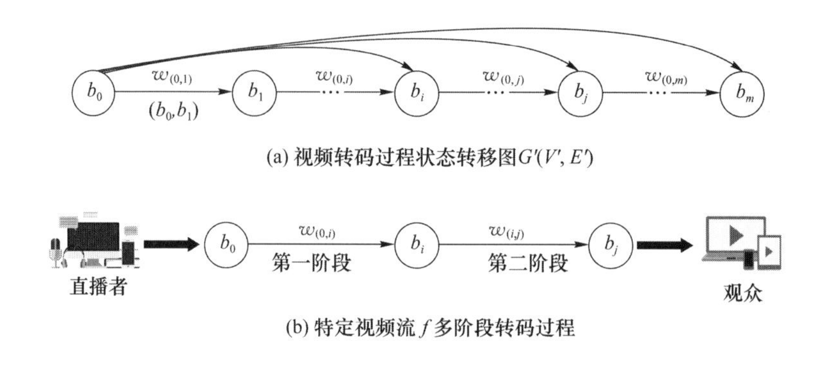

图 8-1　视频转码过程

8.2.3　增广图模型

基于云-边缘-用户终端集成的众包直播系统和增广图模型如图 8-2 所示,针对此系统,其网络拓扑可以表示为一个覆盖网络结构。定义覆盖网络作为增广图结构中的原始层,该原始层能够表示为一个无向图 $G_0(V_0,E_0)$,其中 V_0 和 E_0 分别表示无向图的节点和链路集合。在增广图模型中,每个视频分辨率 b_i 都对应一个类似于覆盖网络的增广层结构 $G_i(V_i,E_i)$。因此,不同的增广层结构表示为 $G_i(V_i,E_i),i\in\{0,1,\cdots,m\}$。因为高分辨率视频能够转码为低分辨率,所以上述原始层与增广层结构可以通过有向链路连接,如图 8- 2 中节点 9_0 和 9_1 的有向链路。定义增广图为多层网络结构,表示为 $G_B(V_B,E_B),\hat{T}=\{0,1,\cdots,m\}$。此外,每条链接 $l\in E_B$ 都对应于一个权值因子 w_l,该因子表示每单位视频流所对应的资源成本(包含计算和带宽资源)。

定义直播系统中的三种角色:消费者,即对特定直播服务内容发出请求的用户;转码者,一般为数据交付路径上的中间节点(可以是云服务器、边缘服务器或用户节点),从直播者或其他转码者获取视频内容,并将它转换为消费者所需分辨率的中间节点;提供者,即持续生成内容并将该内容上载给直播服务系统的直播者。从图 8-2 中可以看到,任意转码任务分配和数据交付方式下的数据流,都能够用增广图中从提供者到消费者的一条路径来表示。例如,消费者 i 和消费者 j 共同向提供者请求数据内容,他们获取视频内容的两个过程可以分别表示为图 8-2 中的路径 i 和路径 j。路径 i 表示从提供者到消费者 i 的视频转码交付路径$(0_0,2_0,3_0,5_0,5_1,7_1)$,在该转码过程中,转码任务在节点 5 执行,视

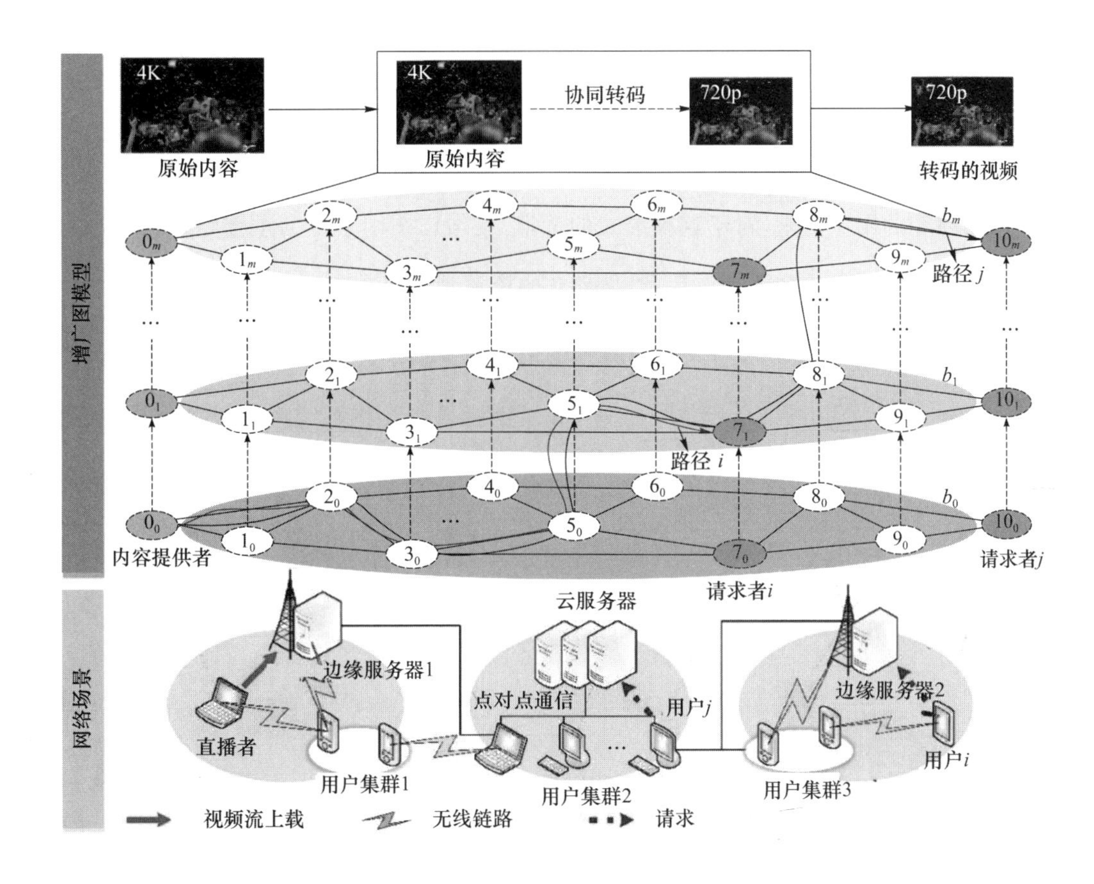

图 8-2 基于云-边缘-用户终端集成的众包直播系统和增广图模型

频从分辨率 b_0 转换到 b_1。另外，对于路径 j，转码过程发生在节点 5 和节点 8。由图 8-2 可知，路径 i 和路径 j 具有重叠路径，针对这种情况，直播系统只需在重叠路径执行一次视频转码和数据交付行为，便可降低系统的资源开销。也就是说，当虚拟路径之间具有更多重叠时，资源的利用效率将更高。由图 8-2 可知，我们借助于增广图将视频转码和传输的资源联合优化问题转化成了网络路由问题。

8.2.4 分布式优化目标

为了在尽可能优化服务质量的同时降低系统的资源消耗，我们需要分析直播系统的服务性能。定义消费者 $c \in V_c$ 在 t 时刻的数据单元接收速率为 $x_c(t)$。当接收的视频分辨率为 b_c 时，用户接收的数据速率为 $b_c x_c(t)$。因此，消费者 c 的整体效用为 $U(b_c x_c(t))$，其中 $U(\cdot)$ 为效用函数。效用函数 $U(\cdot)$ 具有多种可选形式。因此，直播系统的整体服

务质量可表示为 $\sum_{c\in V_c} U(b_c x_c(t))$。

基于增广图模型，我们下面考虑直播系统的联合资源消耗。前面提到，当视频流经过链路 $l\in E_{\hat{T}}$时，每单位视频流将消耗系统 w_l 个单位资源。其中，系统可能会需要处理多个相同内容的用户请求，对于这种形式的请求，在增广图中表示为重叠路径，节点只需要对视频流进行一次处理即可。因此，链路 l 的资源消耗可以表示为 $\sum_{c\in V_{c,l}} w_l x_c(t)$，其中 $V_{c,l}$表示经过链路l 并且请求不同视频内容的消费者集合。系统整体的资源消耗可以写成 $f_c(x)=\sum_{l\in E_{\hat{T}}}\sum_{c\in V_{c,l}} w_l x_c(t)$，其中 $f_c(\cdot)$表示消耗函数。将系统整体服务质量和联合资源消耗结合，得到联合资源优化问题的形式化表征为：

$$U_t(\boldsymbol{x})=\min\Big(\sum_{c\in V_c} U(b_c x_c(t))-\beta f_c(\boldsymbol{x})\Big),\forall t \tag{8-1a}$$

$$\text{s.t.} \sum_{l\in E_{\hat{T}}(v)}\sum_{u\in V_{c,l}} w_l x_c(t)\leqslant c_v(t),\quad \forall v\in V \tag{8-1b}$$

$$\sum_{l\in E_{\hat{T}}(u,v)}\sum_{u\in V_{c,l}} w_l x_c(t)\leqslant c_{(u,v)}(t),\quad \forall (u,v)\in E \tag{8-1c}$$

$$x_c(t)\in[0,x_{\max}],\quad \forall c\in V_c \tag{8-1d}$$

其中，$U_t(\boldsymbol{x})$为目标函数，且有 $\boldsymbol{x}=(x_1,\cdots,x_{|V_c|})$；$\beta$ 是权重因子；$x_{\max}$是用户最大数据接收速率；$E_{\hat{T}}(v)$表示与节点 v 中视频转码过程相关联的所有虚拟转码链路的集合；$E_{\hat{T}}(u,v)$表示与链路(u,v)相关联的所有虚拟传输链路的集合。目标函数(8-1a)为最大化总效用与系统资源消耗之和；限制条件(8-1b)表示转码资源消耗不能超过系统节点的计算资源容量；不等式(8-1c)表示实际的数据传输速率需在可用带宽约束范围内；(8-1d)给出了用户接收数据速率的边界限制。

8.3 基于网络化多智能体强化学习的模型重构

本节先介绍去中心化马尔可夫过程以及网络化多智能体马尔可夫决策的相关概念，随后在强化学习模型下对问题(8-1a)～(8-1d)进行重新建模。

传统马尔可夫决策过程可以对单智能体决策问题进行建模，在该场景下，智能体与环境进行交互，并且在离散时间规划自身行为，从而最大化奖励期望，分布式马尔可夫决策过程是一种基于单智能体马尔可夫决策过程的推广模型，通常可以表征为五元组，即

$M=(V_{\hat{T}},S,A,P,R)$，下面对五元组进行具体解释。

$V_{\hat{T}}$ 表示网络智能体集合，对于单智能体马尔可夫决策过程，智能体集合中仅有一个智能体，对于本章而言，该集合对应增广图中的虚拟节点集合。

S 表示有限的联合状态空间，在直播系统中联合状态 s 表示为系统中所有节点的可用资源容量 $\{c_l(t)\}$，$\forall l\in V_{\hat{T}}$。

A 表示所有智能体的联合动作集合 $a=\langle a_1,\cdots,a_{|V_{\hat{T}}|}\rangle$。对于每个网络智能体 u，它所对应的可行动作策略集合为 Au。在增广图中，一个联合动作策略表示一条数据流 $x(t)$ 从提供者到消费者的虚拟路径。

$P(s'|s,a):S\times A\times S\rightarrow[0,1]$ 为系统采用动作 $a\in A$ 时，从状态 $s'\in S$ 转移到状态 $s\in S$ 的状态转移函数。

$R:S\times A\rightarrow R$ 为奖励函数，一般来说奖励函数对于智能体是可分的。本章定义为 $R(s,a)=\sum_{u\in V_{\hat{T}}}\mathbb{E}[r_{t+1}^u\mid s_t=s,a_t=a]$，其中 r_{t+1}^u 为 t 时刻网络智能体 u 所获得的奖励。

对于所有网络智能体 $u\in V_{\hat{T}}$，联合策略函数为：

$$\pi=\langle\pi_1,\cdots,\pi_{|V_{\hat{T}}|}\rangle:S\times A\rightarrow[0,1]$$

该策略函数的目标为最大化系统的累计奖励。定义长期平均奖励期望函数为：

$$R(\pi)=\frac{1}{T}\lim_{T\rightarrow\infty}\sum_{t=1}^{T}R(s,a) \tag{8-2a}$$

$$\overset{(a)}{=}\frac{1}{T\mid V_{\hat{T}}\mid}\lim_{T\rightarrow\infty}\sum_{t=1}^{T}\sum_{c\in V_{\hat{T}}}\mathbb{E}\,(r_{t+1}^u) \tag{8-2b}$$

$$\overset{(b)}{=}\sum_{s\in S,a\in A}d_\pi(s)\pi(s,a)\,\bar{R}(s,a) \tag{8-2c}$$

其中 $d_\pi(s)=\lim_t\mathbb{P}(s_t=s\mid\pi)$ 为策略 π 在稳定状态时的概率分布函数。$R(s,a)=\mathbb{E}[\bar{r}_{t+1}^u\mid s_t=s,a_t=a]$ 为所有代理节点的平均奖励函数，其中 $\bar{r}_{t+1}^u=\frac{1}{|V_{\hat{T}}|}\sum_{u\in V_{\hat{T}}}r_{t+1}^u$。对于式(8-2b)，即时奖励函数 $R(s,a)$ 和式(8-1a)中 t 时刻的效用函数 $U_t(x)$ 相关。因此，累计奖励为 $R(\pi)=\sum_{t=1}^{T}U_t(x)$。因为式(8-1a)～式(8-1d)针对每个网络智能体是可分的，所以每个智能体的奖励函数可以写成如下形式：

$$r_t^u=\sum_{l\in V_{\hat{T}}(u)}\sum_{c\in V_{c,l}(u)}\left[\frac{1}{N_c}U(b_cx_c(t))-\beta w_lx_c(t)\right] \tag{8-3}$$

其中 N_c 为在增广图模型中提供者到消费者虚拟路径上网络智能体的总数；$V_{\hat{T}}(u)$ 为连接到智能体 u 的虚拟链路集合；$V_{c,l}(u)$ 为数据流被智能体 u 处理或传输的消费者集合。

式(8-2c)成立的条件可参考标准正则性假设。当该等式成立时,对于任意策略 π,状态 s 的马尔可夫过程都是非周期不可约的。因此,我们可得如下形式的状态值函数 $V_\pi(s)$ 和动作值函数 $Q_\pi(s,a)$ 。

$$Q_\pi(s,a)=\sum_t \mathbb{E}\left[\bar{r}_{t+1}-R(\pi)\mid s_0=s,a_0=a,\pi\right] \tag{8-4a}$$

$$V_\pi(s)=\sum_{a\in A}\pi(s,a)Q_\pi(s,a) \tag{8-4b}$$

其中 $\bar{r}_{t+1}=\dfrac{1}{|V_{\hat{T}}|}\sum_{u\in V_{\hat{T}}} r_{t+1}^u$。由于长期平均奖励期望与目标函数(8-1a)相关,因此可以得到联合动作值函数 $Q_\pi(s,a)$,该函数的因变量为联合状态 s 与联合动作 a。为评估智能体的决策,将联合策略 $\pi=\{\pi^1,\pi^2,\cdots\}$ 表征成参数为 $\pi_\theta=\{\pi_{\theta^1}^1,\pi_{\theta^2}^2,\cdots\}$ 的函数。

"行动者-评论家"算法是通过求解最佳策略 π_θ 使得系统奖励最大化的一种方法,根据 Zhang 等人的结论,对于策略参数 θ 的回报 $R(\pi_\theta)$ 梯度为:

$$\nabla_\theta R(\theta)=\mathbb{E}_{s\sim d_\theta,a\sim\pi_\theta}\{\nabla_\theta\log\pi_\theta(s,a)\cdot A_{\pi_\theta}(s,a)\} \tag{8-5}$$

其中,$A_{\pi_\theta}(s,a)$ 为优势函数,该函数等价于 $Q_{\pi_\theta}(s,a)-V_{\pi_\theta}(s)$。因此,优势函数的抽样形式为:

$$A_t=Q(s_t,a_t)-\sum_{a\in A}\pi_{\theta_t}(s_t,a)Q(s_t,a) \tag{8-6}$$

为了简洁,定义 $\nabla_\theta\log\pi_\theta(s,a)$ 的抽样为 $\eta_t=\nabla_\theta\log\pi_{\theta_t}(s_t,a_t)$。联合策略 π_θ 的近似参数的更新方程如下:

$$\theta_{t+1}=\theta_t+\rho_{\theta,t}\cdot A_t\cdot\eta_t \tag{8-7}$$

其中,$\rho_{\theta,t}$ 为大于零的步长参数。对于目标函数(8-1a),奖励函数具有确定的形式。因此,我们需要在评论家步骤中,让所有智能体的动作值函数达成回报共识。另外,对于行动者步骤,还需要考虑联合动作策略的参数更新过程。

我们使用网络化多智能体强化学习框架来解决问题(8-1a),考虑直播系统的网络拓扑。网络化多智能体强化学习可以通过一个六元组 $M=(V_{\hat{T}},S,A,P,R,G(V,E))$ 表示,该模型是基于分布式马尔可夫决策过程的一种拓展,其中 $G(V,E)$ 表示网络拓扑结构。在增广图设计中,由于直播系统节点关联于多个虚拟网络节点,因此可以认为每个系统节点中包含多个智能体节点,且属于同一个系统节点的智能体之间能够共享信息。同时,所提解决方案允许系统节点与相邻节点共享信息。在多智能体强化学习中,系统联合状态 s_t 和联合动作 a_t 是全局可见的。此外,每个系统智能体 $u\in V_{\hat{T}}$ 都具有本地动作策略 $\pi_\theta^u(s,a^u)$和奖励函数 $R^u(s_t,a_t^u)$。

为帮助理解,这里对多智能强化学习的运行步骤进行简单介绍。针对每个时隙 t,每

个智能体 $u\in V_{\hat{T}}$ 基于全局状态 $s_t=\{c_l(t)\},\forall l\in V_{\hat{T}}$ 执行动作 a_t^u。因此，基于式(8-3)可得，所有属于节点 v 的智能体将获得奖励 $r_{t+1}^u,u\in V_{\hat{T}}(v)$。当所有智能体采用联合动作策略 a_t 时，直播系统将根据转移概率函数 $P(s'\mid s,a)$ 切换到一个全新状态 s_{t+1}。此外，智能体会根据奖励值更新它们的策略参数，并与它们的邻居节点共享奖励信息。在所提方案的设计中，每个智能体都是单独进行动作决策的，这意味着每个智能体都具有各自的策略函数 $\pi_\theta^u(s,a^u)$，而且该策略函数还依赖于联合状态信息 s。因此，系统整体的联合政策可表示为 $\pi_\theta=\langle\pi_\theta^u(s,a^u)\rangle_{u\in V_{\hat{T}}}$。

对于目标函数(8-1a)，每个智能体 u 的策略 $\pi_\theta^u(s,a^u)$ 是所有到达该智能体的视频流选择路由。当智能体接收到数据流时，它需要根据当前系统状态 s_t 将该数据流发送给与智能体相连的其他智能体，即下一跳节点。因此，$\pi_\theta^u(s,a^u)$ 可以说是智能体 u 在状态 s_t 下选择动作 a_t^u 的概率。由于 s_t 为增广图中每条链路 $l\in V_{\hat{T}}$ 的可用资源，因此智能体 u 只会使用具有充足资源 $c_{(u,v)}\geqslant w_{(u,v)}x_c(t)$ 的链路将数据流 c 发送给下一跳节点。此外，为了避免循环路由，每个数据流包头会携带一个“Nonce”标识符。当智能体在一个时隙内收到具有重复“Nonce”的数据包头时，它将不再处理该数据流，在这种情况下，与该数据流相关联的智能体 u 将得到负即时收益 $r_t^u=-\sum_{l\in V_{\hat{T}}(u)}\sum_{c\in V_{c,l}(u)}\beta w_l x_c(t)$。

对于大规模部署的直播服务，联合状态空间 S 是巨大的，因此使用参数函数来近似逼近策略函数 $\pi_\theta^u(s,a^u)$是一种有效解决方案。由于每个智能体都具有单独的策略，因此可定义智能体 u 的近似参数为 $\theta^u\in\Theta^u$。进而，可以定义策略参数 π_θ 为 $\theta=[(\theta^1),\cdots,(\theta^{|E_{\hat{T}}|})]\in\Theta$，其中 $\Theta=\langle\Theta^u\rangle_{u\in V_{\hat{T}}}$。为了使用具有近似函数的行动者-评论家算法，现给出如下标准正则性假设。

假设对于任意 $u\in V_{\hat{T}},s\in S$ 和 $a^u\in A$，在任意 $\theta^u\in\Theta^u$ 条件下，参数化方程 $\pi_{\theta^u}^u(s,a^u)$ 总是大于 0 的。此外，$\pi_{\theta^u}^u(s,a^u)$关于 $\theta^u\in\Theta^u$ 连续可微。定义具有策略 π_θ、联合状态 s 的转移矩阵为 $\boldsymbol{P}^\theta$，则

$$\boldsymbol{P}^\theta(s'\mid s)=\sum_{a\in A}\pi_\theta(s,a)\cdot\boldsymbol{P}(s'\mid s,a),\quad\forall s,s'\in S\tag{8-8}$$

此外，假设联合状态$\{s_t\}_{t\geqslant 0}$的演化过程对于任意 π_θ 是不可约非周期的。

上述假设对于本章问题是成立的，在增广图中，当直播系统不受外部流量和任务干扰时，转移概率函数 $\boldsymbol{P}^\theta$ 是确定函数，这是因为当联合动作 a_t 和系统联合状态 s_t 确定后，在没有干扰的情况下，整个系统在下一时隙的状态 s_{t+1} 也是确定的。对于具有干扰的系统环境，由于网络状态是随机且不确定的，该干扰为高斯噪声分量，因此上述假设是成

立的。

进一步，考虑在网络化强化学习框架下问题(8-1a)的目标。因为所设计算法允许所有智能体以合作的方式寻找最优策略 π_θ，从而可以最大化直播系统的整体收益。由前面分析可知，系统的整体奖励为 $R(\pi)=\sum_{t=1}^{T}U_t(\boldsymbol{x})$，问题(8-1a)～(8-1d)可以重构为：

$$\min_\theta R(\pi_\theta)=\frac{1}{T\mid V_{\hat{T}}\mid}\lim_{T\to\infty}\sum_{t=1}^{T}\sum_{c\in V_{\hat{T}}}\mathbb{E}(r_t^u) \tag{8-9a}$$

$$\text{s. t. } (8\text{-}1b)\&(8\text{-}1c)\&(8\text{-}1d) \tag{8-9b}$$

根据(8-4a)和(8-4b)，动作值函数和状态值函数的参数化形式为：

$$Q_{\pi_\theta}(s,a)=\sum_t\mathbb{E}[\bar{r}_{t+1}-R(\pi_\theta)\mid s_0=s,a_0=a,\pi_\theta] \tag{8-10a}$$

$$V_{\pi_\theta}(s)=\sum_{a\in A}\pi_\theta(s,a)Q_{\pi_\theta}(s,a) \tag{8-10b}$$

8.4 基于多智能体强化学习的联合优化算法设计

本节首先介绍了多智能体强化学习的策略梯度理论；其次，设计了一个基于网络化MARL的“行动者-评论家”算法来求解问题(8-4a)～(8-4b)；最后，介绍了部署MAAC算法的实现方式。

8.4.1 策略梯度理论

智能体 u 如何根据局部信息获得有效的参数化策略 $\pi_{\theta^u}^u$ 是算法设计中所面临的关键问题之一。为解决该问题，本节将介绍网络化强化学习的策略梯度理论。针对本章所讨论的问题，我们给出了定理8-1，该定理的证明过程可参考单智能体强化学习的证明过程。

定理8-1 基于式(8-2c)和(8-9a)，有 $R(\pi_\theta)=\sum_{s\in S,a\in A}d_{\pi_\theta}(s)\pi_\theta(s,a)\bar{R}(s,a)$，其中 π_θ 是参数策略，$\theta\in\Theta$。根据式(8-10a)和(8-6)，对于任意智能体 $u\in V_{\hat{T}}$，本地优势函数 $A_{\pi_\theta}^u$：$S\times A\to R$ 的参数化近似函数为：

$$A_{\pi_\theta}^u(s,a)=Q_{\pi_\theta}(s,a)-\hat{V}_{\pi_\theta}^u(s,a^{\notin u}) \tag{8-11}$$

其中 $a^{\notin u}$ 是除了智能体 u 外的联合动作策略；$\hat{V}_{\pi_\theta}^u(s,a^{\notin u})$ 可以表示为 $\sum_{a^u\in A^u}\pi_{\theta^u}^u(s,$

$a^{u})Q_{\pi_\theta}(s,a^{u},a^{\not\subset u})$；$Q_{\pi_\theta}(s,a^{u},a^{\not\subset u})$ 表示在条件 $a^{\not\subset u}$ 下智能体 u 的动作值函数。根据参数 θ 的定义，$R(\pi_\theta)$ 关于 θ^{u} 的梯度为

$$\begin{aligned}\nabla_{\theta^u} R(\pi_\theta) &= \mathbb{E}_{s\sim d_\theta, a\sim\pi_\theta}\{\nabla_{\theta^u}\log \pi_{\theta^u}^{u}(s,a^{u})\cdot A_{\pi_\theta}(s,a)\} \\ &= \mathbb{E}_{s\sim d_\theta, a\sim\pi_\theta}\{\nabla_{\theta^u}\log \pi_{\theta^u}^{u}(s,a^{u})\cdot A_{\pi_\theta}^{u}(s,a)\}\end{aligned} \tag{8-12}$$

为了表述简洁，定义 $\phi_{\theta^u}(s,a^{u})=\nabla_{\theta^u}\log \pi_{\theta^u}^{u}(s,a^{u})$ 为智能体 u 的本地似然函数。

从定理 8-1 可知，如果每个智能体有动作值函数 $Q(s,a)$ 或者优势函数 $A(s,a)$ 的无偏估计，就能够通过似然函数 $\phi_{\theta^u}(s,a^{u})$ 计算策略参数的梯度值。这就要求 MAAC 算法能够让系统中的智能体得到全局的奖励值，从而让每个智能体更好地估计策略函数。下面将重点讨论 MAAC 算法以及它的实现方式。

8.4.2 基于网络化 MARL 的"行动者-评论家"算法

根据等式(8-10a) 和式(8-11)，优势函数的无偏估计需要全局奖励 $\{r_t^u\}_{u\in V_{\hat{T}}}$ 信息。然而，分布式智能体仅拥有本地奖励函数 r_t^u。因此，智能体需要进行信息共享，从而让系统所有节点在联合动作的奖励上实现共识。定义节点 v 在 t 时刻分享给邻居节点的奖励值为 $\hat{r}_t^v$。通过这种方式，智能体能够达成对动作值函数的共识估计，进而更新完善每个智能体的策略函数。下面给出基于网络化 MARL 的"行动者-评论家"算法的运行过程，这里以智能体 $u\in V_{\hat{T}}$ 的视角对算法进行介绍。

算法 8-1 基于网络化 MARL 的"行动者-评论家"算法(MAAC 算法)

输入：选择非负常数 β_θ 和 β_ϕ；初始化随机参数 θ_t^u，$\forall u\in V_{\hat{T}}$；初始化系统状态 s_0；初始化策略函数 $\pi_{\theta_0^u}^{u}(s_0,a^{u})$ 和动作 $a_0^u, u\in V_{\hat{T}}$。

1: While $t\in T$ do

2: 对于每个智能体 $u\in V_{\hat{T}}$ do

3: 获取当前系统的联合状态 s_t

4: 基于式(6-3)，计算智能体的本地奖励 $\hat{r}_t^u$

5: /* 根据本地策略函数获得路由动作 */

6: $a_{t+1}^u \leftarrow \pi_{\theta_t^u}^{u}(s_t,\cdot)$ 并执行路由动作

7: /* 完成路由过程 */

8: 最后一跳的智能体通知路径上所有代理路由是否成功

9: End 步骤 2

10：对于每个系统网络节点 $v \in V$ do

11：　　/* 计算节点的奖励 */

12：　　$\hat{r}_t^v \leftarrow \frac{1}{|V(v)|}\sum_{u \in V(v)} \hat{r}_t^u$，其中 $u \in V(v)$

13：　　根据拓扑 $G(V,E)$，与一跳邻居节点共享 $\hat{r}_t^v$ 信息

14：　　/* 共识步骤 */

15：　　$r_{t+1}^v \leftarrow \frac{1}{|\mathrm{Nei}(v)|}\sum_{i \in \mathrm{Nei}(v)} \hat{r}_t^i$

16：　　/* 其中 $|\mathrm{Nei}(v)|$ 为邻居节点总数 */

17：End 步骤 10

18：对于每个智能体 $u \in V_{\hat{T}}$ do

19：　　/* 评论家步骤 */

20：　　$Q_t \leftarrow Q_{t-1} + \mathbf{E}\left[r_t^v - \frac{1}{t}\sum_{\tau=1}^{t} r_\tau^v\right]$

21：　　$\varphi_t^u \leftarrow \nabla_{\theta^u} \log \pi_{\theta_t^u}^u(s_t, a_t^u)$

22：　　$A_t^u \leftarrow Q_t - \sum_{a^u \in A^u} \pi_{\theta_t^u}^u(s_t, a^u, a^{\not\subset u}, \theta_t^u)$

23：　　/* 行动者步骤 */

24：　　$\theta_{t+1}^u \leftarrow \theta_t^u + \beta_\theta \cdot A_t^u \cdot \varphi_t^u$

25:End 步骤 18

26:End while

MAAC 算法架构如图 8-3 所示，在每个时隙中，消费者会根据自己的喜好从直播服务系统请求在线视频内容。MAAC 算法中，所有智能体将从一个中心服务器获取系统的联合状态 s_t。根据式(8-3)，智能体进一步计算本地奖励 $\hat{r}_t^u$。进一步，智能体根据本地策略函数 $\pi_{\theta^u}^u(s_t,\cdot)$采取路由动作 a_{t+1}^u，以实现数据流路由动作。当路由完成后，最后一跳的智能体将沿着路径反馈最终的路由结果，当路由失败时(即数据流最终无法到达消费者时)，路径上的网络节点将得到负的奖励值。基于奖励值，每个系统节点将计算其内部所含智能体的平均奖励值 $\hat{r}_t^v = \frac{1}{|V(v)|}\sum_{i \in V(v)} \hat{r}_t^i$，并将该平均奖励值分享给通信网络拓扑 $G(V,E)$ 下的邻居节点。为了实现系统奖励共识，每个网络节点 v 将执行共识步骤，通过对邻居节点的平均奖励值取平均，得到 $\hat{r}_t^i, \forall i \in \mathrm{Nei}(v)$，其中 $\mathrm{Nei}(v)$ 是针对节点 v 的邻居节点集合。另外，智能体 $u \in V_{\hat{T}}$ 在评论家步骤时，将会基于它邻居节点的平均奖励 r_t^v

和以前的动作值 Q_{t-1} 计算当前时刻的动作值 Q_t 。随后，智能体 u 将基于联合状态 s_t、联合动作 a_t 和本地策略函数 $\pi^u_{\theta^u_t}$，更新它的似然函数 ϕ^u_t 值和优势函数 A^u_t 值。值得注意的是，$\pi^u_{\theta^u_t}(s_t, a^u, a^{\not\subset u}, \theta^u_t)$ 表示带有条件 $a^{\not\subset u}$ 和本地策略 $\pi^u_{\theta^u_t}$ 的动作值函数。最后，智能体将执行动作者步骤，该过程将根据似然函数和优势函数更新参数 θ^u_{t+1}。

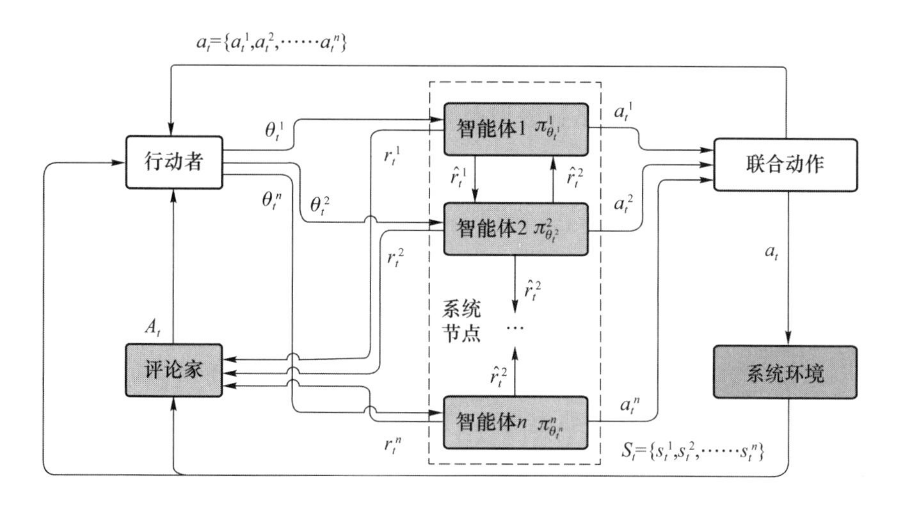

图 8-3　MAAC 算法结构示意图

8.4.3　MAAC 算法的分布式部署

MAAC 算法大致可分为 3 部分。其中，第 1 部分为智能体的路由选择阶段。在该阶段，每个智能体具有本地策略 π_{θ^u}，并且需要从中心服务器获取系统的全局状态信息 s。对于第 2 部分，节点需要与邻居节点交换奖励值，并实现回报的全局共识。在第 3 部分，智能体将联合状态 s 和联合动作作为 a 输入，来优化并更新似然函数和优势函数的参数。由于在第 1 部分中，智能体已经获取了联合状态，因此在第 3 部分智能体只需要额外的路由节点获取联合动作信息。尽管联合状态信息需要由一个额外中心服务器持续维护，但共识奖励值和策略函数都是通过分布式的方式优化更新的，所以 MAAC 算法是一种分布式的解决方案，这也符合分布式的多智能体强化学习的要求。因此，MAAC 算法在获得联合状态 s 和联合动作 a 信息的条件下，能够以完全分布式的方式进行部署。MAAC 算法的时间复杂度是 $O(E_{\hat{T}})$ 级别的，空间复杂度为 $O(V_{\hat{T}})$ 级别，其中 $|E_{\hat{T}}|$ 和 $|V_{\hat{T}}|$ 分别表示系统中虚拟链路和虚拟节点的总数。这表明算法的复杂度随着系统规模呈线性增长，说明算法具有良好的可扩展性。为了进一步验证 MAAC 算法的可行性，

下面对算法控制信令带来的带宽成本进行了评估，并与目前最先进的两种解决方案进行了实验对比。

8.5 实验验证和性能分析

首先，本节介绍仿真实验场景以及具体的参数设置。其次，本节以单智能体强化学习方法为基准，分析了 MAAC 算法的数值性能。最后，在一个简单原型系统环境下，我们将 MAAC 算法与“云-边”协同方案（EC）和“云-端”协同方案（2C）进行了对比，对 MAAC 的性能进行了评估。

“云-边”协同方案（EC）采用一种基于深度神经网络的智能算法来为每条数据流选择最优的转码交付路径，该方案目标是最大化观众的个性化用户体验质量，它能够在云服务器和边缘服务器融合的系统网络中为每个数据流选出最优的视频转码和数据传输方案。“云-端”协同方案（2C）将海量观众的泛在设备作为视频转码的备选资源，通过多个区域数据中心将视频转码任务卸载到用户设备，并将转码处理视频进行收集，进一步服务用户。

8.5.1 实验环境设置

为验证 MAAC 算法在最优性和收敛性方面的性能，实验进行了一系列数值仿真。此外，为了更好地验证算法性能，我们基于开源框架 SRS 搭建了一个原型系统。为模拟用户真实请求行为，仿真实验采用真实的用户请求数据集。该数据集从 Twitch 的官方 API 接口获取，该数据集包含 2015 年 2 月 1 号到 28 号期间的 150 万个直播者频道信息和 900 万视频流信息。信息的采样间隔为 5 min，包括流 ID、视频源分辨率、视频源开始/结束时间和在线观众数量等。由于该数据集中大部分直播者只拥有很少的并发观众，本实验选用其中峰值并发用户超过 1 000 人的视频流作为数值仿真的请求模拟数据。

实验使用 INET 开源工具包生成通信网络拓扑结构，数值仿真使用一个超过 5 000 个节点的全连接网络拓扑结构。由 INET 生成的大规模直播系统的拓扑图如图 8-4 所示。其中节点最大连接度为 1 922，将该节点作为中心服务器，另外选取连接度大于 50 的节点作为云服务器节点。将连接度大于 20 小于 50 的节点作为边缘服务器节点，剩余的 4 390 个节点作为观众或者直播者节点。设置云服务器之间的通信带宽为 300 Mbps，云服务与边缘服务器带宽为 1 000 Mbps,用户和直播者与服务器的带宽设置为 1 Mbps 到 10 Mbps 不等,用户之间的链路带宽设置为 10 Mbps。考虑云服务器具有充足的计算资源,边缘服务器的资源容量为 20 个单位,用户节点的资源容量为 1 个单位。随机设置 100 个直播者节点,并且设定每个直播视频具有 6 个不同分辨率。各码率带宽需求与转码开销如表 8-1 所示,该结果来源于亚马逊网络服务公司实例 c4. 8xlarge 和 Twitch 官方视频统计工具的测试值。

表 8-1 各码率带宽需求与转码开销

分辨率	1 080 p	1 080 p	720 p	720 p	480 p	360 p
带宽消耗/Mbps	5. 86	4. 45	2. 75	1. 93	1. 10	0. 52
CPU 使用率/%	454	333	210	142	81. 6	50. 5

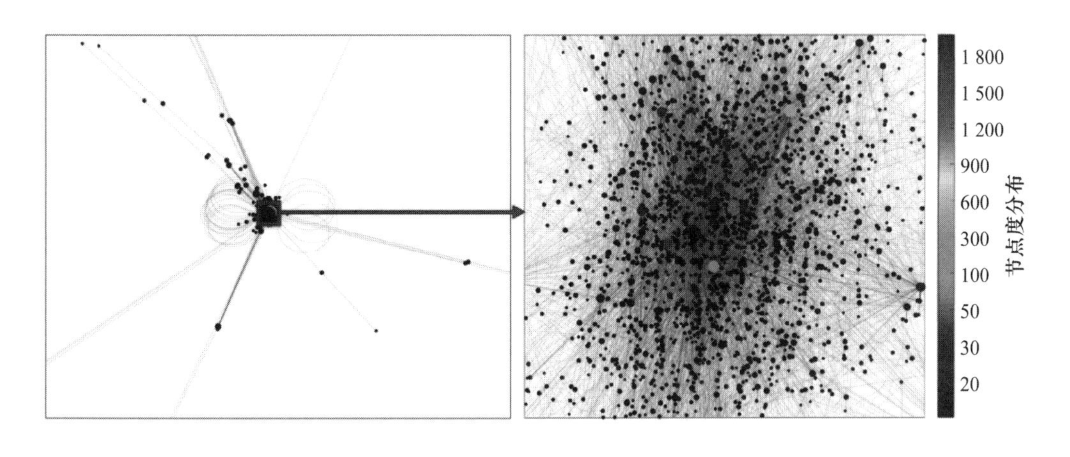

图 8-4 由 INET 生成的大规模直播系统的拓扑图

带宽的初始可用容量设置为 $c_{(u,v)}$,节点计算容量 c_u 设置为可选值范围 $(0,c_{\max}]$ 的随机抽样。此外,将实验参数设置如下:$\beta_\theta=\beta_\phi=0.01$;$\beta=0.5$;$\theta_0^u$ 是随机值,$\theta_0^u\in(0,1)$;$w_{(u,v)}=3w_u=3,\forall u,v\in V$。参数化策略函数 $\pi_{\theta^u}^u(s,a^u)$ 服从 Boltzman 政策:

彩图 8-4

$$\pi_{\theta^u}^u(s,a^u)=\frac{\exp(\boldsymbol{\lambda}_{a^u}^{\mathrm{T}}\theta^u)}{\sum_{b^u\in A^u}\exp(\boldsymbol{\lambda}_{b^u}^{\mathrm{T}}\theta^u)} \tag{8-13}$$

其中 $\boldsymbol{\lambda}_{a^u}^{\mathrm{T}}$ 为智能体 u 特定动作的特征向量。特征向量的维数与 θ^u 相同,两者都与智能体的动作空间维度相关,因此,智能体 u 的似然函数为:

$$\phi_{\theta^u}(s,a^u)=\lambda_{s,a^u}-\sum_{b^u\in A^u}\pi_{\theta^u}^u(s,a^u)\lambda_{s,b^u} \tag{8-14}$$

8.5.2 实验结果对比分析

在实验过程中，我们以中心式(Central)解决方案为基准方法，该方法只有一个智能体，该智能体有系统全局信息，如联合状态、联合动作、奖励信息等。在每个时隙中，智能体基于系统状态和全局策略函数，计算最优的联合动作决策。随后，智能体根据全局的奖励信息更新策略函数的参数 θ。

经过数值仿真实验，MAAC 算法最优性与收敛性方面的性能如图 8-5 所示。其中，图 8-5(a)显示，MAAC 算法与基准算法都能够收敛到全局最优奖励，其中基准方案能够在大约 250 次迭代后达到收敛值，而 MAAC 算法需要经历 1 000 次迭代后达到最优。这表明 MAAC 算法能够在可接受范围内实现基准算法的性能。图 8-5(b)展示了不同节点的奖励值变化情况，结果表明，所有节点都能够收敛到最优奖励值，这证明一致性步骤能够保证算法获得全局奖励的无偏估计值。进一步，我们还分析了节点的平均资源消耗和不同节点的资源消耗变化情况，详细结果分别如图 8-5(c)和图 8-5(d)所示。由于系统中不同节点扮演了不同角色，如消费者、转码者等，因此不同节点达到稳定状态的收敛值是不同的。其中，节点 1、100、200 分别作为中心控制器、云服务器和边缘服务器，它们每个时隙的资源消耗收敛到大约 4 个单位；节点 1 000 和 5 000 作为提供者和消费者，它们的资源消耗量非常小，处于 0.8 到 1.7 之间。

接下来，我们将 MAAC 算法与基准算法 Central、EC 和 2C 进行了对比，数值仿真实验结果如图 8-6 所示。其中，图 8-6(a)展示了随着并发用户数增加四种方法的变化情况。由图 8-5(a)可知，四种方法都经历了下降过程，其中 MAAC 算法相比于 EC 和 2C 具有更好的吞吐量性能。图 8-6(b)和图 8-6(c)展示了平均转码和传输消耗随并发用户数的变化情况。通过使用用户设备计算资源，MAAC 和 2C 方案具有更好的可拓展性，因为随着用户数量增长，上述两种方案能够有效利用用户设备资源，从而降低云服务和边缘服务的转码负载。因此，三种方案中，EC 在转码资源消耗上表现性能最差。另外，对比 2C 方案，MAAC 方案在带宽资源利用上效果更好，因为在 2C 方案的设计中，视频数据流需要发送给用户节点，然后服务器需要再从用户节点收集转码后的视频，视频在往返的过程中占用了网络带宽资源。因此，MAAC 方案的带宽资源使用率要优于 2C 方案。此外，仿真还测试了 MAAC、2C 和 EC 三种方案系统控制信令的带宽消耗。MAAC 方案需要在路由路径上交换联合动作信息，并且在全局范围收集和分发系统的联合状态信息。对于 EC 方案，系统控制信息来源于不同服务之间的信息交换、服务器和观众用户的信息

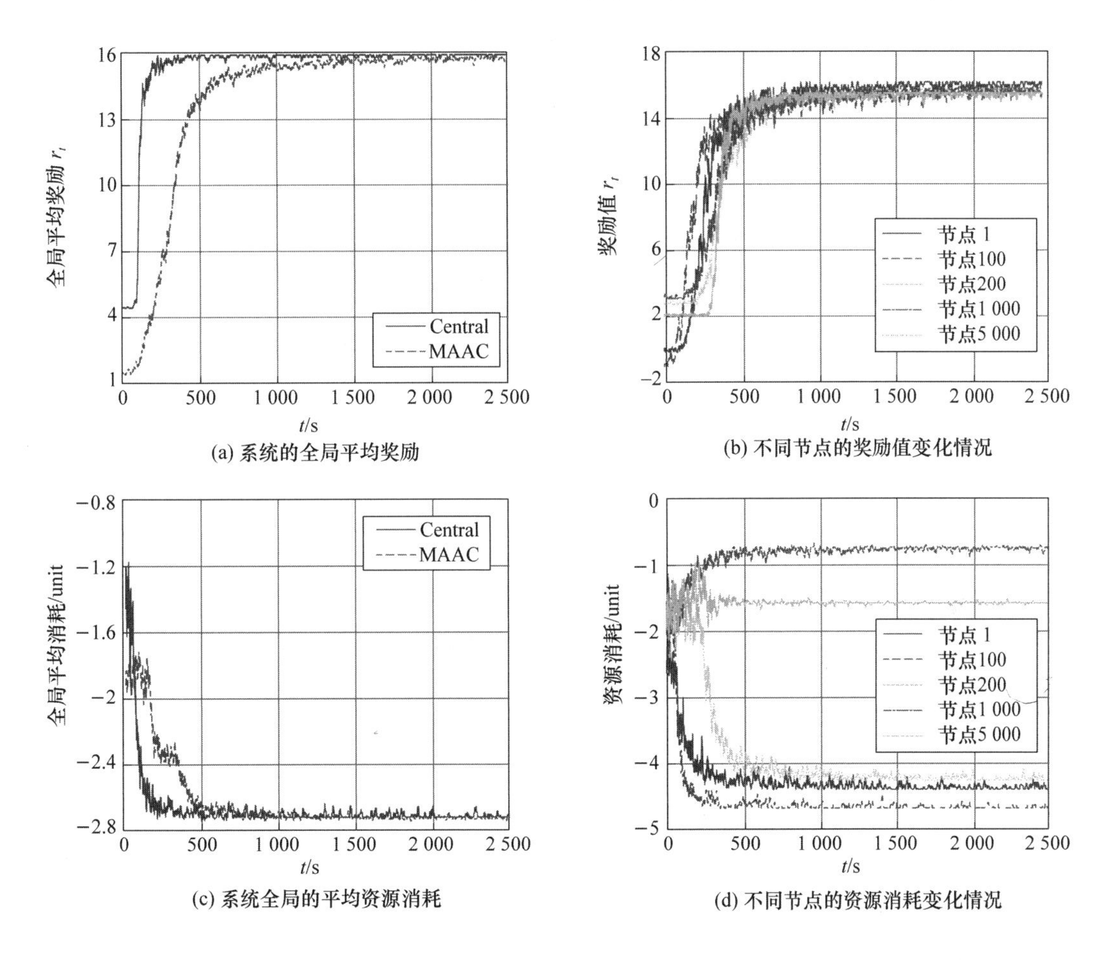

(a) 系统的全局平均奖励

(b) 不同节点的奖励值变化情况

(c) 系统全局的平均资源消耗

(d) 不同节点的资源消耗变化情况

图 8-5 数值仿真实验结果(一)

交换。2C 方案控制指令主要是区域数据中心与该区域内所有用户设备之间的通信开销,其中包括持续监控用户设备状态、控制用户设备执行转码任务等。图 8-6(d)给出了 MAAC、EC、2C 三种方案的控制指令开销,可以看到的是,MAAC 算法所需的带宽资源消耗是最低的。

彩图 8-5

原型系统的拓扑结构包括一个直播者、三个云服务器、三个边缘服务器、固网用户集群和两个移动用户集群,如图 8-7 所示。实验租用阿里云服务器作为云服务节点(英特尔至强 8163、2.5 GHz 八核、32 GB 内存),使用实验室的三台服务器(至强 3104、1.7 GHz 八核、32 GB 内存)作为边缘服务器,并且在一台主机上部署四个虚拟容器(英特尔酷睿 i7-7700 k、4.2 GHz 四核、4 GB 内存)作为固网用户集群。为监控节点状态,使用 Python 工具包 psutil 监控 Linux 系统服务的 CPU 使用率、进出口带宽等参数。所有节点都运行在 CentOS 7 操作系统下。使用开源工具 yasea 作为安卓客户端推流工具,采用实时消息协议进行视频流传输，推流设备为华为 Nova 6(5G)手机。实验让直播者通过实时消息协议将视频内容上载到云服务器 1。当有用户请求该视频内容时，边缘服务器将主动拉取该视频内容，并将请求发送给云服务器 1。进一步，云服务器和边缘服务器根据训练好的策略函数 $\pi_\theta(s,a)$将视频流从云服务器路由到观看者。系统使用 ffmpeg 软件将实时视频流转码到多个分辨率。此外，EC 方案会首先选择一条转码交付路径，然后在路径上分配转码任务并将数据流发送给观众。2C 方案则会将转码任务分配给固网用户集群，然后从用户集群获取转码好的视频内容服务移动用户集群。

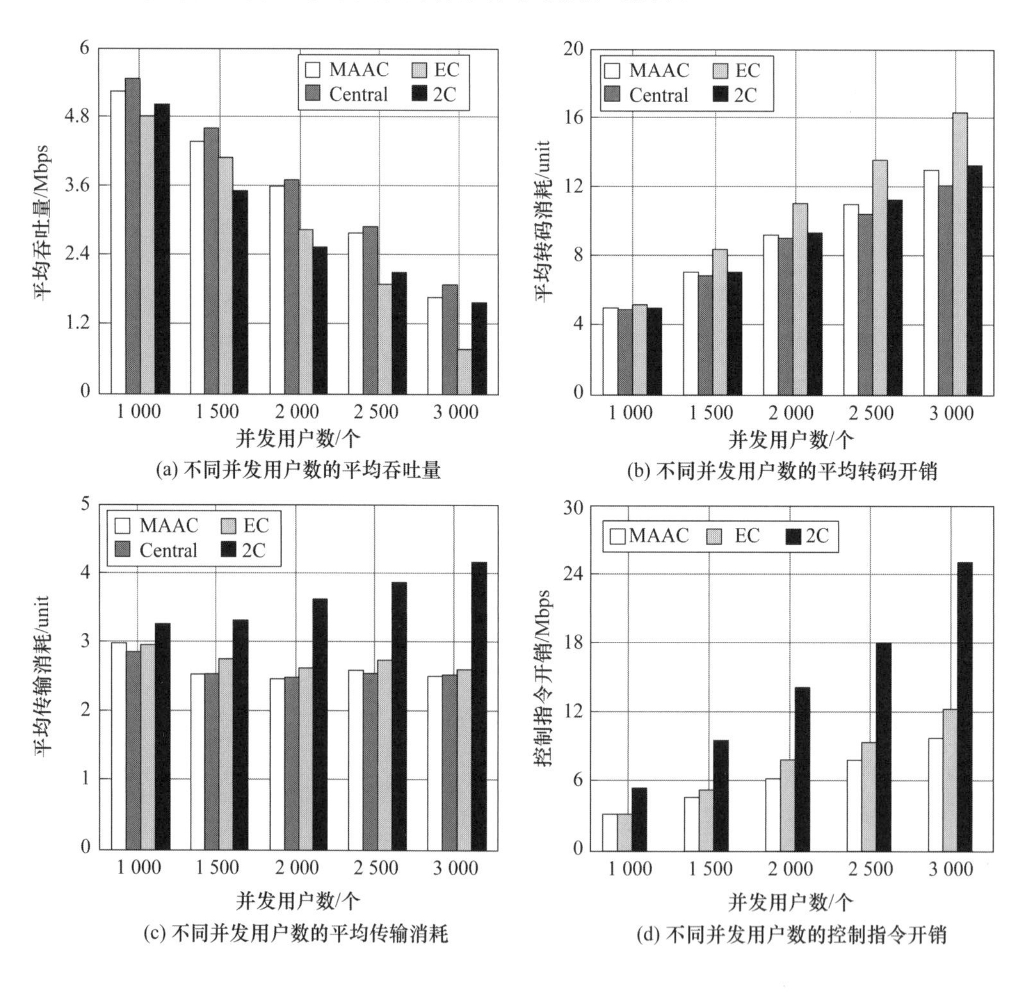

图 8-6 数值仿真实验结果(二)

在原型系统实验中，系统状态性能和用户体验质量性能如图 8-8 所示。其中，图 8-8(a)展示了 MAAC、EC、2C 三种方案在原型系统实验中平均吞吐量、平均传输延时、平均转码开销以及平均带宽开销的性能。由图 8-8(a)可知，MAAC 保持了最高的平均吞吐量和最低的传输延迟。此外，实验还测试了 CPU 使用率以及所有服务器的进出口带宽。与

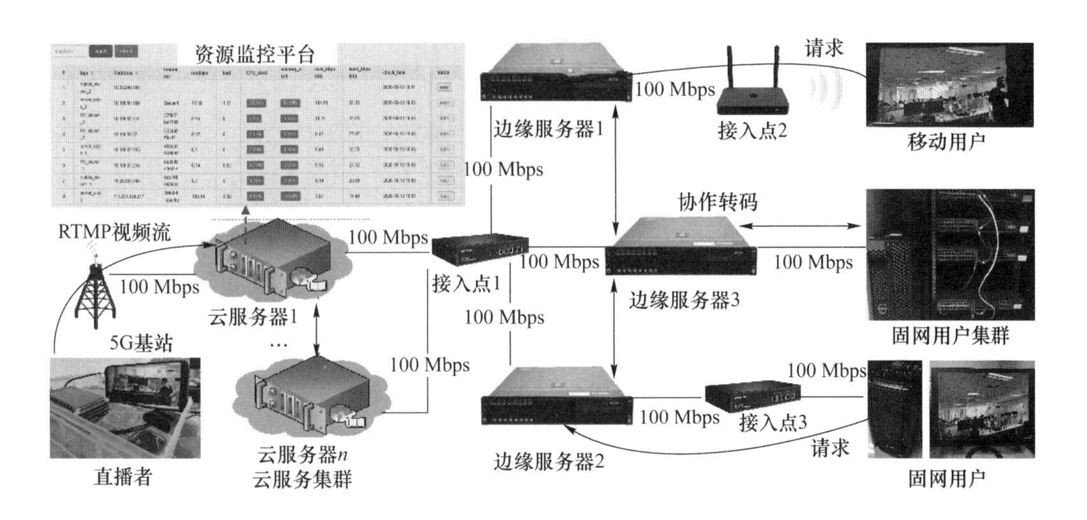

图 8-7　原型系统的拓扑结构图

EC 和 2C 相比，MAAC 的转码资源成本约为 12.3 GHz，分别节省了约 20%和 10%的 CPU 资源。MAAC 算法的平均带宽开销与 EC 相当，但优于 2C 方案。另外，实验还分析了直播服务中与用户体验质量相关的一些指标，主要考虑了四个维度：启动延时、视频平均卡顿率、平均视频播放分辨率和平均缓冲区时长。在实验过程中，服务器之间相互请求视频内容，以模拟网络中的交叉流量。经过长时间的测试实验后，得到了如图 8-8(b)所示的结果。由图 8-8(b)可知，MAAC 能随着直播系统的状态变化实时调整每条数据流的转码交付路径。与另外两种方法相比，MAAC 算法降低了 12.5%的启动延时，减少了 17%的视频平均卡顿率，在视频播放平均分辨率和平均缓冲区时长上分别提高了 20%和 25%。

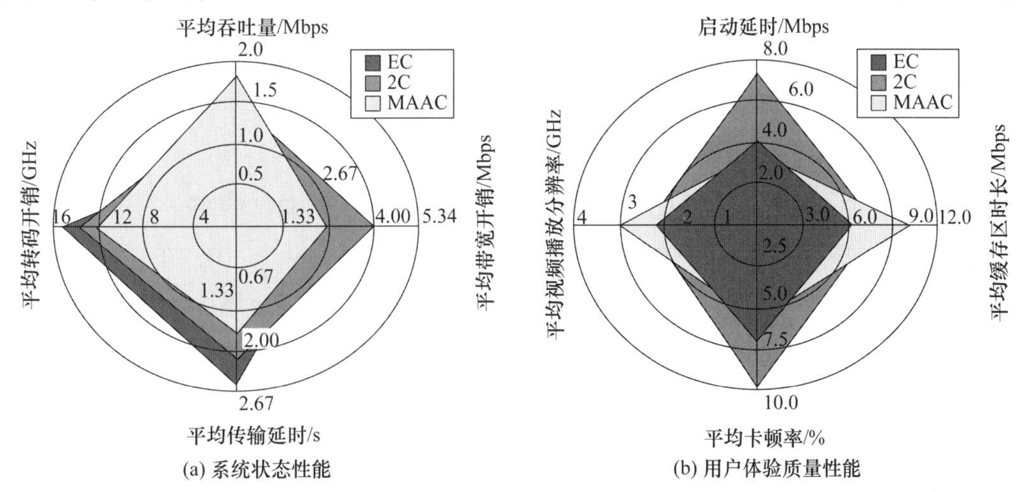

图 8-8　原型实验结果图

本章首先提出了一种用于大规模直播系统的增广图模型，该模型通过在原始网络拓扑结构下增加虚拟节点和链路，将直播服务中的转码和交付联合资源优化问题转化为网络路由问题。增广图模型能够捕获直播系统中转码和交付的随机特征。进一步，本章通过对增广图的路由问题进行建模，得到了服务性能与系统资源联合优化问题的形式化表示。为提高直播系统的可拓展性，本章还设计了一种基于网络化多智能体强化学习的分布式智能算法(MAAC 算法)。该算法基于"行动者-评论家"方法，通过行动者和评论家的迭代优化，有效增强了算法的鲁棒性。最后，本章还进行了数值仿真测试和原型系统实验，数值结果表明，MAAC 算法具有良好的收敛性和可拓展性。另外，与目前先进的两种解决方案进行对比，MAAC 算法在服务性能与系统资源开销方面均具有一定优势。然而，MAAC 算法在面对高度动态网络环境(如节点崩溃、用户频繁加入/离开)时依然存在许多问题。希望未来工作能够进一步解决这些问题，并且在实际的直播服务供应商平台部署 MAAC 算法，创造社会价值和商业效益，为用户带来更优质的直播服务体验。

参考文献

[1] LI R, ZHOU Z, CHEN X, et al. Resource Price-aware Offloading for Edge-cloud Collaboration: A Two-timescale Online Control Approach[J]. IEEE Transactions on Cloud Computing, 2019, 10(1): 648-661.

[2] DONG C, WEN W, XU T, et al. Joint Optimization of Data-center Selection and Video-Streaming Distribution for Crowdsourced Live Streaming in a Geo-distributed Cloud Platform[J]. IEEE Transactions on Network and Service Management, 2019, 16(2): 729-742.

[3] KIM H W, MU H, PARK J H, et al. Video Transcoding Scheme of Multimedia Data-hiding for Multiform Resources Based on Intra-cloud[J]. Journal of Ambient Intelligence and Humanized Computing, 2020, 11(5): 1809-1819.

[4] DONG C, JIA Y, PENG H, et al. A Novel Distribution Service Policy for Crowdsourced Live Streaming in Cloud Platform[J]. IEEE Transactions on Network and Service Management, 2018, 15(2): 679-692.

[5] MA M, ZHANG L, LIU J, et al. Characterizing User Behaviors in Mobile Personal Livecast: Towards an Edge Computing-assisted Paradigm[J]. ACM Transactions on

Multimedia Computing，Communications，and Applications，2018，14(3)：1-24.

[6] PANG H，ZHANG C，WANG F，et al. Optimizing Personalized Interaction Experience in Crowd-interactive Livecast：A Cloud-edge Approach[C]//Proceedings of the 26th ACM International Conference on Multimedia. 2018：1217-1225.

[7] BACCOUR E，HAOUARI F，ERBAD A，et al. An Intelligent Resource Reservation for Crowdsourced Live Video Streaming Applications in Geo-Distributed Cloud Environment [J]. IEEE Systems Journal，2021，16(1)：240-251.

[8] SHI J，PU L，XU J. Allies：Tile-based Joint Transcoding，Delivery and Caching of 360 Videos in Edge Cloud Networks[C]//2020 IEEE 13th International Conference on Cloud Computing (CLOUD). IEEE，2020：337-344.

[9] LIU X，DERAKHSHANI M，LAMBOTHARAN S. Joint Transcoding Task Assignment and Association Control for Fog-assisted Crowdsourced Live Streaming[J]. IEEE Communications Letters，2019，23(11)：2036-2040.

[10] LIU Z，QIAO B，FANG K. Joint Optimization Strategy for QoE-aware Encrypted Video Caching and Content Distributing in Multi-edge Collaborative Computing Environment[J]. Journal of Cloud Computing，2020，9(1)：1-15.

[11] LUO J，YU F R，CHEN Q，et al. Adaptive Video Streaming with Edge Caching and Video Transcoding over Software-defined Mobile Networks：A Deep Reinforcement Learning Approach[J]. IEEE Transactions on Wireless Communications，2019，19(3)：1577-1592.

[12] CHEN X，XU C，WANG M，et al. Augmented Queue-based Transmission and Transcoding Optimization for Livecast Services Based on Cloud-Edge-Crowd Integration [J]. IEEE Transactions on Circuits and Systems for Video Technology，2020，31(11)：4470-4484.

[13] SALLAM G，GUPTA G R，LI B，et al. Shortest Path and Maximum Flow Problems under Service Function Chaining Constraints[C]//IEEE INFOCOM 2018-IEEE Conference on Computer Communications. IEEE，2018：2132-2140.

[14] ZHANG J，SINHA A，LLORCA J，et al. Optimal Control of Distributed Computing Networks with Mixed-cast Traffic Flows[C]//IEEE INFOCOM 2018-IEEE Conference on Computer Communications. IEEE，2018：1880-1888.

[15] TAN M. Multi-agent Reinforcement Learning：Independent vs. Cooperative

Agents[C]//Proceedings of the Tenth International Conference on Machine Learning. 1993: 330-337.

[16] ZHANG K, YANG Z, BASAR T. Decentralized Multi-agent Reinforcement Learning with Networked Agents: Recent Advances[J]. Frontiers of Information Technology & Electronic Engineering, 2021, 22(6): 802-814.

[17] ZHENG P, XIA L, LI C, et al. Towards Self-X Cognitive Manufacturing Network: An Industrial Knowledge Graph-based Multi-agent Reinforcement Learning Approach[J]. Journal of Manufacturing Systems, 2021, 61: 16-26.

[18] SUN P, LI J, GUO Z, et al. Sinet: Enabling Scalable Network Routing with Deep Reinforcement Learning on Partial Nodes[C]//Proceedings of the ACM SIGCOMM 2019 Conference Posters and Demos. 2019: 88-89.

[19] KÜNZEL G, INDRUSIAK L S, PEREIRA C E. Latency and Lifetime Enhancements in Industrial Wireless Sensor Networks: A Q-learning Approach for Graph Routing [J]. IEEE Transactions on Industrial Informatics, 2019, 16(8): 5617-5625.

[20] YOU X, LI X, XU Y, et al. Toward Packet Routing With Fully Distributed Multiagent Deep Reinforcement Learning[J]. IEEE Transactions on Systems, Man, and Cybernetics: Systems, 2020, 52(2): 855-868.

[21] 金子晋，兰巨龙，江逸茗，等. SDN 环境下基于 Q-Learning 算法的业务划分路由选路机制[J]. 网络与信息安全学报，2018，4(9): 17-22.

[22] LI X, HU X, ZHANG R, et al. Routing Protocol Design for Underwater Optical Wireless Sensor Networks: A Multiagent Reinforcement Learning Approach[J]. IEEE Internet of Things Journal, 2020, 7(10): 9805-9818.

[23] FERIANI A, HOSSAIN E. Single and Multi-agent Deep Reinforcement Learning for AI-enabled Wireless Networks: A tutorial[J]. IEEE Communications Surveys & Tutorials, 2021, 23(2): 1226-1252.

[24] AGUILAR-ARMIJO J. Multi-access Edge Computing for Adaptive Bitrate Video Streaming[C]//Proceedings of the 12th ACM Multimedia Systems Conference. 2021: 378-382.

[25] TRAN T X, POMPILI D. Adaptive Bitrate Video Caching and Processing in Mobile-edge Computing Networks[J]. IEEE Transactions on Mobile Computing, 2018, 18 (9): 1965-1978.

[26] WANG M, XU C, CHEN X, et al. Design of Multipath Transmission Control for Information-centric Internet of Things: A Distributed Stochastic Optimization Framework[J]. IEEE Internet of Things Journal, 2019, 6(6): 9475-9488.

[27] KONDA V R, TSITSIKLIS J N. Actor-critic Algorithms[C]//Advances in Neural Information Processing Systems. 2000: 1008-1014.

[28] ZHANG K, YANG Z, BASAR T. Networked Multi-agent Reinforcement Learning in Continuous Spaces[C]//2018 IEEE Conference on Decision and Control (CDC). IEEE, 2018: 2771-2776.

[29] ZHANG K, YANG Z, LIU H, et al. Fully Decentralized Multi-agent Reinforcement Learning with Networked Agents[C]//International Conference on Machine Learning. PMLR, 2018: 5872-5881.

[30] CHAMPATI J P, AL-ZUBAIDY H, GROSS J. Transient Analysis for Multihop Wireless Networks Under Static Routing[J]. IEEE/ACM Transactions on Networking, 2020, 28(2): 722-735.

[31] SUTTON R S, MCALLESTER D, SINGH S, et al. Policy Gradient Methods for Reinforcement Learning with Function Approximation[J]. Advances in Neural Information Processing Systems, 1999, 12.

[32] HAO H, XU C, ZHONG L, et al. A Multi-update Deep Reinforcement Learning Algorithm for Edge Computing Service Offloading[C]//Proceedings of the 28th ACM International Conference on Multimedia. 2020: 3256-3264.